JN077512

インテリジェンスから見た太平洋戦争

5643

S - 7 [illegible]C '41.

6648

38 7 618S JG

ONDC

LCXZ GTAPQ PWVEU VHBIT KVEII WQRKY XTXVZ QGKOI

WXRW OJSWB RZQHF ZDFWY IFSKP DWDHS IWBKI DVFBK

IEUE BCKFU DGUFS VUURZ UXWCT MXPYQ IWUOC JCQM

QVUNV KJUVF CLAAR

TOGO

Ø937-S-C

916ØKCS.

618S GR39

S TIARA GNOME.

原 勝洋

潮書房光人新社

第32代アメリカ合衆国大統領フランクリン・デラノ・ローズヴェルトが、国民に日本の真珠湾攻撃を告げて議会に宣戦を求め、1941年（昭和16年）12月8日午後4時10分（米国標準時)、対日宣戦書に署名する瞬間。これをもってアメリカは日本との戦争に突入した。

日本の真珠湾攻撃が起こる119日前、1941年(昭和16年)8月10日、大西洋アジェンダ付近の海上で米大統領と英国首相の会談が行なわれた。右手前、英首相ウインストン・チャーチル、その左に米大統領ローズヴェルト、話しかけているのが米陸軍ジョージ・マーシャル大将、立ち話の二人は米海軍アーネスト・キング大将(左)とケリー・ターナー大将である。

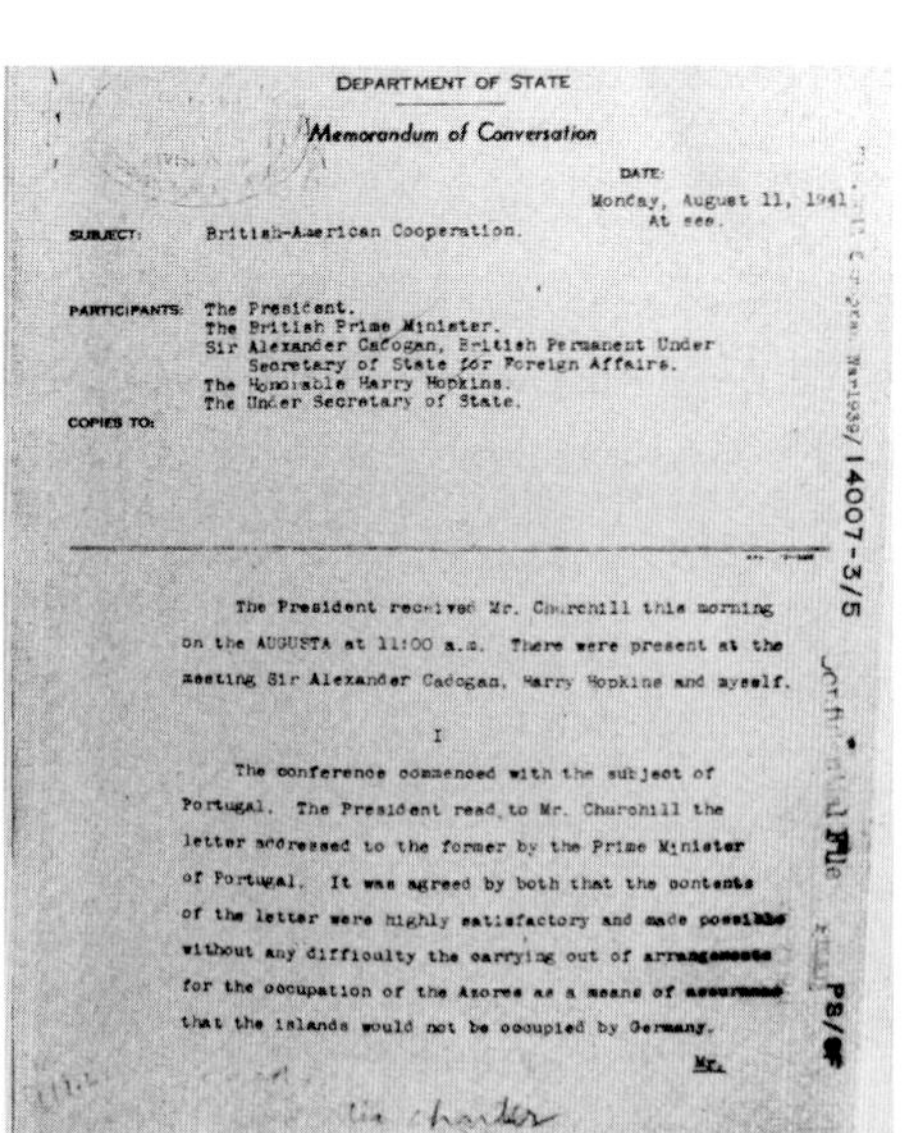

DEPARTMENT OF STATE

Memorandum of Conversation

DATE: Monday, August 11, 1941. At sea.

SUBJECT: British-American Cooperation.

PARTICIPANTS: The President.
The British Prime Minister.
Sir Alexander Cadogan, British Permanent Under Secretary of State for Foreign Affairs.
The Honorable Harry Hopkins.
The Under Secretary of State.

COPIES TO:

740.0011 European War 1939/14007-3/5

The President received Mr. Churchill this morning on the AUGUSTA at 11:00 a.m. There were present at the meeting Sir Alexander Cadogan, Harry Hopkins and myself.

I

The conference commenced with the subject of Portugal. The President read to Mr. Churchill the letter addressed to the former by the Prime Minister of Portugal. It was agreed by both that the contents of the letter were highly satisfactory and made possible without any difficulty the carrying out of arrangements for the occupation of the Azores as a means of assurance that the islands would not be occupied by Germany.

Mr.

真珠湾攻撃の真相を求める共同委員会にSumner Wellesが提出した米英首脳の会話を記録したメモ。1941年8月11日午前11時、ローズヴェルトは米海軍巡洋艦「オーガスタ」にチャーチルを迎えた。チャーチルは極東の状況を議論することを求め、既に大統領にコピーを渡していた。彼は注意深く読み上げげた。「……合衆国は経済と金融の制限を破棄するだろう……」。ローズヴェルトは、日本との戦争勃発を防ぐあらゆる努力を行なうだろうと応じた。しかし、経済封鎖は実施された。

June 2, 1941

The President,

The White House.

Dear Mr. President:

The Joint Board has prepared Joint Army and Navy Basic War Plan -- Rainbow No. 5 which with the report of United States-British Staff Conversations concluded on March 27, 1941, we have approved, and now transmit them for your consideration, recommending your approval. Joint Army and Navy Basic War Plan -- Rainbow No. 5 is based upon agreements contained in the Report of United States-British Staff Conversations.

Joint Army and Navy Basic War Plan -- Rainbow No. 5 states the concept of war and provides for initial dispositions and operations of United States forces, should the United States associate in war with the Democracies against the totalitarian powers. As such it constitutes the basic directive for United States Army and Naval Forces in a war effort.

The War and Navy Departments have been advised that the Report of United States-British Staff Conversations has been agreed to provisionally by the British Chiefs of Staff and that it has been submitted to the British Government for approval.

(Signed) Henry L. Stimson

Secretary of War.

(Signed) Frank Knox

Secretary of the Navy

1940年（昭和15年）、米海軍合同委員会は米英会議の準備ための国防政策研究を承認、ドイツへの防衛体制を維持しながら英国とオランダの支援と共に、日本に対する本格攻撃を準備することになっていた。同時に憲法や議会の関係を含め、大統領は戦争に関することから離れる状態を継続することに同意。米英会議での陸海軍の基本戦争計画合意の書類に大統領は署名することはなかった。

聯合艦隊司令長官山本五十六大将。山本長官は「開戦劈頭、ハワイ方面に集結している米太平洋艦隊を猛撃して西太平洋への機動能力を奪う必要がある」という作戦思想を持っていた。それが「航空機による真珠湾奇襲攻撃」だった。

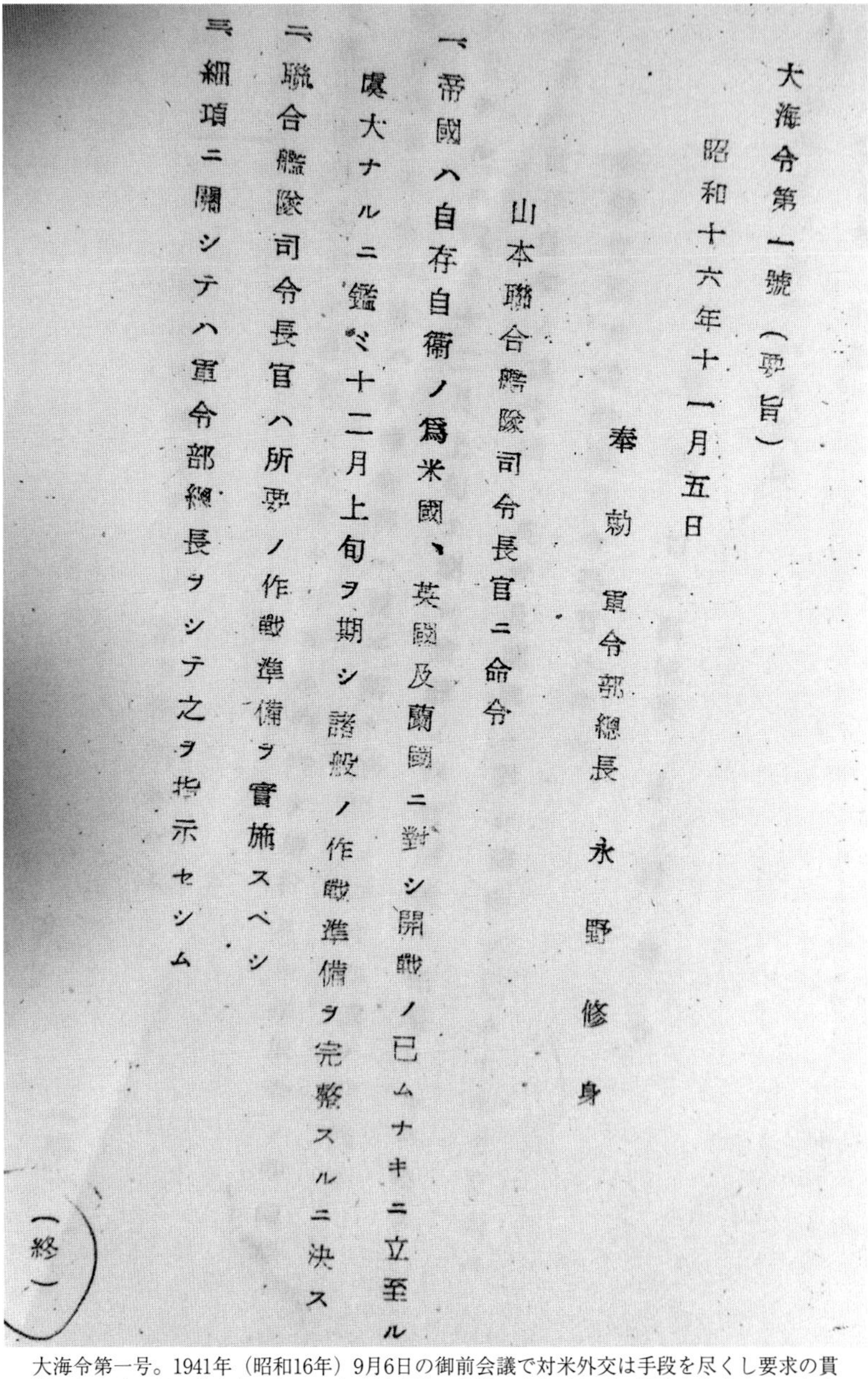

大海令第一號（要旨）

昭和十六年十一月五日

奉勅　軍令部總長　永野修身

山本聯合艦隊司令長官ニ命令

一、帝國ハ自存自衞ノ爲米國、英國及蘭國ニ對シ開戰ノ已ムナキニ立至ル虞大ナルニ鑑ミ十二月上旬ヲ期シ諸般ノ作戰準備ヲ完整スルニ決ス

二、聯合艦隊司令長官ハ所要ノ作戰準備ヲ實施スベシ

三、細項ニ關シテハ軍令部總長ヲシテ之ヲ指示セシム

（終）

大海令第一号。1941年（昭和16年）9月6日の御前会議で対米外交は手段を尽くし要求の貫徹に努力するが10月上旬になっても交渉妥結の見込みがなければ、開戦を決意することとなった。10月20日に軍令部総長の決定を得、29日、富岡定俊第一課長は、大分県南東部佐伯湾の聯合艦隊司令部に大海令第一号及び大海指第一号の原案を内示した。

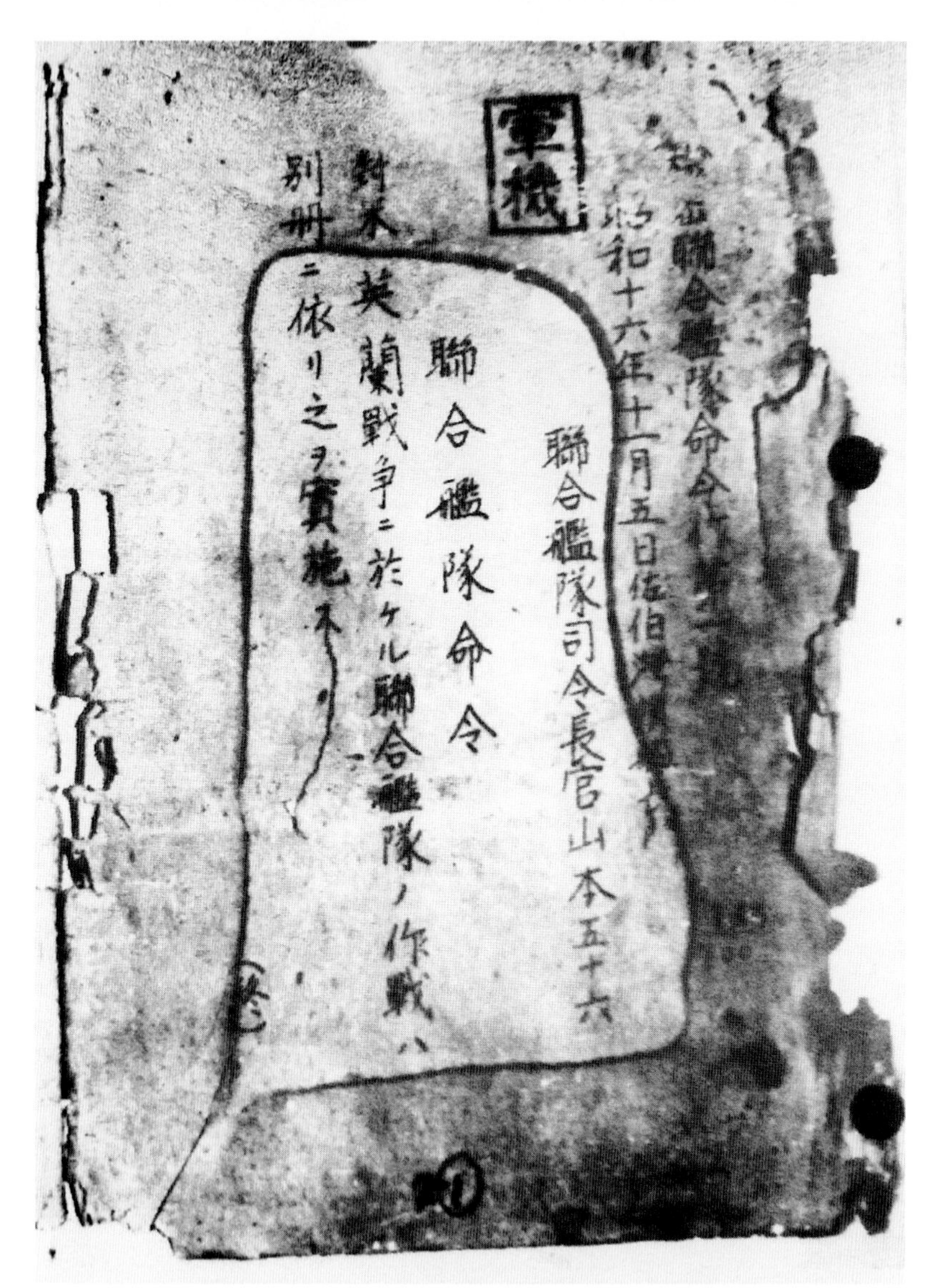

軍機

聯合艦隊命令

昭和十六年十一月五日佐伯

聯合艦隊司令長官山本五十六

聯合艦隊命令

對米英蘭戦争ニ於ケル聯合艦隊ノ作戦ハ

別冊ニ依リ之ヲ實施ス

〈軍機〉聯合艦隊命令作第一号。1944（昭和19）年11月5日にフィリピン・マニラ湾で空母「レキシントン」機に攻撃され沈没した重巡「那智」の艦内から米潜水ダイバーが鹵獲したものである。米国メリーランドの合衆国公文書館IIから入手したコピー。命令作第一号（11月5日付）と同第二号（11月7日付、次ページに掲載）は、1941年11月8日午後、聯合艦隊司令部がハワイ作戦関係の麾下各部隊の参謀を佐伯湾に電報で招致、手交したもの。

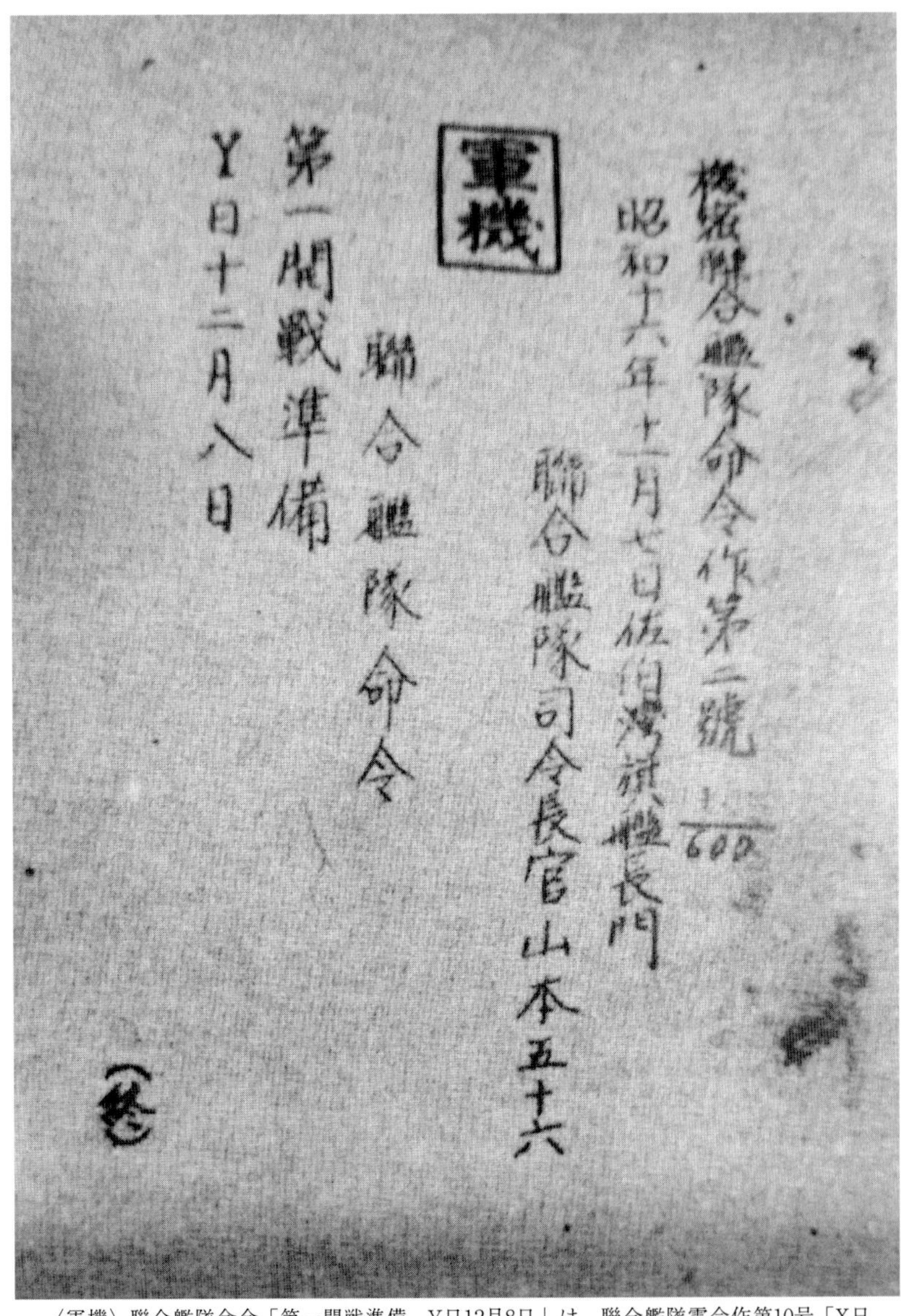

機密聯合艦隊命令作第二號

昭和十六年十二月七日佐伯灣旗艦長門

聯合艦隊司令長官山本五十六

軍機

聯合艦隊命令

第一開戰準備

Y日十二月八日

（終）

〈軍機〉聯合艦隊命令「第一開戦準備　Y日12月8日」は、聯合艦隊電令作第10号「X日を12月8日とす。12月2日1730」つまり「新高山登れ1208」として暗号化され、聯合艦隊司令長官発で東京通信隊から放送された。これは機動部隊だけでなく聯合艦隊全部隊に対してのものであった。

テヘラン会談の三巨頭。前列左からスターリン首相（ソ連）、ローズヴェルト大統領（米国）、そしてチャーチル首相（英国）。1943年（昭和18年）11月28日から12月1日までイランで開催された。終戦処理を含み北仏に第二戦線構築を決定、ソ連は対日戦参加を約束した。

テヘラン会議の象徴的灰皿。葉巻はチャーチル、ホルダーを付けた紙巻煙草はローズヴェルト、パイプはスターリンが使った。

1945年（昭和20年）2月、ヤルタ会談での夕食会。チャーチル首相、ローズヴェルト大統領、スターリン首相が参加した。和やかな中にもぎくしゃくとした外交ゲーム、いくつかの懸念から正面からぶつかり合うやり取りもあった。主役となったのは苛烈なユーモアのやり取りで策謀を凝らすチャーチルの独壇場であった。

ヤルタ会談の開かれたリヴァディ離宮。ヤルタ会談と呼ばれるが、三首脳の会談は、ヤルタから3km程離れたニコライ二世の夏の離宮であった。そこは車椅子から離れられない米大統領と米国代表団の宿舎だった。チャーチルとスターリンはそれぞれの宿舎から日参したのだ。正式には「クリミア」会談と呼ばれる所以だった。この呼び方はスターリンの提唱で会談の開催地を敵の日本とドイツに知られないための方策でもあった。

ヤルタ会談の開催中、密談するローズヴェルトとチャーチル。チャーチルはローズヴェルト以上に決定的な役割を演じた。ローズヴェルトは本会議の議長的存在であったが、病気による衰えは隠せなかった。彼は2ヵ月後の4月12日、脳出血で急死することになる。

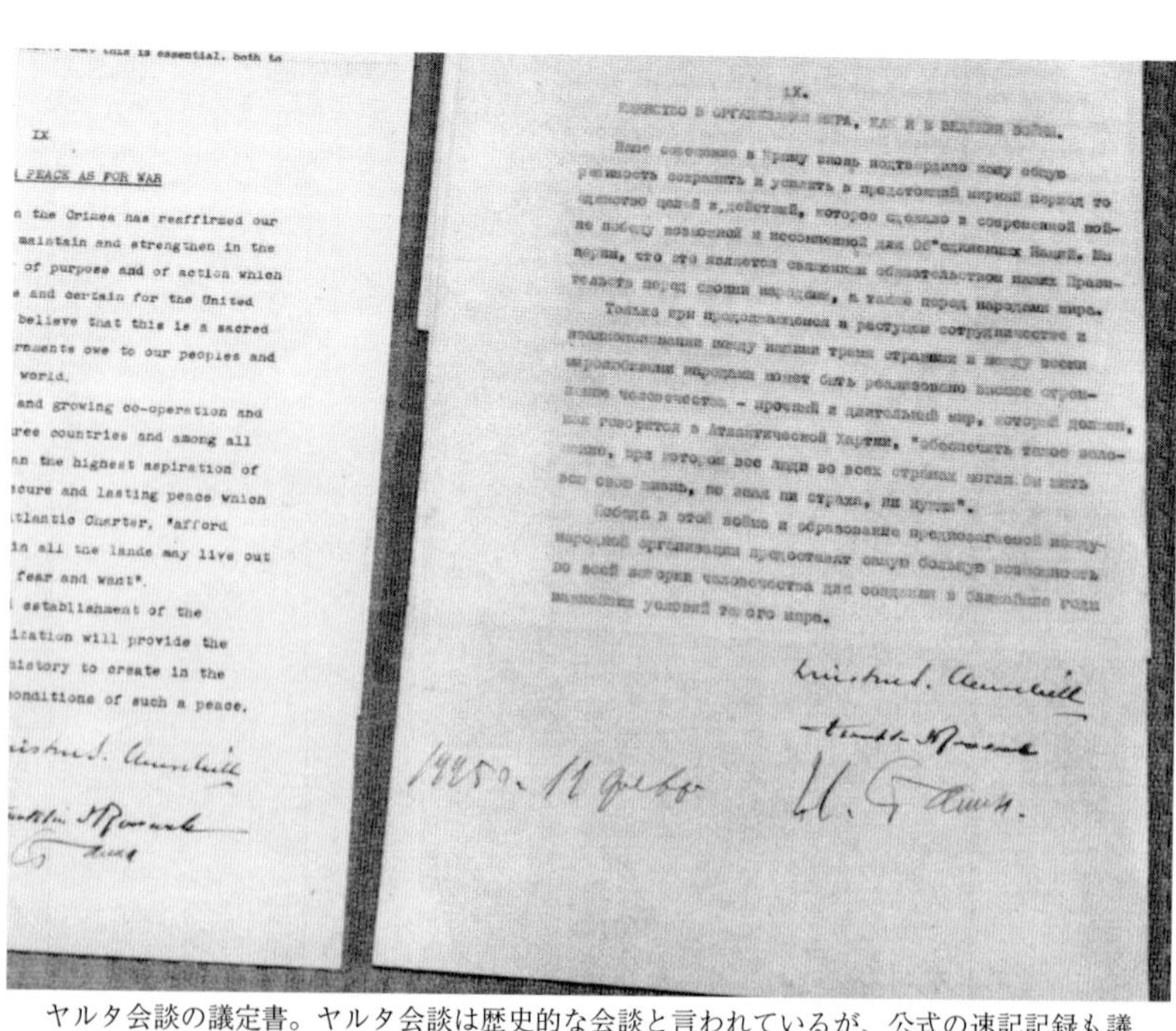

way this is essential, both to

IX

PEACE AS FOR WAR

n the Crimea has reaffirmed our
maintain and strengthen in the
of purpose and of action which
e and certain for the United
believe that this is a sacred
rnments owe to our peoples and
world.
and growing co-operation and
ree countries and among all
an the highest aspiration of
ecure and lasting peace which
tlantic Charter, "afford
in all the lands may live out
fear and want".
establishment of the
ization will provide the
history to create in the
onditions of such a peace.

IX.

ヤルタ会談の議定書。ヤルタ会談は歴史的な会談と言われているが、公式の速記記録も議事録もないとされている。

TOP SECRET

MEMORANDUM FOR RECORD:

SUBJECT: Argonaut Conference.

1. (Military discussions.) The CCS met at Montgomery House, Malta, 30 January 2 February 1945, inclusive, for their 182nd, 183rd, 184th, and 185th meetings, respectively. The code word was "CRICKET." Sir Alan Brooke presided but hoped that a member of U.S. Chiefs of Staff would take the chair at the meeting of the CCS at "MAGNETO."

2. The 1st Plenary Meeting between the U.S.A. and Great Britain was held in the Presidents cabin on board the "USS QUINCY." Malta, 2 February 1945. The President, the Prime Minister and the CCS were present.

The 2nd Plenary Meeting between the U.S.A. and Great Britain was held at Livadia Palace, Yalta, 9 February 1945. The President, the Prime Minister and the CCS were present.

3. Plenary Meeting between the U.S.A., Breat Britain, and the U.S.S.R., was held in Livadia Palace, Yalta, 4 February 1945. The President, the Prime Minister, Marshall Stalin, the CCS, and U.S.S.R. delegation were present.

4. The two Tripartite Military Meetings were held in the Soviet Headquarters, Yalta, on 5 and 6 February 1945, respectively.

5. The CCS met at Alupka, Russia, in the Chateau Vorontsov, 6 February 1945, for their 186th Meeting.

The CCS 187th and 188th Meetings were held at Livadia Palace, Russia, 8th and 9th February.

6. The JCS also held "Argonaut" meetings; 183d through 190th, from 30 January to 8 February 1945, inclusive.

MEMORANDUM FOR RECORD:

CRICKET is the place name for Malta; MAGNETO for Yalta.

ARGONAUT is the code word for the entire series of meetings regardless of where they were held.

Per Colonel Tasker and General Lincoln.

A.M.M.

TOP SECRET

「アルゴノート（Argonaut）」とは「ヤルタ会談」の暗号名である。命名はチャーチル首相であった。1945年（昭和20年）1月10日、スターリンが公式の招待を米首脳に送った。ローズヴェルトは即時に同意を返答した。その彼の意思に屈服したチャーチルは、「アルゴノート」という船に乗ってコーカサス（カフカス）南方に金羊毛を奪い取りにいったギリシャ神話の英雄の古事に従って、ヤルタ会談を「アルゴノート」と呼んだのであった。

WAR DEPARTMENT

16572

(4) Punishment of people responsible for the war.

(5) Maintenance of U.S.-Russian commerce after the war, and support of U.S. [SIC] industry by establishing a credit of $600,000,000. (A B.B.C. broadcast of 17 February gave this as $10,000,000,000.)

Part 3 (6) Acceptance by Russia of the clause on aggressors in the Dumbarton Oaks agreement.

As regards the definition of aggressors which was debated in the Dumbarton Oaks Conference and the treatment of these nations, STALIN intends to control the entire Balkans, Hungary, Austria and Germany as well, and in particular has prepared for this to the point where he has already readied 10,000 Germans for setting up the new German government. Furthermore, the Russians are using armed force to suppress disturbances in Bulgaria and Rumania.

Part 4 In view of the above facts, STALIN does not desire to be branded an aggressor and furthermore these matters contradict the statement on aggressors as settled at the conference and as passed already by the U.S. Senate.

Hence, STALIN will succeed in breaking this clause by the weight of his powerful position and as a result, ROOSEVELT will find himself in a difficult position as regards this conference.

Inter 1 Mar 45
Rec'd 1 Mar 45
Trans 2 Mar 45

D-9697
Page 2

ダンバートン・オークス会議の記録。世界の平和と安全のための組織設立案を審議した。会議は、中華民国、ソ連邦、米国と英国の代表団で構成された。スターリンは、バルカン、ハンガリー、オーストリア、そしてドイツのすべてを管理するつもりであると発言した。

TOP SECRET ULTRA

and clerks.

If, after reference to the above matters, you have any instructions necessary to the execution of our duties, please transmit them as soon as possible. Moreover, with regard to the special secret funds necessary to the above, we want 500,000 Yen specially telegraphed to us at this time. (It is feared that the large amount of JAPANESE money on deposit here would disappear as a result of enemy machinations were relations between JAPAN and SWITZERLAND to deteriorate. Please make arrangements for the remittance as quickly as possible.)

1945 MAY 20 AM 12 05

19 May

NO

JN-5 #3999-? (Japanese) (26) Navy Trans. 05-19-45
09900

TOP SECRET-ULTRA

欧州に駐在した日本の海軍武官は現実の正確な情報を暗号化して外務省に送った。その時の暗号化に使用された九七式欧文印字機（秘匿名「茂」）は既に解読されていたので、情報は米側に筒抜けとなった。崩壊するドイツの空軍士官から彼ら情報源を買うための金額の請求もがばれていたこと示す解読文書。

〈米国立暗号博物館所蔵〉

米国立暗号博物館に展示されている日本の暗号機。博物館には貴重な歴史的実物が数多く展示されている。日本海軍の「三式暗号機」と慰問袋。米側暗号名「グリーン」とよばれていたのは陸軍一式一号印字機であった。

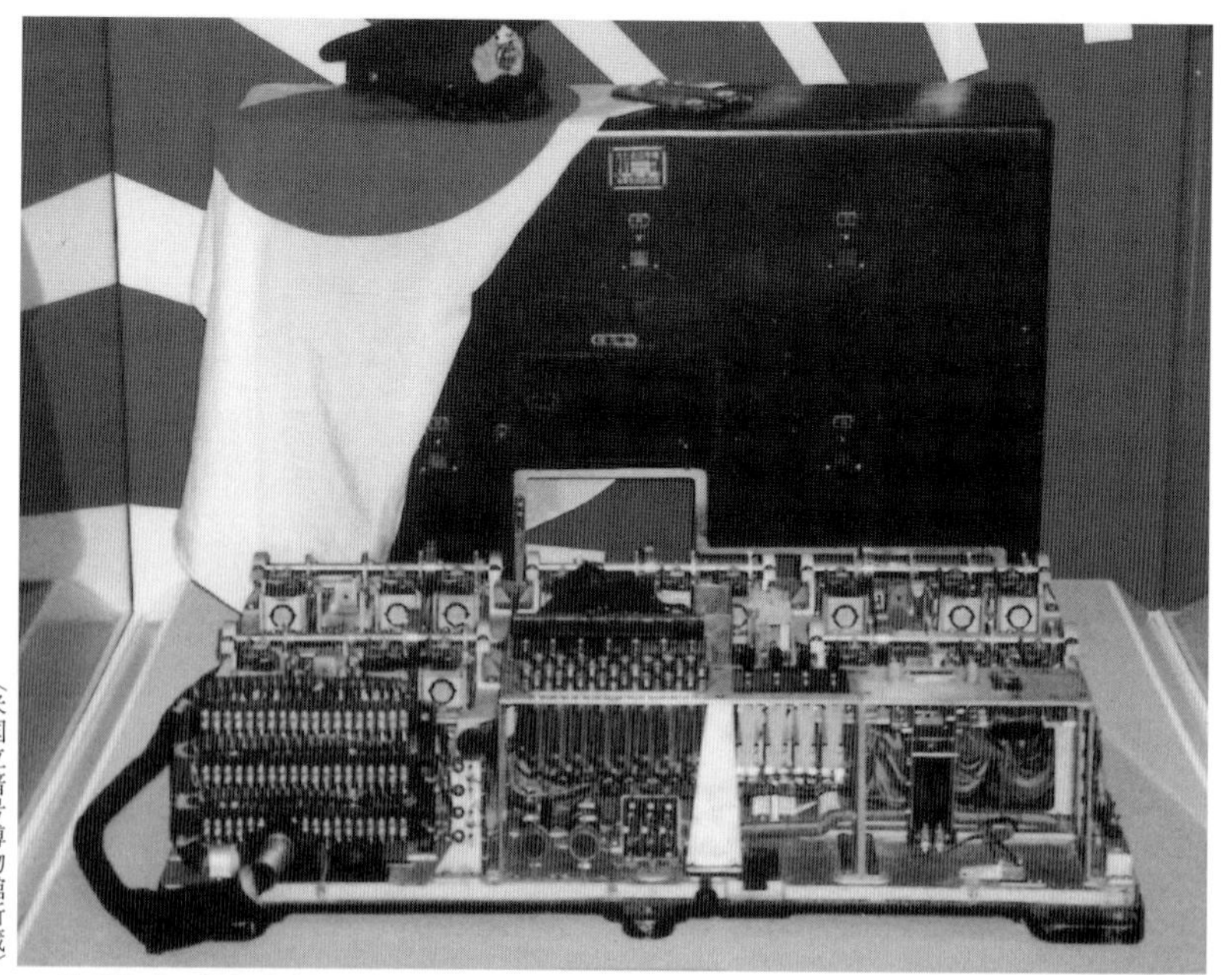

〈米国立暗号博物館所蔵〉

欧米駐在の海軍武官用・九七式和文印字機二型（ふたがた）付属Bタイプライターの秘匿名「飛」（米側秘匿名ジェイド）である。

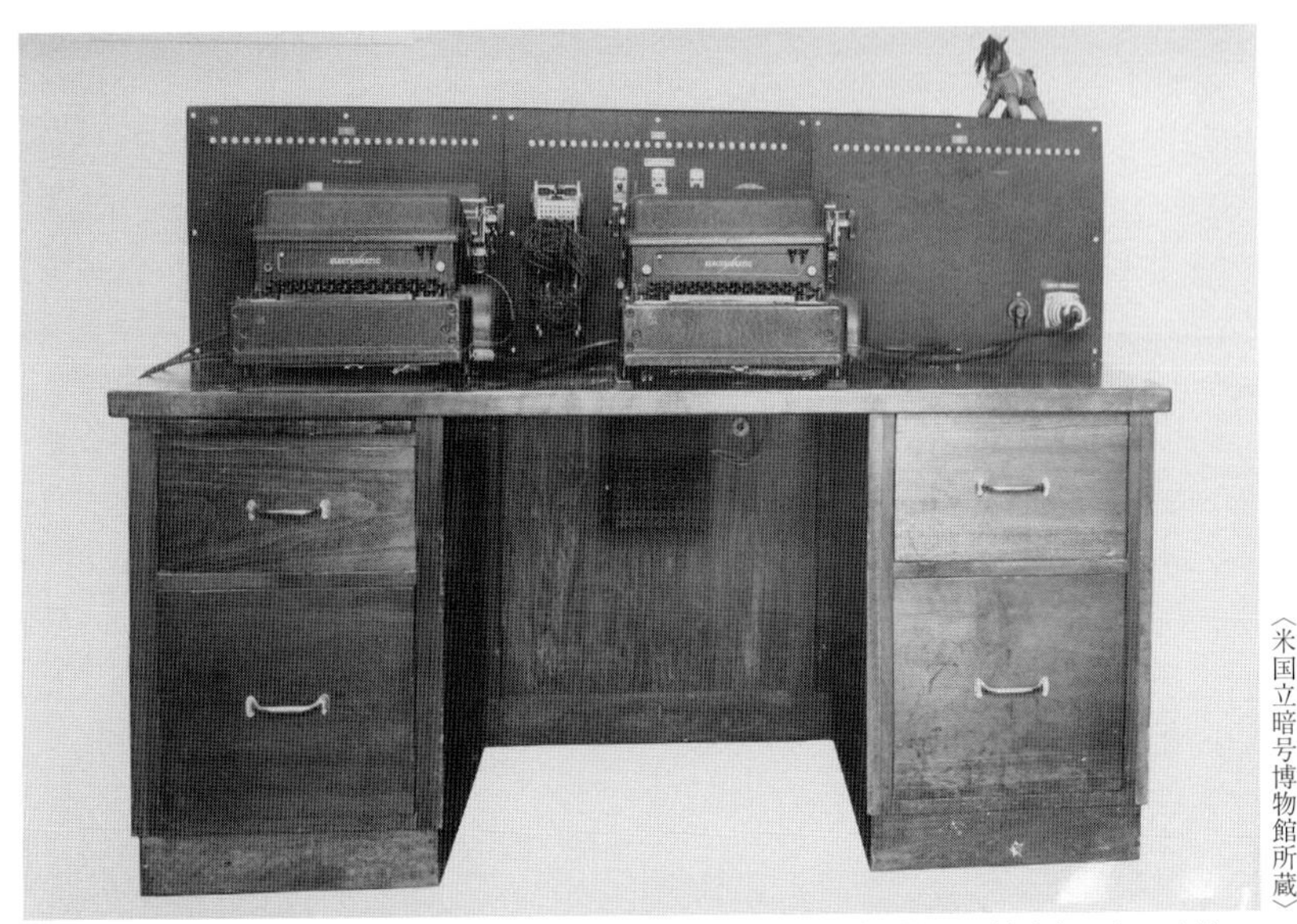

〈米国立暗号博物館所蔵〉

九七式欧文印字機三型。秘匿名は「茂」(米側暗号名コーラル)。構造は外務省固有の暗号機械とは、配線並びに文字の配列など全く異なった別物であった。欧州の海軍武官の収集した情報を正確に本国に伝えた。しかし、その貴重な内容は解読され敵に活用された。

外務省暗号機「B型」(九七式欧文印字機)は日米交渉時の日米会談、ベルリン、他の大使館でも使用されていた。本暗号機に付けられた米側暗号名はパープルだった。本暗号機は米側に読まれているとドイツ側から警告があったが、内容を変えなかったため解読し続けられた。この部分は在ベルリン日本大使館の床下から、米物件調査チームにより回収された。
〈米国立暗号博物館所蔵〉

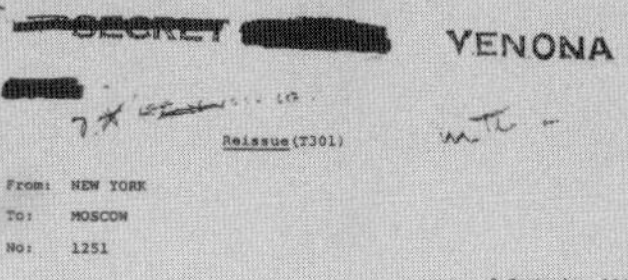

~~SECRET~~ [redacted] VENONA

Reissue(T301)

From: NEW YORK

To: MOSCOW

No: 1251

2 September 1944

To VIKTOR[i].

In accordance with our telegram no. 403[a] we are advising you of the new cover-names: KAVALERIST - BEK[ii], DROZD - AKhMED[iii] KLEMENS - LI[iv], ABRAM - ChEKh[v], TYuL'PAN - KANT[vi], AIDA - KLO[vii], RYBOLOV - [C% BLOK][viii], RELE - SERB[ix], ANTENNA - LIBERAL[x], GNOM - YaKOV[xi], SKAUT - METR[xii], TU.... - NIL[xiii], FOGEL' - PERS[xiv], ODESSIT - ROST[xv]. All these cover-names were selected [C% by you] with a view to economy of means. Among the new cover-names introduced by you there are disadvantageous ones which we propose to replace as follows: STELLA - EMILIYa[xvi] DONAL'B - PILOT[xvii], LOJER - RIChARD[xviii], DUGLAS - IKS[xix], ShERVUD - KNYaZ'[xx], [1 group unrecovered]T - ZONA[xxi], MIRANDA - ART[xxii], SEN'OR - BERG[xxiii]. All these cover-names are economical from the point of view of encoding. Please confirm. Continuation will follow later[b].

No. 700
2 September

MAJ[xxiv]

Notes: [a] NEW YORK's no. 744 of 25 May 1944. However, no. 744 has nothing to do with the subject of this message so must be an incorrect reference.
[b] See NEW YORK's no 1403 of 5 October 1944

Comments:
[i] VIKTOR: Lt. Gen. P.M. FITIN.
[ii] KAVALERIST - BEK: i.e. CAVALRYMAN - BECK, Sergej Nikolaevich KURNAKOV.
[iii] DROZD - AKhMED: i.e. THRUSH - AKhMED, unidentified.
[iv] KLEMENS - LI: i.e. CLEMENCE - LEE, unidentified.
[v] ABRAM - ChEKh: i.e. ABRAM - CZECH, Jack SOBLE.
[vi] TYuL'PAN - KANT: i.e. TULIP - KANT, Mark ZBOROWSKI.
[vii] AIDA - KLO: Esther Trebach RAND.
[viii] RYBOLOV - BLOK: i.e. OSPREY - BLOCK, unidentified. BLO[K] is repeated as GE. There is no other occurrence of eith[er]
[ix] RELE - SERB: i.e. RELAY - SERB. RELE has been tentatively identified as Morton SOBELL. However, the only other reference to SERB is in NEW YORK's no. 50 of 11 January 1945 and would hot appear to refer to SOBELL.
[x] ANTENNA - LIBERAL: Julius ROSENBERG.
[xi] GNOM - YaKOV: i.e. GNOME - YaKOV, William PERL (originally MUTTERPERL).

~~SECRET~~ [redacted] VENONA

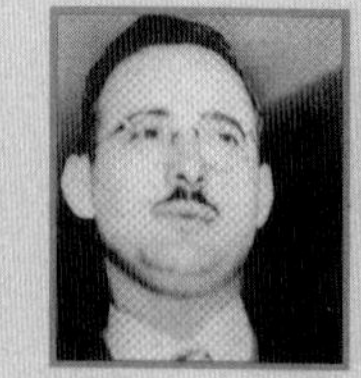

〈米国立暗号博物館提供〉

米国内のソ連スパイの通信解読の暗号名「VENONA」（ヴェノナ）についてまとめたNSAの冊子。1943年（昭和18年）2月1日、米陸軍の信号諜報部門（現在の国家安全保障局の前身）は非常に小規模な秘密のプログラムを始めた。後に暗号名「ヴェノナ」と呼ばれる、ソ連邦の外交通信を捜査、そして有効に活用する企画であった。現在、ソ連原子爆弾スパイ、ニューヨークのKGBを含む6つのヴェノナによる翻訳が公表されている。

インテリジェンスから見た太平洋戦争——目次

写真・史料提供／著者・「丸」編集部
図版作成／佐藤輝宣

＊本書に掲載の史料は、特記なきかぎり米国国立公文書館（ＮＡＲＡ）所蔵

インテリジェンスから見た太平洋戦争

米海軍情報部が「日米開戦・奇襲攻撃」の危機を警告した時

秘密文書が語る真実

「十二月七日の真珠湾の警告にかんする言及について、どんな最終決定があったとしても、合衆国海軍は、戦争がこのあたりでぼっ発することを知っていたことに疑いなかった。手元には、おおくの証拠があった……」

『無線諜報の役割』と表題のついたアメリカ海軍通信諜報班の秘密文書の冒頭は、このような記述ではじまっていた。

一九四二年（昭和十七年）九月一日付（日本海軍の真珠湾奇襲攻撃から九ヵ月後）のこの文書は、攻撃がおこなわれた十二月七日（日本時間の八日）以前に諜報班より報告され、合衆国海軍省の保持する資料の再吟味の目的で作成された。

文書は便宜上の目的から、「外交活動」と「海軍諸作戦」の二つに分類整理されており、さらに、それぞれが「A」節と「B」節に区分されていた。

「A」節は、十二月七日までに海軍が解読、翻訳した電文のみを、そして「B」節は、奇襲がおこなわれる前に傍受されたが、戦争のぼっ発後まで翻訳されなかった電文をふくんでいた。

外交上の背景をもつ「A」節は、一九三六年（昭和十一年）からの三つの重要な協定の解読、翻訳にもとづいた日本の基本政策からはじまって、一九四一年（昭和十六年）十二月六日の東京＝ワシントン間の電文「……日本政府は、合衆国政府の提案を受け入れることはできない。……それまで交渉が決裂する印象をあたえてはならない……」まで、六六項目で構成されていた。

それは、アメリカ国務長官と日本大使の話し合いの詳細を伝える数百の電報ははぶいて、重要なハイライト部分のみの要約だった。

再吟味のための調査に、海軍省は数年前からの完全な電報綴を提供したが、なぜか、その使用を七月から十二月に制限していた（注：その理由は明らかにされていない）。

海軍諸作戦の「A」節は、一九四一年五月十六日付の「……アメリカはすでにインド洋に艦隊を配備したと報告されている。アメリカ海軍艦艇に最大の注意をはらうように」と命じる東京からシンガポールにあてた電文の解読から、「十二月四日、日本海軍の暗号体系が変更された」というアメリカ海軍諜報部の情報まで、八〇項目にまとめられていた。

そして、この秘密文書は、次のように結ばれていた。

「……いかなる方面においても起こりうる奇襲攻撃の警告はあたえていた。そして、アジア艦隊は危険にたいし待機していた。なおそのうえ、大統領と合衆国の指導者は、極東における状況の本当の性質を知っていた。というのは、秘密情報が彼らに供給されていたからだ。（中略）情報源の消滅を避けるため、最大級の秘密保全がおこなわれ、その任務を公表しないようにした。しかし、すべての海軍指導者は、入手した情報を有益にいかす手段の認識を持たねばならない」

合衆国指導者は、戦争がまさにぼっ発しようとしていることを知っていたことは明らかだった。そのうえ、海軍当局者たちは、このことについて充分に認識していた。というのも、諜報班が次にしめす情報の大部分を提供していたからである。

電報がつたえる三国同盟

一九三七年（昭和十二年）十一月十二日、海軍通信諜報班は、一年前に打電された一通の日本の外交暗号電報の翻訳に成功した。

それは、反コミンテルン（注：日独防協協定）の本文と追加条項（注：秘密条項）の全文をふくみ、締結時期を伝える東京（有田八郎外相）からベルリンにあてたものだった。この電文がもつ特別の意義は、秘密条項にあった。

電文のなかにある秘密条項は、あらゆる状況を無視して、戦争への完全な協調を約束していた。

この通信諜報は、合衆国大統領に伝えられた。五年後、この日独防共協定は別の合意によって強化された。その重要性は、日本とアメリカのあいだにある、ひじょうに緊張した関係の点から見てもきわだっていた。

その事実を明らかにしたのは、一九四一年十一月十一日付の東京からベルリンにあてた回章二二九六号の秘密電報の解読だった。電報は一〇日後に、全文が解読された。

「ハンガリー政府、満州帝国政府、そしてスペイン政府とともに帝国日本政府、ドイツ政府とイタリア政府は、上記の政府によって調印された議定書が、共産主義〝インターナショナル〟の活動と闘うのにもっとも有効な手段であることを承認する。そして、上記政府の共通の権益は、諸政府間の密接な協調によって最高に役立った。上述の議定書の有効期限を延長することに同意することを宣言する。この目的のため、次の各項がまとまった（以下略）」

これより先の一九四〇年九月、ドイツ、イタリア、日本によって三国同盟が調印されていた。それは、指定された地域の新しい権利を確立するため、おたがいの勢力の権利を正式に認めたことにより、すでに確立されていた親密な関係を、より堅固に結びつけた。

三国同盟は、ヨーロッパの戦争、中国と日本の衝突に関連していない新たな勢力によって攻撃されたとき、たがいに助けあうことに同意していた。この内容は「公式の暗号で送るべし」ではじまる一九四〇年九月二十五日付の四部に分割された東京＝ベルリン間の秘密電報が、一ヵ月後の十月二十八日にアメリカ陸軍によって解読されたことによって知られた。

戦争前の無気味な静さがただよっていたとき、アメリカ海軍通信諜報班と陸軍通信諜報班は、日本の電報の解読で密接な協力のもとに作業していた。海軍は日本海軍の電文を専門に、陸軍は軍事電報に、その注意を集中していた。外交電文にかんしては、海軍と陸軍の諜報班が一日交替で責任を負っていた。

そして、解読されたすべての電文は、陸海軍の共通の所有とされた。

一九四一年一月、日本の軍事使節団が、ナチスの方式と装備を視察するためベルリンに到着し、かなり重要な事態がおこっていた。

一月二十四日、はやくもアメリカ海軍のフランク・ノックス長官は、ハワイの太平洋艦隊にたいし、日本軍による攻撃の可能性の警告を手紙で伝えていた。

「……もし、日本との戦争が起こるようなことがあったら、敵対行動は真珠湾の在泊艦隊か海軍根拠地にたいする奇襲攻撃によって開始されるかも知れない。それは容易に起こり得ることだと思われる……」

二月、外相豊田貞次郎海軍中将は「日本海軍にとって、合衆国の太平洋勢力が脅威になっていない」と公言し、おおくの人が信用している東京日々新聞は「日本は一撃で、シンガポールとグアム島を破壊できる」と声明をだした。東京朝日新聞は、イギリスとアメリカに危機が切迫していると警告した。

さらに、イタリアのベニート・ムッソリーニの代弁人であるガイダは、春に日米戦争を断言した。これをうけて合衆国下院議員たちは、太平洋艦隊のための巨額な予算を承認した。

五月、日本はワシントンで外交的勝利を勝ちとろうとしていたにもかかわらず、日米交渉の間中、今後の行動のための準備をしていたことは明らかだった。

五月十六日の東京＝シンガポールの解読電文には、アメリカ艦艇の動静に最大の注意をむける指示がだされていた。

二十二日、及川古志郎海軍大臣は海軍記念日にかんし、日露戦争における東郷元帥の光栄ある勝利を思い起こし、日本海軍はいかなる非常事態にもそなえていると語った。

付随的な海軍史の研究は、裏切り（奇襲）による侵攻が日本軍の本質としてあり、これまでの日本の攻撃が、警告なしにおこなわれたことを想起させた。

海軍記念日の当日、別の海軍スポークスマンは、日本の海軍戦力にかんし、英米に警告を発した。

黒い目の太平洋スパイ網

日本のアメリカ艦艇にたいする関心は、時がたつにつれて弱められることはなかった。

六月十日付のワシントンから東京への電報第三三六号が、二十五日、陸軍によって翻訳された。

「……最大の重要事項のひとつであるアメリカ海軍の動静の観測は、軍艦の動きであり、日本海軍に関心をあたえるかもしれない他の情報の収集と、要求する情報の伝達である……」

二十四日、日本はこのころ、ロシア部隊に最大の関心をしめしているのが明らかとなった。

「……ウラジオストクと、その軍港周辺の陸軍、海軍および航空部隊の動静にかんし、可能なかぎり詳細な電報報告を送れ」（注：独ソ開戦は六月二十二日）

海軍通信諜報班は、日本軍の南方および委任統治領内の輸送船の行動や、第二四航空隊の存在などの情報を、海軍情報部に報告した。

七月にはいり、次の電文が解読された。

「東京からベルリン、第五八五号、リッベントロップへの覚書。……日本は共産主義の脅威と戦い、東部シベリヤの共産体制を破壊する部隊を、ドイツとともに統合し、ソビエトにかんして、おこりうるすべての不測の事態に対処している。同時に日本は、イギリスとアメリを牽制するため、南方でおこなっている行動をゆるめないだろう」

（注：七月二日の御前会議は、北進を牽制する意味で南進態勢をとりいれ、対米英戦を辞せずと表現した）

八月、日本にとってパナマ運河が、最大の関心事だったことが、二通の解説文から判明した。パナマ運河におけるスパイ活動は、日本に有益な結果を提供していた。

九月、歴史的背景からみれば、このときまでに日本は、戦略的局面でパール・ハーバー攻撃の決定をしたといえる電文が解読された。

「発東京、宛ワシントン、九月二日、電報五二〇号。……海軍当局は、伝書使の資格でハワイに貴下のスタッフを派遣させることを望んでいる」——陸軍が四日に翻訳。

この電文は、それまでのアメリカ艦艇の動静を報告せよという電報からくらべ、すこぶる暗示的になっていた。

公書使の郵便を通信に使用することを指示している。その摘発は、他国を刺激するかもしれなかった。もし日本海軍がこの時期、ハワイに行きかう特使を召還するならば、そして、より秘密を保持するため、海軍士官より外交使者であることに固執するならば、それはパール・ハーバーが、意中にあるただひとつの目標となり得る。

九月二十六日に陸軍が翻訳した電文から、日本海軍の幕僚がそれに関係していることが判明した。

「九月四日、電報第一六一号、発ホノルル（喜多長雄総領事）、宛東京。……海軍幕僚の小川（貫爾）大佐へ。問題における事柄は、九月末より遅れて（遂行？）されるだろう」

傍受した日から十六日遅れて解読された次の電文は、その後に起こった出来事から見て、きわめて重大性をもっていた。そしてそれは、日本が早くも九月二十四日にはパール・ハーバーの攻撃を決定したとまちがいなく言うことができる。

「九月二十四日、電報第八三号、発東京（豊田貞次郎外相）、宛ワシントン。……1、真珠湾水域を五つの小水域に区分すること。――A水域＝フォード島と海軍工廠地区とのあいだの水域。B水域＝フォード島の南および西に隣接する水域（この水域はA水域から見ると島の反対側にあたる）。C水域＝東入江、D水域＝中央入江。E水域＝西入江および江に通ずる諸水路。2、戦艦および航空母艦にかんして、われわれに錨泊中のものを報告されたし（これらはあまり重要でない）、埠頭に、浮標に係留中のもの、そして入渠中のもの（艦型と艦種をかんたんに示せ。もし可能ならば、われわれは同一埠頭に二隻またはそれ以上の艦艇が横付けになっている事実をしめすことを望む）」

パール・ハーバーを攻撃した日本軍がもっていたスケッチは、この電文のなかでしめされたように、アメリカ米海軍艦艇が二列にならんでいたことをしめしていた。

明らかに日本軍は、九月二十四日付の電報により、ハワイ泊地における停泊パターンを見いだそうとしていた。日本はこの知識から、十二月七日の奇襲を成功させた。

この電報が起案された理由は、ハワイ作戦特別図演（九月十一日―九月二十日）で、この作戦採択にきわめて慎重であった軍令部が、外務省を通じてホノルル総領事に攻撃実行部隊の要求する情報を報告させるためであった。正式に提示されたのは十一月五日の大海令一号であったが、これは軍令部のハワイ作戦容認の第一歩だった。

解読したアメリカ海軍情報部は、「興味ある電報」を意味する星印ひとつを付して、大統領、海軍長官、海軍作戦部長、海軍通信局長、海軍情報部長、戦争計画部長に配布した。しかし、ハワイの現地指揮官には伝えられなかった。

南方へむけられた強い関心

ハワイにたいする強い注目があったが、日本は、まだ他の場所にも目をむけていた。

「九月一日、電報二七九（?）号、発東京、宛マニラ。……特別の変更がない場合、一週間に一度報告せよ。しかし、次にしめす変更にかぎり、個々に報告せよ。1、軍艦ヒューストンの出港と到着。2、駆逐艦もしくは潜水艦五隻または六隻以上の出港と到着……」

九月十日、海軍諜報班が入手した七月一日付の日本の全艦艇と根拠地の完全な概要が編集され、照合して確認された。

十月にはいり、月日がたつにつれて、日本のスパイの活動が拡張された。十三日の東京＝シアトル間の回章第二二一八七号の電報が、一七日目に翻訳された。その電文は、すくなくとも一〇日に一回の割で、軍艦の動静を報告するよう指示していた。二十二日の東京＝シンガポールの電報は、マレーにおける航空部隊の配置や演習、作戦行動、そして部隊編制の調査を命じていた。

さらに東京は、バタビアに打電して、蘭印における航空隊の編隊訓練や空中戦の方法、航空機の配置、機数、機種や部隊編編成、イギリスとアメリカから送られてきている航空機の機種と数の情報をもとめていた。

この要請にたいする答えのなかで、オランダ航空部隊にかんするひじょうに詳細な秘密報告が東京に打電された。

アメリカ海軍通信諜報班は、特定海域内の日本艦隊の位置を報告した。九月二十五日付の方位測定、空母群と潜水艦の一部が、呉と横須賀のあいだの沿岸沖に待機していることをしめしていた。日本海軍の演習は、立案した計画のすべての作戦を、くりかえし練習するので内容を推察できた。

十月十八日の通信方位は、大規模な部隊が佐世保と呉地区に集結していることをしめしていた。このような集中は、つねに日本艦隊の諸作戦に先立っておこっていることが、過去における無線諜報によって観測されていた。（注：日本海軍の軍令部総長は、十月十九日付でハワイ作戦の承認をあたえた）

十一月は、一九四一年のどの月よりも日米関係が危機の状況ではじまった。日本海軍の偵察活動が、太平洋のアメリカ領域にたいしておこなわれた。同時にアメリカ人婦女子が、グアム、ミッドウェーおよびウェーク島から撤収した。

十一月五日の東京発の電報第七三六号が、その日のうちに陸軍によって解読され、諸般の情勢から、日米の危機回避のための調印が、二十五日までに完了することが絶対に必要であるという、交渉の期限が暴露された。

日本はまた、十一月のあいだ中、マニラへの関心をしめしていた。フィリピン諸島内のアメリカ陸海軍機の合計は一三〇九機（ふくむ海軍飛行艇二六機）であると、東京に報告された。航空戦力の情報は、ひじょうに重要だと考えられたので、さらにそれ以上の情報が、二通の東京からの電報で要求された。その電報も、一週間で解読された。

六日、日本から平和の努力のため、来栖(くるす)三郎特使がワシントンへむかう途中にあったが、合衆国議会は危機の観点から、無制限に会期をのこすことを決定していた。

日本では、東京日日新聞が合衆国を攻撃すると論評し、アメリカの平和への話し合いは、軍事的な準備の時間稼ぎの単なる努力でしかないと警告していた。

ロンドンでは、ロードマイヤーでの昼食会でウィンストン・チャーチル首相が「もし戦争が日米間でぼっ発したら、イギリスはただちに日本にたいし宣戦を布告する」と演説した。

アメリカではニューヨーク・タイムズ紙が、「日本が十二月初頭に攻撃をおこすことが予期される」と発表した。

指示された暗号機の処分

十一月十五日、東京とワシントンを飛びかう電報は、緊急事態に対処するよう、すべての大使館に警告がおくられ、アメリカからの撤退計画が議論されていた。また、電報第二三三〇号は、大使館に送られている暗号機械の処分方法の詳細な指示をあきらかにしてくれた。

アメリカ海軍は、近い将来のいかなる不測事態にも対処するため、アジア艦隊に弾薬、魚雷と爆弾などの積みだしをおこなった。ワシントンでは、海軍指導者による重要な会議がひらかれていた。

八日付の電報第一〇六五号で「……中国からの軍隊の撤退と、われわれの提案を議論するため、大統領以下、海軍指導者が会議をしている……」と東京に報告した。この電報は、四日後には解読されている。

アメリカ、イギリスとオランダは、極東への航空機の供給におおくの困難が存在するにもかかわらず、アジアにおける共同防衛を決定した。

十五日、東京発の電報第四九九号は、制限時間（十一月二十五日）にたっしたのち、ある特定の諸作戦が起こることを計画していたことをしめしていた。

緊急電文のための秘密暗号が、東京からの短波放送で発表された。これらのすべては、日本と他国との関係の断絶をとりあつかっていた。

「十九日東京発、回章二三五三号。非常事態の場合、特別の電文の放送にかんして。非常事態（わが外交関係断絶の危険）における国際通信の壮絶の場合は、次の報告が毎日の日本語の短波ニュース放送のなかにくわえられる。①日米関係が危険になった場合＝東の風、雨。②日ソ関係が危険になった場合＝北の風、曇。③日英関係が危険になった場合＝西の風、晴。この合図は、天気予報の中間と最後に伝えられ、最後の文が二回くりかえされる。これを聞いたときは、すべての暗号書を処分すること（以上略）」

この電文は、海軍が二十八日に翻訳をおえた。

つづけて発信された回章二三五四号は、外交関係が危険になった場合についての内容だった。

「……日米関係＝東。……」

この電文は、前の電報より二日早い二十六日に翻訳をおえていた。

二十二日、東京からのひじょうに重要な電文が、即日の解読と翻訳から明らかにされた。

「第八一二号。……われわれは二十五日までに、日米関係の妥結を望む理由は想像をこえると思うが、ここ三、四日中にアメリカとの話し合いをおわることができ、二十九日までに調印が完了できるならば……われわれは二十九日まで待つことに決めた。われわれが、ここにしめした最終期限は、絶対に変更できない。その後の情勢は、自動的におこり得る方向に進展……」

次の電文も解読された。

「……この電文のなかにある期限、二十五日から二十九日に引きのばされた最終期限は、東京時間である」

南西太平洋の動静のほかに、ワシントンでの外交交渉のあいだ、日本がパール・ハーバーに異常な関心をもっている事実を見てとることができた。

通常の場合なら、スパイに話す必要のない秘密を強調しているのが認められた。

「十一月十五日、東京―ホノルル、電報一一一号。日米関係は、危機一髪の状況にある。不規則だが、一週間に二度の割合いで湾内の艦船の報告をして欲しい。貴下は疑われてはいないが、秘密保持には充分に注意して欲しい」

「電報第一二二号。われわれは、艦船の動静にかんし、貴下から報告をうけてきたが、今後は、動きのない時でも報告して欲しい」

明らかに日本は、どんなささいな状況もとらえようとしていた。日本は、つねに将来の標的を把握しようとしていた。

十一月十八日のホノルルからの重要な電文（第二二二号）が、十二月六日に翻訳された。それは、真珠湾に在泊する軍艦の状況の報告だった。「A地区、オクラホマ型戦艦一隻、左側に油槽船。C地区、重巡三隻が停泊中。2、十七日、空母サラトガは泊地にいない。空母エンタープライズはC地区に在泊中……」

十八日、合衆国海軍は、太平洋を航行中のアメリカ艦船に警告を発した。

「……十一月二十五日までに結果を明らかにする……ハワイとフィリピン間の航路を使用してはならない……」

日本軍によるオランダ部隊への脅威も、海軍指導者にとっては常識の事柄だった。

二十八日、マニラの空中偵察にかんする詳細な日本軍の報告は、彼らの注意深い計画のきざしだった。「……朝の四時からマニラ市上空の哨戒に九機を使用している……」

十二月四日に翻訳された電文は、日本が太平洋、インド洋、そして南シナ海の艦船の名前、行き先、出港の日時についての詳細を知ろうとしていた。

この時期、海軍諜報班によって詳細な日本海軍の作戦行動の要約が報告された。危機が遠くないことをしめす東京―ワシントン間の別の電報が解読された。それは、電報の文章が長くなるのを防ぐための略号をしめしていた。

「三国同盟＝ニューヨーク。中国問題＝サンフランシスコ。大統領＝キミ子――」

行方不明となった日本空母

二十六日、合衆国政府は詳細な一〇項目の覚書（俗にいうハル・ノート）を野村吉三郎大使に手渡した。それはただちに東京に送られたが、けっきょく十二月七日に拒否されるものであった。

その日のワシントンの来栖三郎と、日本外務省の山本熊一とのあいだでかわされた電話による会話は、容易ならぬ危機がさしせまっていることをしめしていた。野村大使はふたたび、日米関係をてぎわよく決裂させようとしていた。

日本政府はアメリカの提案（ハル・ノート）を受諾できないにもかかわらず、可能なかぎり交渉の終結をおくらせる訓示をおくった。

一方、アメリカ海軍はひじょうに意味深長な電文を、アジア艦隊、太平洋艦隊、第十一、十二、十三および十五海軍区の各司令官に打電した。

「対日会談が好ましい結果をうむ可能性は、きわめて疑わしくなった。……日本陸海軍部隊の動きは、われわれの見解ではフィリピン、またはグアムにたいする攻撃をふくむ、あらゆる方向における奇襲行動の可能性をしめしている。……グアムにたいしては、別途通報される予定」

日本軍が第一撃をどこにおこなうかにかんして、戦争前の海軍の意見の評価はもっとも重要だった。南東アジアは、今後の日本軍の諸作戦の地区として知られていたが、パール・ハーバーには言及されていなかった。

このとき、日本の空母と潜水艦の位置にかんして、第十四と十六海軍区のあいだに意見の相違が認められた。

第十四海軍区の諜報班は、潜水艦と航空戦力の強力な艦隊が、マーシャル諸島ふきんにいると想定した。この部隊は、第二十四航空隊にすくなくとも空母一隻、そして潜水戦隊のおそらく三分の一をふくむと推定していた。この強力部隊が、南東アジアへの移動を準備しており、部隊の一部は、マーシャルとパラオに作戦する可能性があるという情報を、海軍作戦部に通報した。

これにたいし第十六海軍区の諜報班は、空母と潜水艦は委任統治領内にいるとの推測は不可能である。最近の徴候から、もっとも可能性が高いのは、第一と第二艦隊、そして空母は、まだ佐世保―呉水域にとどまっているとの判断だった。

そのころ日本機動部隊は、内地の軍港をばらばらに出港し、十一月二十二日ごろまでに北方の択捉島単冠湾に集結していた。そして二十六日、機動部隊は真珠湾にむけて出撃したのである。

二十六日、アメリカ海軍作戦部は太平洋艦隊司令長官にたいし、予期される面倒なことにたいして協同作戦をとるための準備を、ハワイの陸軍とともに通報した。

アジア方面のアメリカ海軍海上部隊は、特別の指示によって戦争準備をしていた（二十六日、27142２番電）。

「……もし、正式の宣戦なしに敵対行為が結果として起こっても、……海軍作戦部からの通報が受信されなければ、それ以前に無制限の潜水艦戦と航空戦をおこなってはならない」

同様に陸軍参謀総長は、陸軍部隊にもおなじ内容を通報することを望んだ。つぎにしめすさしせまった戦争を警告する電文は、ひじょうに重要だった。

「十一月二十七日（27333番電）、海軍作戦部長発、アジア艦隊、太平洋艦隊各司令長官宛。……本電報は、戦争警告と考慮すべし。太平洋における情勢の安定化をめざした対日交渉は終了した。日本の侵略的行動が数日中に予期せられる。……フィリピン、タイ、またはクラ半島、もしくはボルネオにたいする上陸作戦をしめす……」

つぎの電文のなかにふくまれている戦争警告は、間違えようもないものであった。

「海軍作戦部長発、太平洋北部沿岸海域指揮官、太平洋南部海域指揮官宛。通報太平洋艦隊司令長官、太平洋沿岸海域指揮官。……日本の今後の作戦行動は予測できないが、いついかなる時にも敵対行為がおきる可能性がある。もし敵対行為が避けられないならば、アメリカは日本が最初の歴然たる行動を開始することを望む。この方針は、貴下の防衛を混乱させる方向に貴下を制約するものと解釈してはならない。日本側の敵対行動の前に、必要と認める偵察、その他の手段を講ずるべきである……」

「三十日（30419番電）、海軍作戦部長発、アジア艦隊司令長官宛。通報太平洋艦隊司令長官。……日本は、遠征船団によりクラ地峡の地点を攻撃しようとする徴候がある。……本電を受信したのち三日に、カムラン湾―マニラの線にそって空中捜索を開始することを望む……指示された航空機は、観測のみをおこなう。攻撃しようとして接近してはならない。イギリスの航空部隊は、一八〇マイルの索敵をおこなうだろう。シンゴラのちかくのクラ地峡を横切る線に軍隊を移動するだろう。もし日本の遠征船団がタイに接近するならば、マッカーサー将軍に通報せよ。イギリス大使館には通報してある」

日本は戦争開始のため、同盟国への報告準備をすみやかに提議していた。最大級の秘密が、日本政府によってもたらされ、ヒトラーとムッソリーニに、日本の計画がただちに通報された。

「……戦争が、日本とアングロサクソンとのあいだにはじまるかもしれない。戦争ぼっ発の噂は、だれもが予想するよりも早いかもしれない」

さしせまる日米開戦の日

十二月になると、さしせまった戦争は、ほとんど決定的だった。外交交渉は決裂した。そして日本艦隊は、明らかに優位な位置に移動し、十二月一日零時をもって、洋上にある日本艦隊の無線呼出符号が変更された。この情報は、第十六海軍区諜報班からアジア艦隊、太平洋艦隊の司令長官と第十四海軍区諜報班に通報された。それは即時行動のもう一つの前兆だった。

海軍が戦争の可能性を警告しただけでなく、ルーズベルト大統領は、アジア方面の海上のアメリカ部隊に偵察行動を切望した。

「十二月二日（01235 6番電）、海軍作戦部長発、アジア艦隊司令長官宛。……大統領は、次の事項をできるだけすみやかに、でき得れば本電受信後二日以内に実施するよう命令した。〝防備情報哨戒を形づくる小型船舶三隻をチャーターせよ。アメリカ艦艇として立証できる最低限の要求は、海軍士官一名の指揮官および小型銃と機銃一梃の装置で充分である。南シナ海およびシャム湾の日本の動きを見張り、無線報告する目的を実行するため、最小員数の兵員のほかはフィリピン人を使用してもよい。一隻は海南島―ユエ間に、一隻はカムラン湾―サンジャック岬間のインドシナ沿岸に、もう一隻はカマウ岬沖に配置する。三隻のうち一隻は、イサベラを使用することを大統領より承認されているが、他の海軍艦艇を使用してはならぬ。この大統領の計画を実行するためにとった措置を報告せよ……」

大統領は防衛の準備をいそがせた。このような情報は、海軍とおなじ情報源からもたらされたことを忘れてはならない。

ニューヨーク・タイムズ紙は、フィリピンと太平洋艦隊は敵対行動にそなえていると報じた。他のアメリカの新聞は、日本は攻撃のための時間をかせぐため、単なる虚勢で交渉をつづけていると訴えていた。

暗号機の破壊は、つねに外交交渉の決裂のきざしである。それは容易ならぬ瞬間をしめしていた。

「十二月一日、回章二四四四号。発東京、宛ワシントン。……ロンドン、香港、シンガポールとマニラの四つの領事館は、暗号機械の使用をやめ、処分することを命ずる。バタビアの暗号機械は、日本に返還されている。回章二四四七号の電文の内容にもかかわらず……(解読できず)。在アメリカ領事館は、機械と暗号を保持する」

回章二四四七号とは、ベルリンからアンカラにあてた電文で、これも解読されていた。

「(マニラをふくむ)北アメリカ、カナタ、パナマ、キューバ、(サモアをふくむ)南洋、シンゴラの外交官に命令がくだった。(ロンドンの大使館をふくむ)……の一枚のコピーをのぞく電信暗号のすべてを至急焼却せよ」

今後の行動をしめすもう一つの電文と合衆国海軍の推定通知あと、『無線諜報の役割』のNo.58項目はなぜか本文が削除されている。

敵対行為が開始されるきざしがはっきりしてきたにもかかわらず、野村大使はなおも平和と話し合いの達成を切望していた。

「三日(031850番電)、海軍作戦部発、第十六海軍区、アジア艦隊、太平洋戦隊、第十四海軍区の各司令官宛。……高度に信頼できる情報が入手された。無条件に緊急な命令が昨日、香港、シンガポール、バタビア、マニラ、ワシントンとロンドンの外交官と領事にたいし、ただちに大部分の暗号を破壊し、その他の機密、極秘文書のすべてを焼却するよう通達された」

状況はひじょうにきわどいと思われたので、アメリカ海軍省は、危険な地域にある自軍の暗号の破壊を命じ。それは、東京、バンコク、北京、上海で、「焼却の実施は〝ジャバウォック〟なる一語で報告せよ」と命じている。

四日、海軍作戦部長は、グアムにあてて各種の機密配布文書いっさいと、その他の機密あつかいのものを焼却破壊することを命じた。

この電報は、グアムにとって最高の意味をもっていた。それは、単に戦争がほとんど目前にせまっているというだけでなく、日本軍によるグアム上陸が実現性ありとみなされていたことを意味した。暗号書を破壊すべしという命令は、軍事的立場からはただひとつのこと、すなわち戦争は数日後にせまっていることを意味した。

この電報はアジア艦隊、ハワイの太平洋艦隊にも通報されていた。

戦争ぼっ発直前の日本艦隊の位置にかんする最終要約は、十二月四日時点で三週間も古い情報だった。

そして奇襲は行なわれた

戦争のもう一つの暗示的なしるしは、戦時中は合衆国内で役に立たない日本スパイの撤退だった。

「五日、電報八九六号。……寺崎、高木、安藤、山本、その他の者は、次の二日以内に航空機で立ち去りなさい……」

六日の電報九〇一号の翻訳は、日本政府がもはや平和について関心をもっていないことをしめしていた。

「情勢はきわめて機微であり、それを接受したことは、さしあたり厳秘に付されたし」

日本海軍の暗号体系の変更は、作戦行動の別の前兆だった。

これら上述の電文と報告は、十二月七日前に合衆国海軍によって知られており、解読されていた。おおくの人たちが、七日の朝から太平洋の防御線で交戦していた。

しかし海軍は、次にしめす電報によって、正式の軍事行動に参加していた。

「機密〇七二二五二番、十二月七日。海軍作戦部長発、太平洋艦隊、パナマ、アジア艦隊の各司令長官。太平洋北部沿岸海域指揮官、ハワイ沿岸海域指揮官。……日本にたいする無制限の航空と潜水艦戦闘を実施せよ。アジア艦隊は、イギリスとオランダに通報せよ。陸軍に通報」

こうして十二月七日以前の海軍諸作戦と、外交上の背景の物語はおわる。

十二月七日、東京からワシントンの大使に送られた。その日の午後一時にアメリカの提案を拒絶する文書を手交するように要請した電文のなかには、宣戦について言及されていなかった。

東條英機首相からの感状が、ワシントンの日本大使館員に送信された。

真珠湾の教訓は、無線諜報にたずさわる少数の専門家に、過度の負担をおわすことなく、地道に作業することの大切さにあった。

調査、分析、解読という作業を能率よくするために、翻訳に必要な資料を徹底的に準備した無線諜報の組織をつくることにより、不測の事態にたいし、つねに十分な根拠をもつ警報を発しつづけることができる。

ここに述べたように、一九四一年十二月七日以前にも、アメリカ海軍の無線諜報が、大きな成果をあげていたことを忘れてはなるまい。

アメリカ海軍は、パール・ハーバーが日本海軍の最初の目標とされていたことは知らなかった。しかし、タイとフィリピンに侵攻する日本軍の計画は知っていた。そして、戦争がいつ起こるかを、明確に気づいていたのである。

（「丸」一九九三年一月号　潮書房）

日本軍の真珠湾攻撃で航空魚雷1本、爆弾8発を受け黒煙を上げる戦艦「アリゾナ」（手前）。ハワイ・オアフ島真珠湾にある合衆国指定固定歴史建物「アリゾナ記念館」は、80年前日本の奇襲攻撃で破壊され廃艦となった「アリゾナ」の上に建てられている。

which gives real interest. I think I'll have a gallery ready to see King when h
reads that, particularly after a recent statement of his that he noted he wa
getting fewer men and had less percentage of complement than did the Pacifi
Fleet, etc. etc.

Keep cheerful.

Sincerely,

BETTY.

Admiral H. B. KIMMEL, *USN*,
Commander in Chief, U. S. Pacific Fleet,
USS Pennsylvania,
c/o Postmaster, San Francisco,
California.

P. S. I held this up pending a meeting with the President and Mr. Hull today. I have been in constant touch with Mr. Hull and it was only after a long talk with him that I sent the message to you a day or two ago showing the gravity of the situation. He confirmed it all in today's meeting, as did the President. Neither would be surprised over a Japanese surprise attack. From many angles an attack on the Philippines would be the most embarrassing thing that could happen to us. There are some here who think it likely to occur. I do not give it the weight others do, but I included it because of the strong feeling among some people. You know I have generally held that it was not time for the Japanese to proceed against Russia. I still do. Also I still rather look for an advance into Thailand, Indo-China, Burma Road area as the most likely.

I won't go into the pros or cons of what the United States may do. I will be damned if I know. I wish I did. The only thing I do know is that we may do most anything and that's the only thing I know to be prepared for; or we may do nothing—I think it is more likely to be "anything".

HRS.

「ハル（国務長官）は、大統領（ローズヴェルト）同様に、日本の奇襲攻撃に驚かないだろう。……フィリピンに対する攻撃がわれわれを狼狽させるだろう」。1941年11月25日の戦争閣議後に海軍作戦部長ハロルド・スターク大将は、ハワイ太平洋艦隊司令長官ハズバンド・キンメル大将に書簡（追伸を含む）で状況を伝えた。これは米側が日本の「戦争実行」を掴んでいた証拠（Exhibit）である。

TOP SECRET

The three radiograms charged for December 6th were actually two messages in the "PA-K2" code (Exhibit 57). The first, which was translated after the attack, was sent to Tokyo and to Washington at 6:01 p.m. on 6 December 1941. It set forth the ships observed at anchor on the sixth and stated:

> " . . . 9 battleships, 3 light cruisers, 3 submarine tenders, 17 destroyers, and in addition there were 4 light cruisers, 2 destroyers lying at docks (the heavy cruisers and airplane carriers have all left).
>
> "2. It appears that no air reconnaissance is being conducted by the fleet air arm."

The other message of December 6th, which was filed at 12:58 p.m. that day, was, after decryption, translated by Joseph Finnegan, now a Captain, U.S.N., who reported for duty in the radio intelligence unit on the 9th or 10th of December, 1941. He translated that message (Exhibit 57) as follows:

> "From: KITA
> To: F.M. TOKYO 6 Dec. 41
>
> REFERRING TO LAST PARAGRAPH OF YOUR NO. 123
>
> 1. THE ARMY ORDERED SEVERAL HUNDRED BALLOONS FOR TRAINING AT CAMP DAVIS NC ON THE AMERICAN MAINLAND. THEY CONSIDERED (AT THAT TIME) THE PRACTICABILITY OF THEIR EMPLOYMENT IN THE DEFENSE OF HAWAII AND PANAMA. INVESTIGATION OF THE VICINITY OF PEARL HARBOR REVEALS NO LOCATIONS SELECTED FOR THEIR USE OR ANY PREPARATIONS FOR CONSTRUCTING MOORINGS. NO EVIDENCE OF TRAINING OR PERSONNEL PREPARATIONS WERE SEEN. IT IS CONCLUDED THAT THEIR INSTALLATION WOULD BE DIFFICULT. EVEN IF THEY WERE ACTUALLY PROVIDED THEY WOULD INTERFERE WITH OPERATIONS AT NEARBY HICKAM FIELD, EWA FIELD AND FORD ISLAND. THE WHOLE MATTER SEEMS TO HAVE BEEN DROPPED.
>
> 2. AM CONTINUING IN DETAIL THE INVESTIGATION OF THE NON-USE OF NETS FOR TORPEDO DEFENSE OF BATTLESHIPS AND WILL REPORT FURTHER."

Captain Finnegan admitted in his testimony that the last sentence of the first paragraph of his translation was an incorrect translation. As appears from an Army translation of that message (Exhibit 57), that sentence, correctly translated, was as follows:

> "I imagine that in all probability there is considerable opportunity left to take advantage for a surprise attack against these places."

As previously noted, among the messages turned over to the District Intelligence Officer and to ComFOURTEEN Communication Intelligence Unit for decryption and translation on 5 December 1941, was the

s-ee1

ハワイ日本総領事館喜多長雄は、真珠湾の米太平洋艦隊の動静を逐一暗号「PA-K2」で東京外務省に報告していた。この詳細かつ正確な情報が、機動部隊に伝えられ奇襲を大成功させた一因となった。米陸軍大尉は解読文を翻訳してハワイに対する奇襲がかなりの割合で高いとイメージをもった。

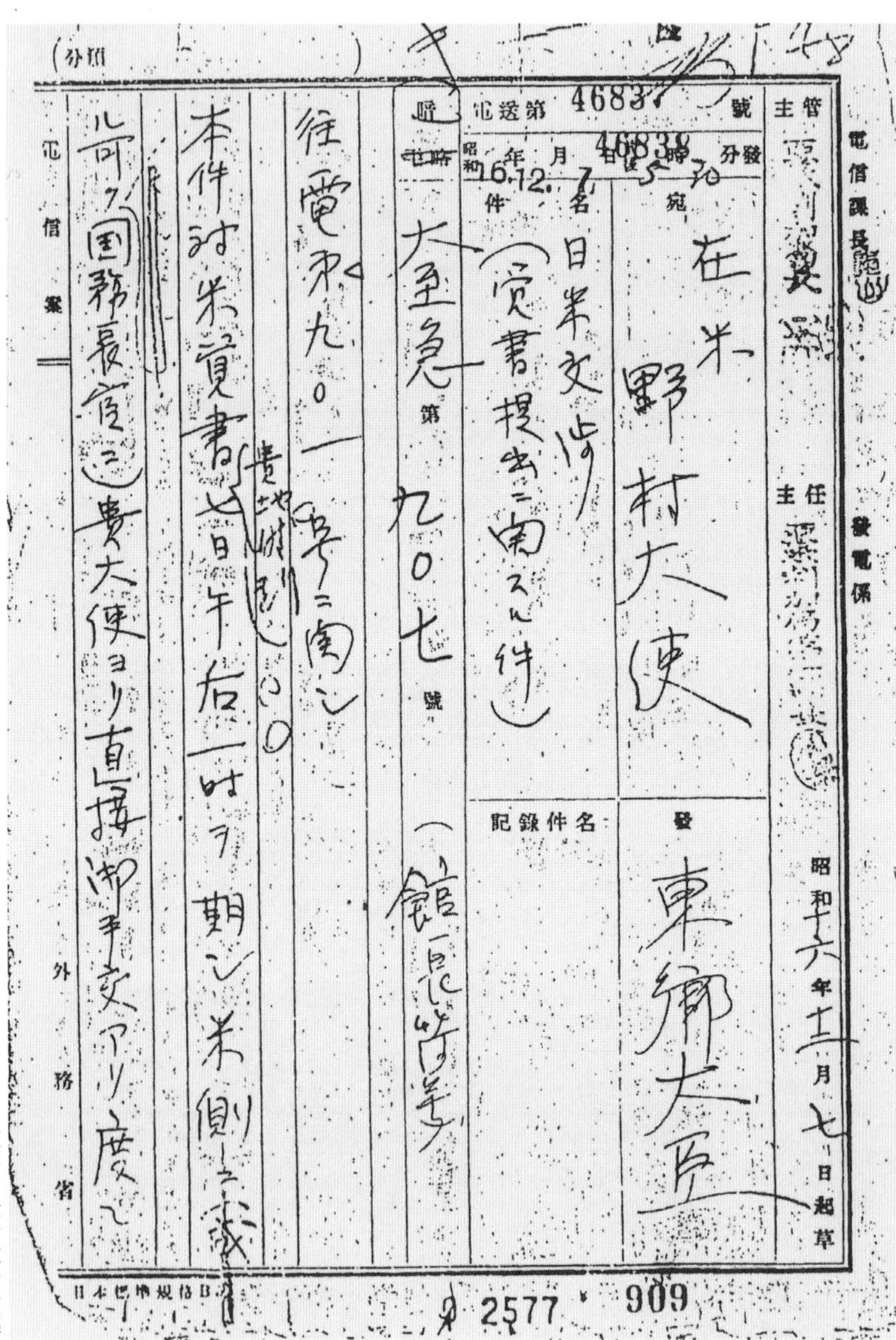
電送第4683號
昭和16.12.7 5.30 分發
宛　在米野村大使
發　東郷大臣
件名　日米交渉（覚書提出ニ関スル件）
大至急　第九〇七號（館長符号）
往電第九〇二号ニ関シ
本件対米覚書貴地時間七日午後一時ヲ期シ米側ニ対シ成
ル可ク国務長官ニ貴大使ヨリ直接御手交アリ度シ
昭和十六年十二月七日起草
電信案　外務省
2577　909

〈外務省外交史料館所蔵〉

日本が米側に「日米交渉（覚書に関する件）」を打ち切ることを伝える覚書を米首都ワシントンD.C.で国務長官に直接手渡すよう指示した電送第4683号。1941年12月7日午前5時30発信の起草文。館長符字をして暗号化、「大至急」の指定を受けた第907号番電である。電信課長亀山の捺印が右端にある。

SF DE JAB. S - 7 DEC '41. 5643

724 SCDE TOKYO 38 7 618S JG 6648

KOSHI WASHINGTONDC

DAIQU 35185 AECXZ GTAPQ PWVEU VHBIT KVEII WQRKY XTXVZ QGKOI

XHNYR DKFQY PWXRW OJSWB RZQHF ZDFWY IFSKP DWDHS IWBKI DVFBK

OKVYJ DWCDD ZIEUE BCKFU DGUFS VUURZ UXWCT MXPYQ IWUOC JCQME

EHYCT SKRHV QVUNV KJUVF CLAAR

TOGO

S_____/7 618S GR39

OBESE OVALS TIARA GNOME.

Ø937-S-CN.
916ØKCS.

現地手交午後1時電の暗号文。外務省暗号機「B型」（通称：九七式欧文印字機）で平文を打鍵すると暗号文が印字される。35字の暗号文を示す。「TOGO」は外務大臣東郷茂徳を意味する。この難解な暗号文も米解読陣により解読・翻訳される運命となった。

From: Tokyo
To: Washington
December 7, 1941
Purple (Urgent - Very Important)

#907. To be handled in government code.

Re my #902[a].

Will the Ambassador please submit to the United States Government (if possible to the Secretary of State) our reply to the United States at 1:00 p.m. on the 7th, your time.

a - S.I.S. #25843 - text of Japanese reply.

米海軍がワシントン州ベイブリッジ島傍受局で傍受、英文に翻訳された第907号番電。本電は12月7日午前4時37分（首都時間）傍受され、同時にテレタイプで海軍省1649号室に送られ、パープル暗号機で解読された。本文は日本語だった。海軍の翻訳係が不在のため陸軍省通信課報課「B」班が翻訳し、午前7時15分頃海軍に渡された。

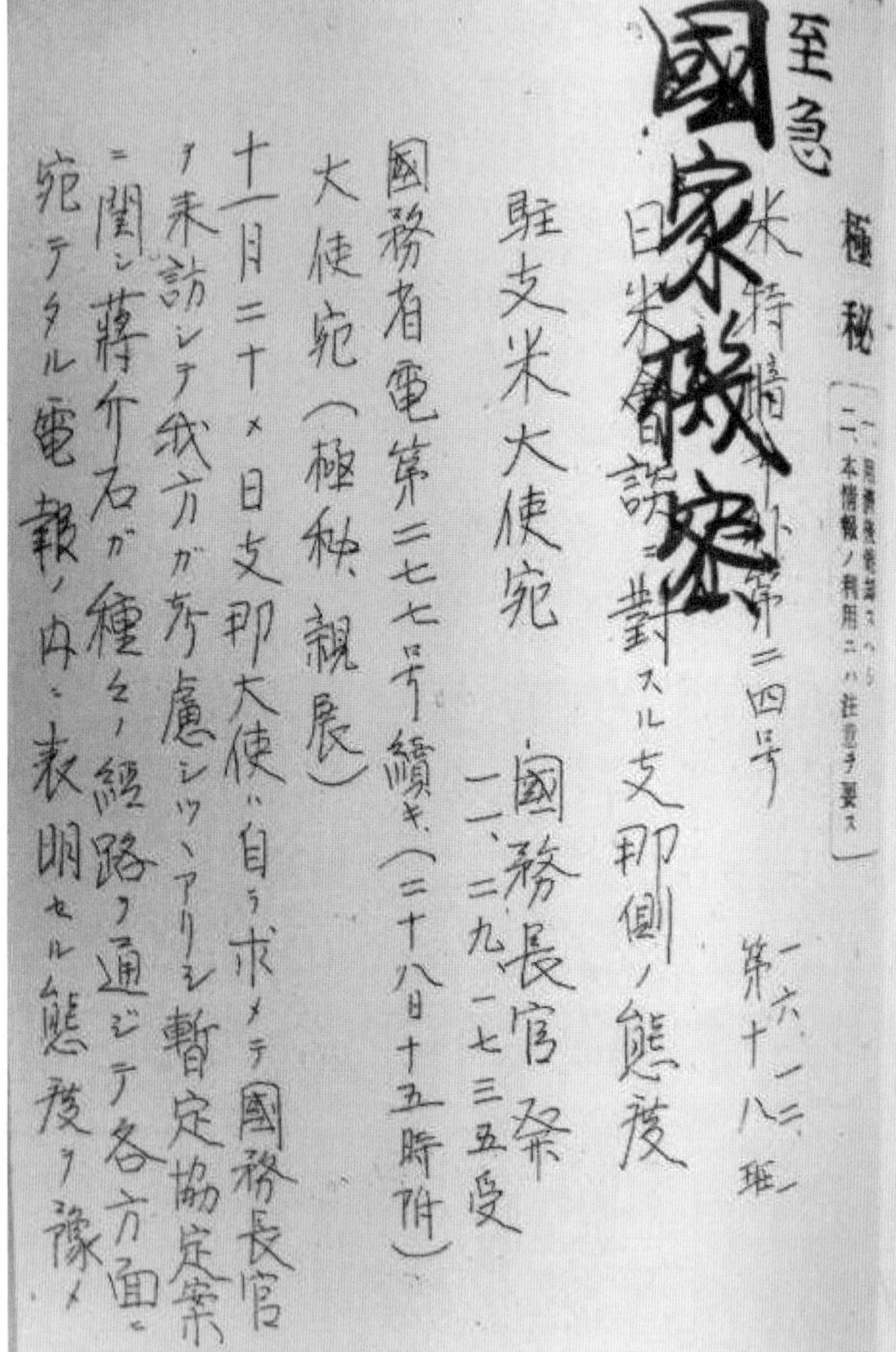

至急　極秘
（一、用済後焼却スヘシ　二、本情報ノ利用ニハ注意ヲ要ス）
國家機密
米特情外第二四号　一六、一二、一　第十八班
日米會談ニ對スル支那側ノ態度
國務長官發　一一、二九、一七三五受
駐支米大使宛
國務省電第二七七号續キ（二十八日十五時附）
大使宛（極秘、親展）
十一月二十メ日支那大使ハ自ラ求メテ國務長官
ヲ来訪シテ我方ガ考慮シツヽアリシ暫定協定案
ニ関シ蒋介石ガ種々ノ經路ヲ通ジテ各方面ニ
宛テタル電報ノ内ニ表明セル態度ヲ豫メ

〈外務省外交史料館所蔵〉

「国家機密」と筆で書かれた米特暗号の翻訳文。日本側も米国務省の暗号電報を解読していた。「極秘　本情報の利用には注意を要す」と書かれている。暫定協定案に反対する蒋介石の態度を含む内容を明らかにしている。蒋介石は暫定協定案に反対だった。結果、TEN　POINT　NOTE覚書の米側回答（ハル・ノート）に開戦が決定された。

南雲機動部隊の無線封止は破られていたのか!?

通説を否定した著作

日本海軍のハワイ奇襲作戦成功の鍵は、片道三五〇〇海里におよぶ遠征中の企図秘匿にあった。本作戦に支援部隊として参加した通信担任艦「霧島」の第三戦隊戦時日誌によれば、作戦の成功が機動部隊電波戦闘管制（無線封止）の適切な実施により敵に我が行動を偵知させる隙をあたえないことを示していた。

機動部隊は、在ハワイ米太平洋艦隊の動静をホノルル～東京間の部外通信系による連絡を軍令部情報・A情報として逐次入手、ハワイ方面の天気予報など共に東京通信隊からの放送を通じて入手していた。

そして、機動部隊内の通信は、機動部隊指揮官と警戒隊発の極度に節減した信号、すなわち手旗信号及び発光信号により取り交わされていた。それがハワイ作戦成功の一つの要因と信じられ、通説となっていた。

ところが、戦後五五年目に出版されたロバート・B・スティネット著『DAY OF DECEIT : The Truth About FDR and Peal Harbor』邦訳『真珠湾の真実――ルーズベルト欺瞞の日々』文藝春秋刊）によれば、「南雲忠一中将ひきいる機動部隊は何よりもおしゃべりで、昭和一六年一一月一五日から一二月六日の二一日間に米海軍監視所により傍受された一二九通の日本海軍無線放送のほとんど半分を発信していた」としている。

その内訳は、A：南雲中将発信による無線が六〇通、B：第一航空艦隊艦艇宛の東京無線通信が二四通、C：複数の空母により発信された放送が二〇通、D：航空戦隊司令官が発信した放送が一二通、E：第一航空艦隊所属艦船八隻（空母以外）が発信した電文が八通、F：ミッドウェー破壊隊から発信された電文が四通、G：各航空戦隊司令官宛の東京無線通信が一通、計一二九通であった。

著者はその出典を米国立公文書館Ⅱに保管されている記録番号38（米海軍作戦部の記録）と457（国家安全保障局／中央機密保全部局）の記録文書から入手したことを明記していた。

機密解除されたこれらの記録文書は、手続きを取れば誰もが閲覧、吟味できる。日本側の記録・戦史叢書『ハワイ作戦』（防衛庁防衛研究所戦史室著）と機密解除された米軍記録とを比較検証してみた。

無線通信の出現

秘密解除された米海軍通信諜報小史には、フィリピン・コレヒドール、グアム、パール・ハーバー、ダッチ・ハーバー、サモア、ミッドウェーにある米海軍短波方位測定所が、開戦二ヵ月前の昭和十六年十月一日より本土水域への撤退を始めた日本商船を十一月中旬に、その撤退が完了するまで追跡したという記録がある。スティネットがいうように南雲中将率いる機動部隊も無線封止をせずに、電波を撒き散らして航行していたのを追跡されていたのであろうか?

十九世紀後半、通信に有線電信が使用された。そして、二十世紀の無線電信の出現で、簡単な無線傍受だけで暗号資料を入手できるようになった。無線に聞き入る者は誰でも敵味方双方の発信する電波に乗って伝えられる通信文の傍受が可能となり、学習することもできるようになった。

相手の軍事行動の秘密指令を知り得るような作戦上の利点は明らかであり、敵または仮想敵国の秘密計画を入手するために、そのすべての無線交信を傍受し解読・分析することは、現実の戦争において人命の損失と勝敗を決する重要なポイントになる。さらに、無線通信は指揮官の重要な決断を必要な速さで伝達する手段を提供したが、空中の電波は秘密保全の問題を発生させた。

もはや指揮官の心配は、短時間での情報の配布ではなく、むしろ無線通信の安全性にあった。暗号電報が受信セットを持っているすべての者に公開されるという認識は、歴史上の最高レベルの呼出符号をふくむ通信解析や語句暗号(code)と文字暗号(cipher)を考え出す技巧をもたらした。その結果、敵の無線通信からあらゆる情報を引き出すための、最も専門的な通信解析と暗号解読家の誕生をもたらした。

明治三十二年　公文備考・教育に「無線電信使用視察の為」という項目があり「無線電信機の一、二欠点とする処はその通信が四囲の受信機に伝わること、併に通常電信に比し通信速度やや遅いことなどがあるが、小官（海軍大尉・秋山眞之）の所見はある程度まで到底無線電信に免れることができない欠点なるのみならず暗号に海軍信号法をそのまま適用するときは混稀遺漏等の虞は毛頭無之又後者は通信技手の不熟練より生ずる処多くして通常電信に比すれば遅鈍なるも迂遠近達の旗旒距離信号等に比すれば遥かに優れているので採用」という秋山眞之の将来を見据えた意見が記録されている。その後の日本海軍は、その忠告を忠実に守っていただろうか。

米海軍の方位測定所設置

米海軍の方位測定の根源は、大正六年に西大西洋で作戦中の独潜水艦を追跡するため西大西洋に沿って中波方位測定網を立ち上げたのが最初だった。大正十四（一九二五）年、米海軍通信局内に調査デスクの組織が確立した後、米海軍は日本海軍の交信するモールス・コードを正しく聞き取れる無線士を養成した。それに伴い、特別な日本語用タイプライターが考案された。

昭和三年、米海軍省は傍受専用の無線士の訓練をする特別学校を設立した。ハワイのワイループに第一四海軍管区の傍受所を完成させ、日本海軍の発信する電波位置を確定する主要な分析、管理、調整センターとなるワシントンDCにある中枢のNEGATO局と共に第二エシュロンと呼ばれる昭和八年七月にヒーイアに移動したハワイ局(HIPO)があった。昭和十年十二月、グアム、上海に改RS・短波受信装置が設置され、翌年にはIBM装置を装備した第一エシュロンと呼ばれるフィリピン・コレヒドール・プロジェクトが開始された。

通信局内のOP-20-G(機密保全課)には、無線傍受と方位測定・追跡を担当するGX班、暗号解読を担当するGY班、翻訳と暗号探知及び復元を担当するGZ班、通信解析を担当するGT班、IBM機械処理を担当するGS班等があった。

昭和十二から十三年に米海軍は、中波方位測定を直進性の良い短波方位測定器に交換した。装置は、米本土、マニラ、グアム、ミッドウェー、オアフ、ダッチ・ハーバー、サモア、パナマ運河区域、ワシントン州サンウォン、そしてグリーンランドに設置した。米本土東岸の方位測定網は、大西洋の独Uボートの探知と追跡に成功していた。

昭和十五(一九四〇)年十一月下旬には傍受局八ヵ所、傍受器一一六個で日本艦船の発信位置を突き止めていた。方位測定網を最初に北大西洋、カリブ海、アラスカ、東太平洋と区分したが、その後機能しないことが分かり大西洋、米本土西海岸、中部太平洋、西太平洋とに再区分され、英国とカナダの方位測定網と密接に共同していた。方位測定は、戦時に役立つようにその機能を平時から展開していたのであった。

昭和十四年十二月、フィリピン・カビテにある米海軍無線研究所は、MOA(モールス無線通信士解析)とRFP(無線電波波型焼付)という電波の揺れ具合による送信器の特質を記録する高速度ムービー・カメラ（改良カメラは秒速約三〇・四八センチ）と「オシロスコープ」を使用した最初の戦術的試験を行なった。結果、呼出符号の同一性の確認や連接する新旧呼出符号の関連の判定に役立つことを証明した。上海諜報班が日本軍の通信を傍受して、上海租界を占拠しようと計画した開始時期、進路、部隊規模を知り、米海兵隊がバリケードで日本軍戦車隊を阻止、撤退させ計画を失敗させた成功をきっかけにフィリピン・コレヒドールに測定所（CAST）を建設することになり、昭和十三年より取り掛かり十六年九月に完成させた。

パール・ハーバー惨事当時、海軍は短波測定器DT－1とDT－2を使用していた。方位測定により米海軍は、日本軍の動静をどのように知っていたのだろうか？日本海軍の無線交信には、各種符号及び諸略語符号が使用されていた。発着信受報者は該当する職名所属の無線艦所または廠に対する呼出符号を以って示した。

例えば、機動部隊の呼出符号SU　TI8かNO　SE4、またはTA　HE9により示した。電報の送信は通信相手である対手呼出符号を使って三回以下を連送して呼出（指呼）す。呼出符号表には発信用と受信用がある。電文の冒頭には、字数・W（例えばW13は本文字数一三語を意味する）、着信者名（例えば聯合艦隊司令長官）・呼出符号TU　HI00、受報者（例えば第二艦隊）・呼出符号（KO　RE44）、発信者（例えば機動部隊補給隊）・呼出符号（YA　NU7）を送信することになる。呼出符号は、各放送種別毎に異なるものを使用することを例とした。

一方、米海軍通信機密保全課の調査班も無線呼出符号の解析を重要視していた。秘密の呼出符号は、無線方位測定の有効性に著しく制限をかけることができる。また呼出符号の体系を解くことや、どんな発信源か突き止めることは、敵部隊の戦力や編成状況の正確な推測を可能にする。また電報の発信と宛先の関連性が、傍系的な情報の解明につながる。これらを識別するために米海軍は、RFPとMOAを利用したのである。発信された電文を傍受した米海軍OP－20－GT（解析班）は、傍受電を諜報報告、哨戒報告、戦闘報告及び要約、天候報告、行動報告、医療報告、金銭報告などに区分した。

米海軍通信解析の一例を示すと『昭和十六年九月二十五日、空母「龍驤」を含む航空戦隊（呼出符号：NU　YA8）の一隊は、新編成の航空戦隊（U　YU3）に参加していることが現われた。一隻の新造艦（呼出符号：MO　MU0）の予定または編成をふくんでいる。航空戦隊の一部をふくむは、「蒼龍」と「赤城」？　呼出符号ROTA6とNETA4（後の飛行機警備隊かもしれない）をふくみ横須賀方面に所在する。「摂津」が、しばしば航空戦隊の交信の中に現われている』といった内容であった。

骨身を惜しまない日々の傍受・分析作業が黙々と行なわれ、通信諜報が集積され、日本海軍の行動パターンを米軍は分析していた。こうして平時の日本海軍の動きは米海軍に知られていたのであった。これに対し日本海軍は、開戦にあたり一般には約半年置きに変更する艦船、部隊の無線呼出符号を短期間の十一月一日と十二月一日に変更し米海軍無線情報作業を妨害、わが動静察知に不可欠な資料をあたえないように務めたのであった。

一方、日本海軍通信諜報組織には昭和四年に軍令部第二班第四課別室が士官四名とタイピスト三名で新設され、海軍技術研究所付属の平塚と神奈川県日吉台北方の多摩川河畔の橘村受信所が利用された。昭和十一年に埼玉県北足立郡に大和田受信所が完成した。昭和十六年五月、東京通信隊から独立して大和田通信隊となり昭和十八年には一五ヵ所の無線方位測定所を設置していた。

日本側のハワイ作戦決定

昭和十六年一月下旬頃、聯合艦隊司令長官山本五十六大将は、母艦航空部隊である第一航空艦隊がまだ編成されていない時、ハワイにある米太平洋艦隊主力を奇襲する作戦を自己の幕僚・首席参謀黒島龜人大佐ほかに第一航空艦隊の参謀長大西瀧治郎少将に密かに研究させた。四月十日、第一航空艦隊が新編成され、全飛行機隊は八月下旬に艦隊航空作戦を目標に本格訓練を開始していた。新鋭空母「翔鶴」と九月下旬、空母「瑞鶴」の就役に伴い第五航空戦隊は「翔鶴」「瑞鶴」との二隻とし、その結果、十月一日現在の第一航空艦隊編成は、第一航空戦隊・旗艦「赤城」(敵信傍受班配置)、「加賀」、第七駆逐隊、第二航空戦隊「蒼龍」「飛龍」、第二十三駆逐隊、第四航空戦隊「龍驤」「春日丸」、第三駆逐隊、第五航空戦隊「翔鶴」「瑞鶴」「朧」「秋雲」となった。

ハワイ奇襲作戦は、十月十九日に山本司令長官の希望通りの兵力(空母六隻)を使用することに軍令部総長の内諾を取付け、十月二十九日に聯合艦隊司令部は軍令部からその内示を受け、十一月五日に正式に作戦の実施に関する指示を受けた。こうしてハワイ奇襲作戦は軍令部の策定する海軍作戦の中に採用された。七日、機密聯合艦隊命令作第一号に基づき開戦時の兵力部署が定められて機動部隊を編成、作戦開始前の待機地点である択捉島単冠湾に進出、待機することとなった。ハワイ作戦の参加艦艇は航続力が最重要視され、空母と行動を共にできる速力を出せる艦が選ばれた。支援隊「比叡」「霧島」、警戒隊・第一水雷戦隊旗艦「阿武隈」第十七駆逐隊「谷風」「浦風」「濱風」「磯風」第十八駆逐隊「陽炎」「不知火」「霞」「霰」五航戦「秋雲」、給油隊・「極東丸」「健洋丸」「國洋丸」「神國丸」「東邦丸」「日本丸」「あけぼの丸」が編成された。

十一月十六日一八時一〇分、固定通信基地である東京通信隊は全艦隊に向け機動部隊命令作第一号を放送した。その内容は、無線封止の実行に関するものであった。「十一月十九日〇〇時〇〇分をもって短波用電波戦闘管制、長波用電波警戒管制を実施せよ」。電波戦闘管制とは、適用すべき時機を「最厳重なる防衛を行なう場合」とし、その要領は「作戦上絶対必要な最緊急電報を送信する場合の外は一切の電波輻射を禁ず」、また電波警戒管制とは「作戦上絶対必要なる通信を行なう場合の外は電波輻射を禁ずる」もので、いずれも「無線封止」を意味した。

機動部隊の内地出撃直後から、空母部隊が九州南部方面に行動中のように欺瞞通信を行ない、標的艦「摂津」を南西諸島方面に派遣して擬交信を実施することになった。そこで、米海軍無線傍受局が十一月十九日以降傍受する機動部隊の呼出符号は受信しても、偽電となるはずであった。

十一月二十日二〇時〇〇分、聯合艦隊司令長官は東京通信隊を通じて航空戦隊（RI　TA3）、第二艦隊（YA　KI4）、第三艦隊（E　MU6）、第四艦隊（O　RE1）、第十一航空艦隊（SUYO4）宛に「十一月二十一日、〇〇時〇〇分、反復、十一月二十一日、第二開戦準備を実行」を放送した。これは、機動部隊が指揮官所定により二十六日（二日間の余裕をみて）に択捉島単冠湾から出撃、やむを得ざる場合に武力行使することを意味していた。と同時に機動部隊の通信は東京通信隊を相手とする特定通信系に入ることになる。

十一月二十五日一九時〇〇分、東京通信隊は、全水上艦艇に対し十二月実施の新しい追加呼出符号を放送した。機動部隊の呼出符号は、SU TI8とNO SE4またはTA HE9、支援隊はTO YO9、補給隊はMO NI0となった。南雲中将指揮する機動部隊は第二開戦準備実施に基づき無電を発信することなく単冠湾から北緯四二度線上を東進、米前哨基地飛行機の哨戒圏外、商船に遭遇する公算の少ない天候不良の公算が多い海域を一四ノット航行（洋上補給時には九ノット）中だった。

十二月二日一五時〇〇分、東京通信隊が聯合艦隊電令作第一〇号の「ニイタカヤマノボレ 一二〇八＝X日を十二月八日トス 発令日時十二月二日一七三〇」を着信者・聯合艦隊宛に放送した。この武力行使を意味する隠語電報を受信した機動部隊は、奇襲四日前に待機地点に達し、その後二二ノットの高速力で南下、空襲当日黎明、ハワイ・ラナイ島西端の零度二三〇海里から風速一三メートル、相当大きなうねりの海上から第一次攻撃隊、第二次攻撃隊を同島零度二〇〇海里から発進させることになるのである。

この航海の一三日間中の十二月一日から六日までに警戒隊・第一水雷戦隊戦時日誌の令達報告には、機動部隊信令第九号から二二号の一一通と警戒隊六通の信号が取り交わされていることを示すが、無電を発した記録はない。

機動部隊指揮官は攻撃当日、敵空母の所在が不明なために通達距離の短い超短波を通常管制とした。が、発信した記録はない。

空襲が終わると機動部隊は速やかに敵より離脱、いったん内地に帰還、整備補給の上に第二段作戦部署に就くことになっていた。

八日〇六時〇〇分（日本時間）、機動部隊指揮官が無線封止を破って聯合艦隊司令長官宛に（通報者・第五艦隊司令長官）「北緯三五度、東経一六〇度のL点を経由して帰投する」をはじめて打電した。

記録文書が明らかにした真相

日本海軍空母部隊のハワイ作戦前の動静を知ることができる文書が米国立公文書館Ⅱに存在している。それは開戦前の九月から十二月四日までにハワイ（HIPO）、グアム、フィリピン・コレヒドール（CAST）により傍受された日本海軍電報二万三七七八通の内約二四〇〇通（関連番号SRN－115202からSRN－117840）だった。他にOP－20－Nが編纂したRIP「パール・ハーバー前の日本海軍電報」、HYOO－9（オレンジ呼出符号表第九号、昭和十六年十一月　全四二ページ）、そして日本海軍無線呼出符号表（昭和十六年十二月一日から昭和十七年四月　全一八七ページ）も閲覧できる。

スティネットの説に対する検証結果は下記の通りとなった。

彼がいうA：南雲中将発信による無線が六〇通は、検証してみると（1）十一月十五日第一航空艦隊参謀が第一水雷戦隊宛に発した洋上補給に関する機密第七九二番電、（2）十一月十六日第一航空艦隊司令長官・南雲忠一中将が東京通信隊を経由して発した無線封止に関する機密第八二〇番電、（3）一一月一八日第一航空艦隊副官の第七駆逐隊宛洋上給油に関する機密第八四一番電、いずれも無線封止以前の計三通のみであった。それ以前十月の第一航空艦隊関係一八通中八通と十一月の第一航空艦隊関係一二通中七通計三〇通中の一五通のみが第一航空艦隊司令長官発の電文であった。

次いでBの第一航空艦隊艦船宛の東京無線通信が二四通を検証すると、第一航空艦隊関係の一二通となり内五通の宛先が出撃後の機動部隊となっていた。Cの複数の空母により発信された放送が二〇通を検証すると零通となるが、十月には空母加賀から二通が発信されていた。Dの航空戦隊司令官が発信した放送が一二通を検証すると十一月二十二日に第三航空戦隊、二十三日に第四航空戦隊の各一通計二通の発信があるが当航空戦隊はハワイ作戦に関係はなかった。E：第一航空艦隊所属艦船八隻（空母以外）が発信した電文が八通は零通で支援隊、補給隊が発信することがないことがわかる。F：ミッドウェー破壊隊を経由して発信された電文が四通は計三通、G：各航空戦隊司令官宛の東京無線通信が一通は零通であった。

発信された電文は計一二九通ではなく合計二一通にすぎなかった。それも無線封止実施の十九日以降は皆無であった。米海軍通信諜報小史に、この項目だけ通信諜報経路のみの扱いとスタンプのある文書がある。

「昭和十六年十二月一日、日本海軍が使用する数字暗号方式（注：海軍暗号書改版D・乱数表第七号を意味する）は読めなくなった。これが、戦争行為を示す兆候か、二年半使用していた暗号方式の単なる定期的更新かもしれなかった。通信諜報は、パール・ハーバーに対する攻撃の特別な事前通告を供給できなかった。日本海軍が採用した攻撃参加部隊による無線封止の維持をふくむ偽電がパール・ハーバーに向かう空母部隊の行動を覆い隠した」と記録している。

日本海軍空母の所在確認を失ったことが、米海軍の事前警告に失敗した原因であることを明かしている。

スティネットが書いたように「南雲忠一中将率いる機動部隊は何よりもおしゃべり」の説は誤りで日本海軍機動部隊は、間違いなく無線封止を実行していたのである。

（「丸」二〇一二年三月号　潮書房）

厳重な無線封止の下、ハワイ真珠湾攻撃に向け荒れた北太平洋を進撃中の南雲機動部隊。旗艦の空母「赤城」からの撮影で、手前が第一航空戦隊の空母「加賀」、後方には第五航空戦隊の新鋭空母「瑞鶴」が続航している。

From Com 16

Action: Opnav

Dec. 8, 1941 (080333 CR-0634)

The following Japanese distributions are based upon radio call recoveries since Dec. 1, and are conservative.

There is a heavy concentration of aircraft at Taiwan at the Kagi, Takao and Taichu airstations.

South China Air Force Hdgqtrs is now in the Saigon area with at least four groups of planes, strength unknown.

Eight maru airtenders in South China Area estimated distribution as follows: At Takao, 5; at Saigon 1, and two at Sama. Intercepts of large volume of traffic from air activities in Saigon area indicate that extensive operations may be imminent.

Radio bearings indicate that AKAGI, (CV) is moving south from Empire and is now in Kansai area.

比島（フィリピン）在の通信諜報班（Com16）から米国首都にある海軍省内Opnav（海軍作戦部）に宛て送信された電文。「無線方位は、赤城（航空母艦）が日本本土から南に行動中、現在南西方面にある」とある。現実には「赤城」はハワイ真珠湾の奇襲攻撃に参加し、ハワイ海域で行動中だった。おそらく、日本海軍の偽電の傍受記録と思われる。

FOREWARD

Decryption of the Japanese naval dispatches used in compiling this publication was started during September 1945, and continued into May 1946.

In general, the period covered was September to 4 December, 1941 and involved decrypting approximately 26,581 dispatches of the following types:

25,778	JN-25-B	(Jap Fleet General Purpose System. Carried the bulk of Jap naval encrypted traffic.)
819	JN-2Ø-C	(Jap Minor Purpose System - Used in connection with construction activities, and their supply.)
631	JN-[illegible]	(Merchant Vessel-Navy Liaison System)
416	JN 14	(Merchant Vessel-Navy 5-letter Cipher)
	JNA 20	(Jap Naval Attache Cipher)

Of the 26,581 decrypted dispatches, 2413 were considered to be of sufficient interest for translation. Of the 2413 translations, 188 form the backbone of this publication, and appear in Appendix I.

Due to lack of personnel during 1941, none of the above systems were read currently.

All of the important dispatches were encrypted in JN25-B-7, the Japanese Fleet General Purpose System. The basic code book (JN-25-B) was placed into effect 1 December, 194Ø, while the encipherment (#7) was made effective 1 August, 1941 and continued until ØØØØ, 4 December, 1941. Neither the basic code book nor the cipher was captured, hence the translations used are the result of Cryptanalysis.

All times and dates mentioned in this publication are Zone minus 9 (Tokyo time).

日本海軍・電報傍受の記録。米通信組織の傍受記録"Pre-Pearl Harbor Naval Dispatches"は特別の二つ折りの紙ケースの中にあった。1941年（昭和16年）9月から12月4日までの期間に傍受した海軍暗号電報（JN-25-B-7）は2万3778通に及んでいる。内2413通は翻訳するに足りると判断された。しかし、解読人員の不足から解読・翻訳された電文はなかったとされる。しかし、米通信保全局解読班OP－20－GYの記録では、一部を解読している。

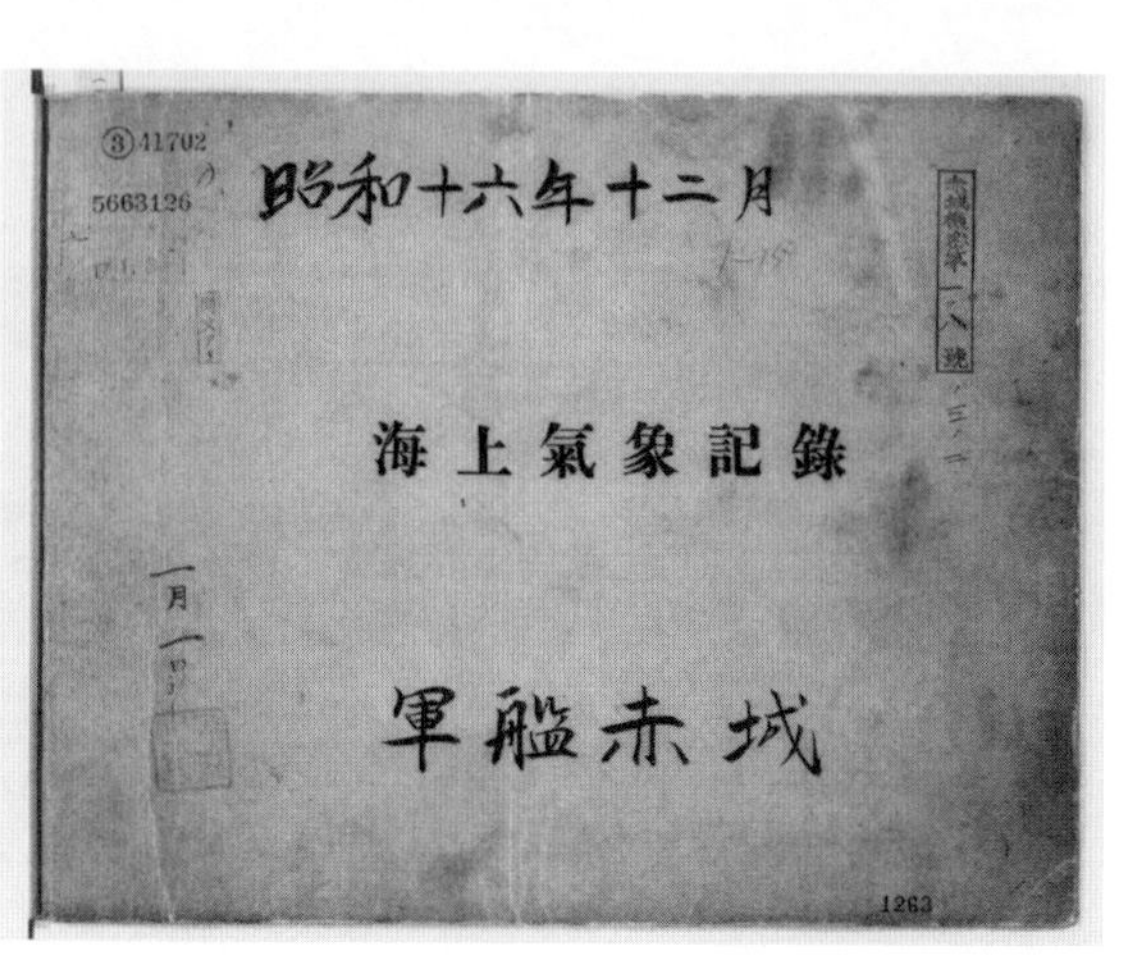

③41702
5663126
昭和十六年十二月
海上氣象記錄
軍艦赤城
1263

機動部隊旗艦・空母「赤城」の赤城機密第108号3の2を示す海上気象記録の表紙。日本海軍の軍艦籍にあるものは、類別を問わず「軍艦○○」と呼称した。昭和16年12月分の気象状況を示す。三分の一が11月分と思われる。動揺は、艦の左右の合計、視界は水平線の見え具合を示した。〈防衛研究所戦史研究センター所蔵〉

昭和16年12月　艦船名　　**海上氣象記錄**（其ノ1）　艦長　航海長　自　至

8日	時	艦船ノ位置 緯度	艦船ノ位置 經度	風 向	風 速	波浪	うねり 方向	うねり 程度	動搖	天氣	雲 形	雲 量	視界	氣壓	氣温 乾球	氣温 濕球	海水 水温	海水 比重	記事
1	2	25°38.5′	157°58.5′	85	13	2	320	2	4.5	bc	cu	6	6	768.5	21.0	19.5	20.5	26.0	
2	4	25°40′	157°52.2′	73	14.3	3	〃	3	7.5	〃	〃	〃	7	767.6	〃	〃	22.5	25.0	
3	6	25°41.5′	157°55.9′	77	15	〃	〃	〃	4.0	〃	sc	7	〃	768.2	21.5	19.0	23.0	26.5	
4	8	25°43′	157°54.6′	90	19	4	〃	〃	7.5	〃	〃	〃	8	764.5	22.5	19.4	〃	26.0	
5	10	25°44.5′	157°52.3′	〃	18	〃	310	2	4.5	c	cu	〃	〃	768.6	23.0	19.5	22.1	〃	
6	12	25°46′	157°52′	95	14	〃	〃	〃	〃	〃	〃	8	〃	768.9	〃	20.0	22.8	26.5	
7	14	25°52′	157°44.5′	85	13	〃	〃	3	9.5	〃	〃	〃	〃	769.6	〃	〃	22.6	〃	
8	16	25°58′	157°37.2′	86	14	〃	〃	〃	11.0	〃	〃	〃	7	769.4	23.5	19.8	22.3	26.2	
9	18	26°4′	157°29.7′	75	14.5	〃	〃	〃	7.5	bc	sc-cu	5	〃	767.6	24.5	〃	〃	〃	
10	20	26°10′	157°22.6′	60	15.5	〃	320	〃	11.0	〃	〃	4	〃	767.7	〃	〃	〃	26.5	
11	22	26°17′	157°15.3′	89	17	〃	340	4	7.5	〃	〃	6	8	767.8	25.0	20.0	〃	〃	
12	24	26°23′	157°8′	91	14	〃	〃	〃	4.0	〃	〃	〃	〃	768.9	23.0	19.5	20.0	〃	
13	2	26°45′	157°20′	〃	16	〃	320	2	〃	O	cu-nb	10	7	767.7	21.0	〃	22.0	26.0	
14	4	27°7′	157°36′	69	17	〃	〃	3	5.0	〃	〃	〃	4	768.8	22.0	〃	〃	〃	
15	6	27°29′	157°52′	90	16.5	〃	〃	〃	12.0	〃	〃	〃	〃	767.9	21.2	〃	23.3	〃	
16	8	27°51′	158°0′	95	17	〃	〃	〃	〃	〃	〃	〃	〃	768.0	22.0	〃	22.5	26.5	
17	10	28°13′	158°12′	112	15	〃	315	〃	〃	〃	〃	〃	〃	770.2	20.6	19.5	〃	〃	
18	12	28°37′	158°21′	80	〃	〃	〃	〃	〃	〃	cu	〃	5	770.0	20.5	18.0	〃	〃	
19	14	28°57′	158°30′	83	14	〃	330	〃	9.0	〃	〃	〃	4	770.1	〃	〃	20.5	〃	
20	16	29°17′	158°40′	80	16	〃	〃	〃	〃	〃	〃	〃	〃	770.0	〃	〃	19.5	〃	
21	18	29°37′	158°50′	70	13.5	〃	〃	〃	6.5	c	〃	8	〃	770.2	19.7	17.5	〃	〃	
22	20	29°58′	159°1′	78	14.5	3	320	〃	〃	c	st	9	〃	770.3	19.0	17.0	21.0	〃	
23	22	30°19′	159°10′	65	12.5	〃	〃	〃	4.5	〃	〃	〃	〃	770.6	19.5	17.5	22.0	〃	
24	24	30°39′	159°18′	70	13	〃	〃	〃	〃	bc	cu	6	〃	771.5	〃	16.0	21.8	〃	

註 (1.) 動搖ハ左右ノ合計ヲ記ス
(2) 視界ハ水平線ノ視ニ具合ヲ0ヨリ3迄ノ4階級トシ　0＝全ク視エヌモノ　1＝水平線附近判明セヌモノ　2＝水平線判明ナルモソノ先方クモレルモノ　3＝水平線判明シソノ先方何处迄モ見ユルモノ
(3.) 使用時刻ニ對スル緯度ハ必ズ記事欄ニ明記ノコト

1271

海上気象記録には、艦の位置、風向・風速、波浪、うねりの方向と程度、左右の動揺、天気、雲の形・量、視界、気温（乾球・湿球）、海水（水温・比重）が記録された。本気象記録は1941（昭和16）年12月8日の記録。高層気象観測には測風気球、探測気球、気象凧、気圧、気温、湿度が変化するに従い、これらの測定値を一定時間ごとに電波で発信、受信器がそれを受け自記する仕組みをもつラジオゾンデ等がある。測風気球の灯火を敵機と誤認し緊張したとの記録もある。〈防衛研究所戦史研究センター所蔵〉

「軍機」指定がある第一水雷戦隊戦時日誌機密第14号の2の2。第一水雷戦隊の通信には機動部隊指揮官、警戒隊指揮官の発信記録があるが、何れも手旗、点滅等の「信号」で無電発信はない。機動部隊内の連絡が信号で交わされた証拠である。12月1日17時00分以降東経180度線を越え西半球に入った。機動部隊指揮官から、機動部隊補給隊、機動部隊内、第十八駆逐隊司令、伊号第二十三潜水艦の誘導に関しても「信号」のやりとりである。

軍機

水戦機密第一四號ノ二ノ二　（8/25）　紙数五十九枚

自昭和十六年十一月一日
至昭和十六年十二月三十一日

第一水雷戦隊戦時日誌
作戦及一般ノ部

第一水雷戦隊司令部

発信者	日時・受信者	本文	種別
機動部隊指揮官		二、補給部隊待機位置「ハ」点ヲ「ム」点（北緯三五度東経一六〇度）ニ改ム	信號
機動部隊指揮官	二日〇七三〇 機動部隊補給隊	機動部隊信令第一二號 潜水隊ハ「D」点ヨリ高速南下、際空襲部隊後方適宜ヲ警戒南下シ空襲部隊反轉後所定ノ配備ニ就クベシ	信號
二日 機動部隊指揮官	二日〇八五五 第十八駆逐隊司令（通報）警戒隊	一七〇度方向ノ伊二十三潜ヲ誘導セヨ	信號
二日 機動部隊指揮官	二日一一四五 機動部ノ	機動部隊信令第一三號 警戒隊指揮官ハ特令アル迄駆逐艦一隻ヲ二戦隊ノ左右一三五度一五粁（夜間五粁）ニ配備シ後方ノ警戒ニ任ゼシムベシ	信號
二日一二五〇 警戒隊指揮官	二日 霞、霰駆逐艦長	一、霞、霰一二一五解列爾後機動部隊信令第一三號ノ通行動スベシ 二、特ニ黎明薄暮ノ警戒ヲ厳ニセヨ	信號

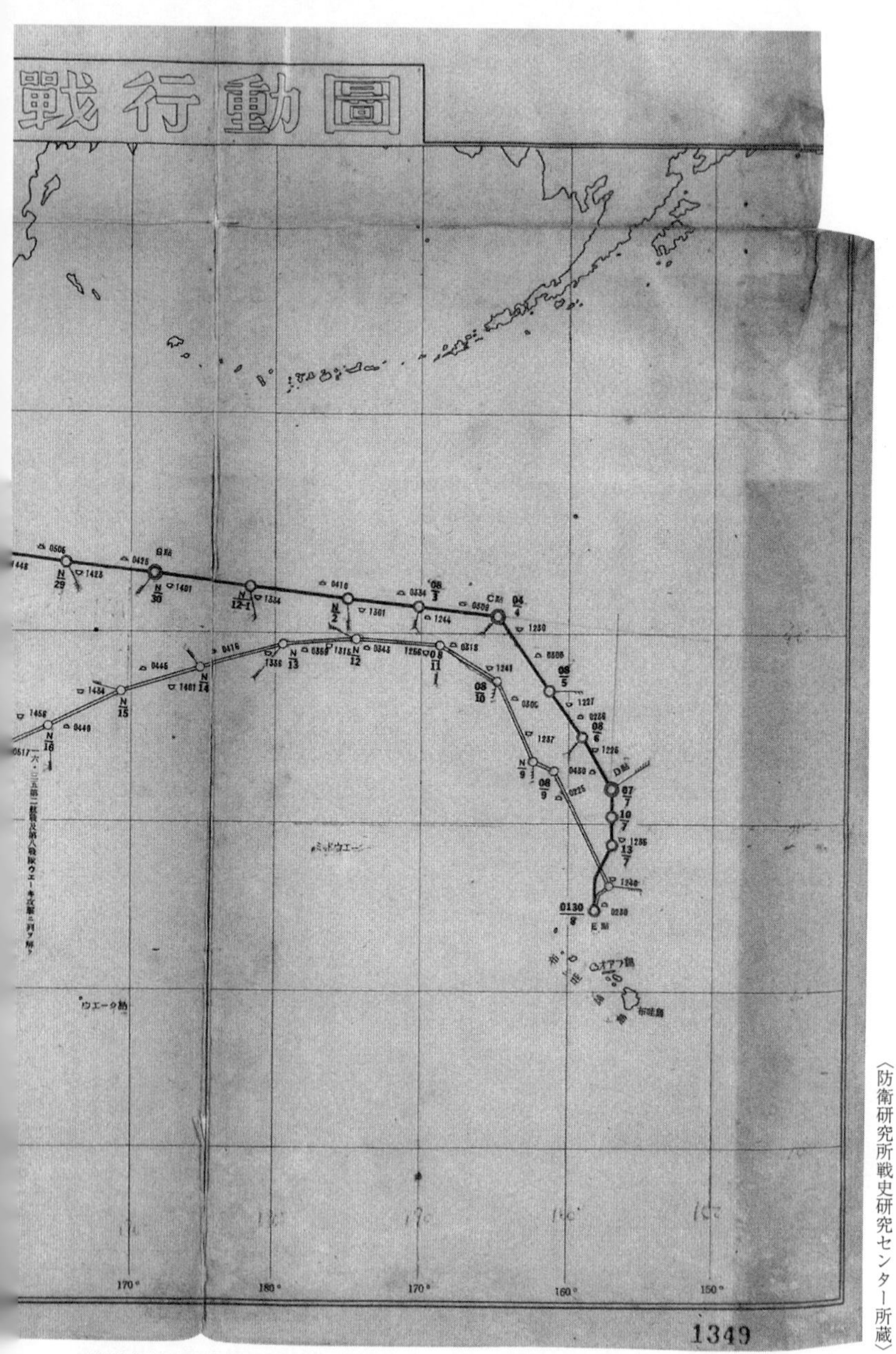

〈防衛研究所戦史研究センター所蔵〉

↗機動部隊は日本最北端の択捉島単冠島に集結・出撃した。途中の燃料補給と厳重な電波管制がカギだった。機動部隊は東京からの「武力発動の時機」か「引き返せ」を意味する隠語電報「新高山登れ」か「筑波山は晴れたり」に神経を集中していた。

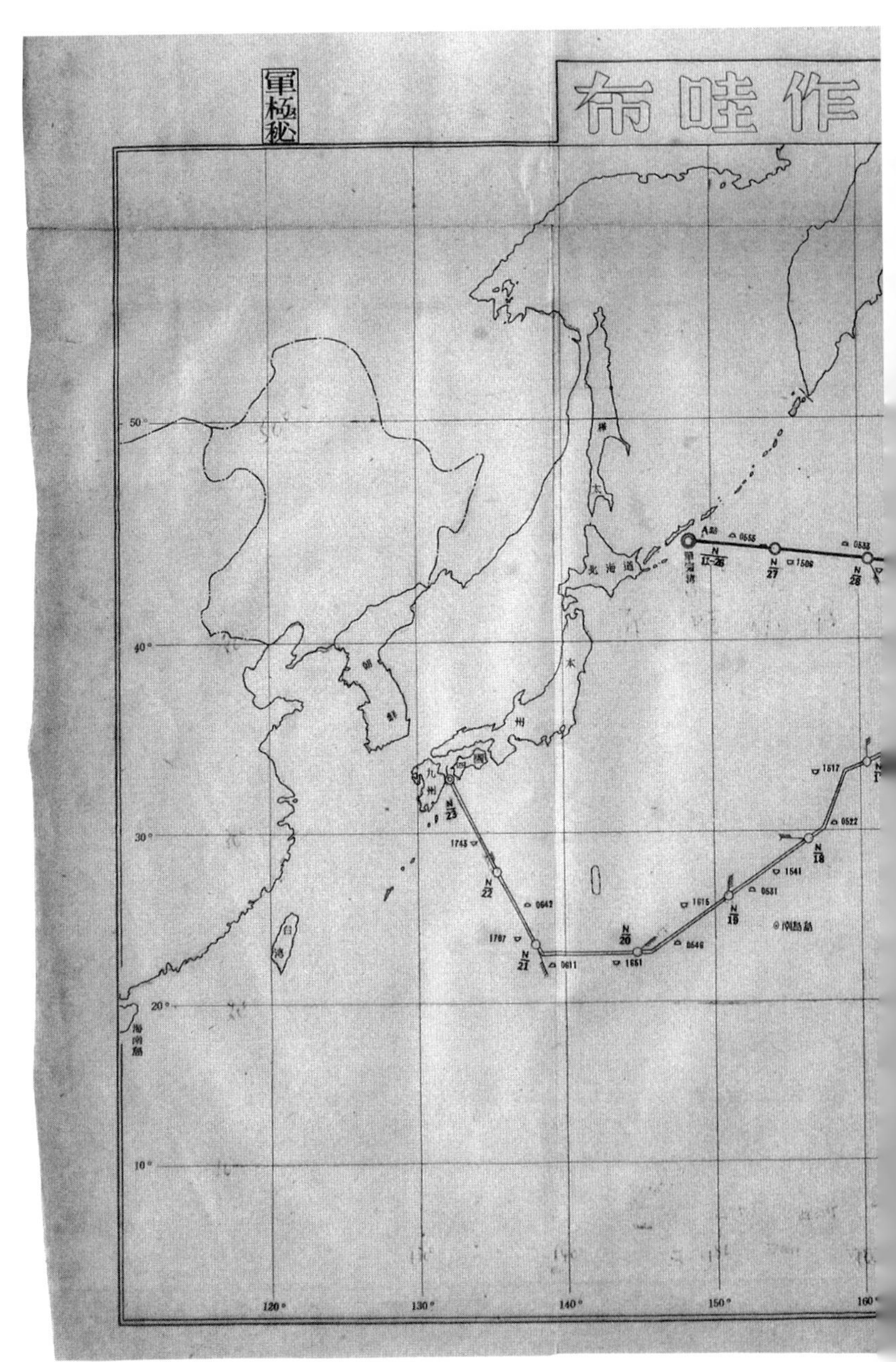

ハワイの米主力艦隊奇襲の任務を帯びた機動部隊の進路を示す軍極秘の図。目標の真珠湾はハワイ諸島南部のオアフ島に位置し、米艦隊の大根拠地であった。その湾口は狭く湾内の水深は約14mに過ぎず、中央に戦艦列のあるフォード島があった。↗

南雲部隊の単冠湾集結は暴露されていたのか⁉

六通の重要電報

日本海軍・聯合艦隊司令部の心配は、予定開戦日の昭和十六年十二月八日までに不慮の戦闘行為が起こらないか、また、わが企図が米側に暴露して国策を覆すか、作戦の成否を左右しないかという点にあった。

遥か米国東部ワシントンDCでは日米交渉が最終段階（和戦の決定）に達していた。聯合艦隊司令長官山本五十六大将麾下部隊は所定の計画に基づき予定通りに開戦に向かって隠密行動中であった。開戦劈頭のハワイ奇襲を最重要点としている聯合艦隊にとって、空襲部隊である機動部隊の所在位置を敵に悟られないため、無線封止は重大な問題であった。

無線封止を意味する電波戦闘管制の命令は、十一月十六日、第一航空艦隊指揮官（南雲忠一中将）から第十五駆逐隊、第一水雷戦隊（指揮官・大森仙太郎少将）、第一潜水戦隊（指揮官・平田昇中将）、第一航空艦隊（欠：四航戦、三航戦。注：第一航空艦隊所属の四航戦「龍驤」は十一月二十九日佐伯発、十二月五日、パラオ着。「春日丸」は十一月二十八日、佐世保発、十二月一日、台湾の高雄着。第一艦隊所属の三航戦「鳳翔」は瀬戸内海西部を行動中。「瑞鳳」は十一月二十九日から十二月八日まで柱島泊）、第三戦隊（指揮官・三川軍一中将）の各指揮官宛に中央放送通信系・東京通信隊により放送された。

この情報は、全艦隊指揮官、方位測定管制所にも通報され、機動部隊の無線封止の実施は十一月十九日零時零分からとされた。だが、無線封止直前の二日前、十七日から南雲機動部隊の所在位置を暴露するようなきわめて重要な電文が六通放送されていたのである。これら電文は、機密解除され米国立公文書館Ⅱに保管されるパール・ハーバー調査のため整理された一九四一年資料用ファイル「NEGAT／OP－20－3－GL－6／7 JULY 1947／303／（B）D」の「Pre-Pearl Harbor Dispatches」文書に収録されていた。

その電文とは？

（一）十一月十九日、潜水隊らしき呼出符号（RO TU00とTA YU88）から発信され横須賀応急通信系から大湊地方放送通信区および第一航空艦隊宛の通信系変更を示す二通、「二十二日〇八時〇〇分まで大湊通信系、その後、第一航空艦隊旗艦通信系（新設された特定通信系・東京通信隊一般放送系）に入る」を伝える機密第二十八番電と第二八四番電があった。米軍が呼出符号を確認できなかったのは十一月十三日に機動部隊に編入された第三潜水隊・伊号第二十一潜水艦

（七月十五日竣工）と伊号第二十三潜水艦（九月二十七日竣工）の可能性が高い。両艦は就役間もない新造艦であった。

（二）は、同じく十一月十三日に機動部隊に編入された伊号第十九潜水艦（乙型・第一潜水戦隊・第二潜水隊）が横須賀通信系から大湊通信系、そして第一航空艦隊旗艦通信系への移行を示したものだった。機動部隊所属の哨戒隊・潜水艦は、横須賀を二十日〇四時〇〇分出港、二十三日一三時三〇分に単冠湾に進出した。これら電文は出撃した潜水艦が、大湊通信系に入った後に機動部隊に編入されることを示すもので、機動部隊が北方にある証拠となるものである。

三隻の潜水艦が機動部隊に編入された目的は、洋上補給の実施不可能な場合に、水雷戦隊の旗艦「阿武隈」や駆逐艦に代って機動部隊の警戒を、またハワイ空襲時に味方不時着機の搭乗員の収容に当たらせ、かねて真珠湾外に出撃してくる敵反撃部隊の阻止にあった。哨戒隊が、すでに先遣部隊・第三潜水部隊の出撃に合わせ第六艦隊（潜水艦部隊）司令長官より十一日零時零分以降短波の無線封止を第四六七番電で下令していたにもかかわらず、このような発信をしたのは十三日の聯合艦隊打ち合わせにより急きょ機動部隊編入に改められた三隻が、指揮官所定により最寄りの通信隊の近距離通信系に入ることを示したものであった。当然、米軍には傍受されていた。第六艦隊（潜水艦部隊）の無線封止は破られていたのである。

（三）密かに集結した北方択捉島の単冠湾で待機、出撃待ちする機動部隊へハワイから急きょ帰国した軍令部航空担当鈴木英少佐（電報符一七七六）がパール・ハーバー情報を届ける際の軍令部第一部長から大湊地方放送通信区と第一航空艦隊参謀長宛関連の三通。軍令部第一部長が第一航空艦隊参謀長宛、第三戦隊指揮官に通報した機密第六一五番電、軍令部第一部長が大湊警備府参謀長宛、第一航空艦隊に通報した第六二二番電、そして大湊警備府参謀長から軍令部第一部参謀宛返答第二〇一番電である。

機密第六二二番電

その第六二二番電「要務のため第一航空艦隊に派遣された鈴木を十一月二十三日又は二十四日頃単冠湾において貴第二基地の(X31011)に乗船せしめられ度」の中に機動部隊の所在位置を暴露する暗語「単冠湾」があった。実際の本電送信は、発信者・軍令部第一部長、着信者・大湊警備府参謀長、受報者・第一航空艦隊参謀長、数字符・(通信文)三四語の内容で東京通信隊から全艦隊宛に放送したものであった。

日本海軍の無線通信・通則によると、通信隊の対艦船通信は特に必要ある場合の外放送によることを例とし、中央放送通信系通信隊は常時放送通信に際し送信すべき電報を持っていない場合にも概ね暗号型式無意味文(教練文)または、他艦所の放送した電報の送信を行ない通信量の一定量を図ることとしていた。同一電報を、時機を異にして二回以上放送する場合には放送番号に引き続き放送回数回次を示す数字を送信するものとし、他の放送系または通信隊で放送した電報を再放送する場合には、放送区別符に当該通信隊放送区別符の二字目を付加するとされていた。

なぜ、北方の機動部隊所在を匂わす暗号電報・機密第六二二番電が放送されたのだろうか?

その理由は、第一航空艦隊司令部が十一月二十六日の出撃四日前になっても機動部隊作戦計画を完成できないことにあった。その最大の要因は、ハワイ・ラハイナ泊地の米艦隊在否の問題にあった。

その頃、司令部首脳は、まだ米艦隊主力がラハイナ泊地をその訓練地としているかどうか判りかねていたのである。

そこで軍令部により急きょ派遣された鈴木少佐からの「ここ一、二年間、米艦隊は小型艦艇の他は同泊地を使用していない」との現地スパイ情報が入り、初めて真珠湾攻撃を建前とした二十三日付機動部隊作戦計画が決定されたのだ。鈴木英少佐は、十月二十二日横浜発ホノルル行きの「大洋丸」に潜水艦担当・前島壽英中佐、特殊潜航艇担当・松尾敬宇中尉と共に乗船、同船は機動部隊の予定航路をとり航路上の気象、海象の状況、洋上燃料補給の能否、水上機使用の能否、商船との遭遇状況をも調査して十一月十七日、横浜に帰港したばかりであった。軍令部は最新情報を持つ鈴木少佐を千葉県館山で第三戦隊「比叡」に乗艦させ単冠湾に急行させた。そして、彼が旗艦「赤城」艦上において機動部隊首脳や搭乗員に特に最近米艦隊はラハイナ泊地を使用していないこと、フォード島付近の戦艦泊地は二隻ずつ並んで繋留している真珠湾の状況をオアフ島の模型を前にして説明、機動部隊の作戦計画確立にきわめて有効な資料を提供したのだった。綿密に企図されたと伝えられてきたハワイ作戦にも思わぬ落とし穴があり、一歩間違えれば機動部隊の北方集結を米軍に探知される恐れがあったのである。しかし、これら電文を米軍が解読したのが戦後であったことが、日本海軍に幸運をもたらしたのであった。

また、ロバート・B・スティネット著の邦訳『真珠湾の真実——ルーズベルト欺瞞の日々』(共訳荒井稔・丸田知美、監訳妹尾作太男)に掲載されていた手書きの「HITOKAPPUBAYは単一の暗号符字ではなく、単音文字により表記された」とのGZ(注:翻訳班)のコメントに注目してみた。これこそが、機動部隊が北方に所在することを暴露した第六二二番電であった。秦郁彦編『検証・真珠湾の謎と真実』には「スティネットは日本海軍の暗号員が、ヒトカップ湾をカナ文字の平文で入れた(spell outとあるから)と述べ、(中略)五数字の羅列である暗号文の中にカナ文字を入れることはありえない」と検証している。果たして真相は?

三四文字のナゾ解き

当時の日本海軍暗号員の立場に立って第六二二番電を再構築してみた。当時暗号を組み立てていた海軍暗号書Dは現存しない。しかし、ガダルカナル島で鹵獲された昭和十六年七月調製の暗号書D壱の原本は、米国立公文書館Ⅱに保管されているのでこれを活用した。昭和十六年十一月二十日調製の特定地点略語表(甲)軍極秘軍令部第一四四号の七七ページには、NGD=択捉島とあるが秘密保持のためか単冠湾はないので、単一暗号符字「単冠湾」は、D壱暗号書の第三部地名欄にある「単冠(湾)」を採用した。

「単冠湾」を単一暗号符字として推定した場合のA:通信文の冒頭部四語(機密第　番電とアラビア数字「六二二」の二語と乱数開始符二語)分割転置符と結尾の二語を加え、7)「要件」、8)

「ノ為」、9）第一航空艦隊（X46905）、10）カナ文字の「ニ」、11）「派遣」、12）「サレタ」、13）「鈴木（電報符一七七六）」、14）「ヲ」、15）「十一月」、16）「二十三日」、17）「又ハ」、18）「二十四日」、19）「頃」、20）「単冠湾」、21）「ニ於イテ」、22）「貴」、23）「第」、24）数字の「二」、25）「基地」、26）「ノ」、27）「解読不明X31011・実際は海防艦・国後」、28）カナ文字の「ニ」、29）「乗船」、30）「セシメラレ度」と合計字数三〇となった。しかし、電文冒頭にある東京通信隊発信文には「W34」とあり、信文の字数が三四文字であることを示しているので「四」字数が合わない。

日本海軍通信規程にある字数照合の項目に「受信艦所字数の照合を行なうにはまず字（語）数の再送を求めてこれを確かめ、尚符合しない場合には符合符に続いて本文毎指示数日（ローマ字文の場合には各語の頭文字）を順次に送り、送信艦所は発見した誤謬個所をも再送するものとする」となる。そこで「単冠湾」をspell outしてカナ文字を通信文に入れるとすると、海軍暗号書D壱の第三部仮名綴欄には「ヒト」、または「ヒ」、「ト」、「カッ」、「プ」、説話欄の「湾」が収録されている。単冠湾をspell outした場合の推定B：は単冠湾を20）「ヒト」、21）「カッ」、22）「プ」、23）「湾」、（中略）33）「セシメラレ度」にカナを挿入する指示符「次の符字は第三部符字記号」の一語を加えると合計三四文字となる。

単冠湾は米軍資料が示すようにspell outされていたのである。秦郁彦編の検証では五数字の羅列である暗号文の中にカナ文字を入れることはありえないとなっているが、日本海軍は電文の中にカナを入れて暗号を組み立てていたのである。なぜ、暗号員が海軍暗号書に収録されている地名・単冠湾を採用しないで、カナ欄から採用したかは、現時点ではわからない。そこで、日本海軍が暗号電文にカナを入れることは、珍しいことか調べてみた。

「Pre-Pearl Harbor Dispatches」からカナを入れた電文例を照合してみると、昭和十六年十月二十二日〇九時二〇分発信の機密第八六〇番電「軍艦阿賀野は本日〇九二〇事故なく進水した」という電文のコメントに軽巡洋艦「ＡＧＡＮＯ」はカナにspell outされていたとある。単冠湾がカナにspell outされたのは間違いない事実と判断した。

太平洋戦争中の暗号解読に関して伝えられる事実と真相の間にある違いを検証しなければならない事例はまだまだ山のように存在していると思われる。

（「丸」二〇一二年六月号　潮書房）

三連装機銃の彼方には機動部隊が択捉島単冠湾で警泊している。単冠湾はハワイ奇襲作戦「匿称：アモ作戦又はAI作戦」の出撃前の機動部隊待機場所であった。機動部隊各艦は、「第二開戦準備」発令で12月26日出撃が決まった。

ハワイ・ラハイナ泊地の米艦隊。日本海軍のハワイ作戦立案前、情報提供者の報告により、ラハイナが米艦隊の訓練場所でないことを前提に作戦は立案された。奇襲当日、ハワイ哨戒の潜水艦から「ラハイナに艦隊なし」の報告を受けた。

From: (Naval General #622 18 Nov/122Ø 1941
Staff 1st Section Chief)
To : (Chief of Staff Ominato Guard District)
Info: (Chief of Staff 1ST AIR FLEET)
Please arrange to have Suzuki (1776), who was sent to the 1ST AIR FLEET on business, picked up about 23 or 24 November at Hitokappu Wan by _____ of your command.

Hitokappu Wan spelled out, not from single group.

ORIGINAL

ハワイ・ラハイナ泊地の米艦隊在否の問題解決に軍令部鈴木英少佐を派遣する時の電文。傍受した米解読陣は、日本暗号書第三部地名欄のHi—Hokuページにある「単冠（湾）」から暗号化されたのではなく、「ヒ」「ト」「カッ」「プ」「湾」とspell outされたとした。本電文は、戦後の解読　翻訳とされている。

地名

符字	地名	符字	地名	符字	地名
00321	日高(港) [Hi]	08082	濱江(省)	36972	放火島 [Hō]
10599	日向灘	49281		24864	法花津(灣)《ホッケヅ》
57168	日向礁	34371	平潟 [Hira]	10887	法庫〔法庫門〕
41835	日和山	45723	平城(港)	07257	法聖浦(港)
16704	日出	04818	平磯	11103	法松浦
55653	日附ノ鼻	63387	平良(島)	47709	
21762		27546	平澤(灣)	16932	奉賢
50253	比井(灣)	55329	平瀬	41163	奉天〔瀋陽〕
30096	比岐島	32037	平島	35688	彭佳嶼
64545	比珍(島)	08238	平田埼	17904	彭澤
45312	氷見(港)《ヒミ》	42705	平戸	01869	澎湖列島
67854	披山	33744	平塚	58494	澎湖(水道)
24585	庇仁灣	53925		07857	澎湖島
18129		37341	弘前 [Hiro]	44475	
55098	飛鳳里	08313	廣	57291	蜂巖島
42162	飛禽(島)	17058	廣尾(港)〔茂寄〕	26025	鳳鳴島
62595	飛雉島	37269	廣島	50463	鳳灣
16836	飛渡ノ瀬	01242	廣島灣	17421	鳳山
47736	飛鳥島〔Sin Cowe I.〕	33486	廣田(灣)	53484	寶山
08430	飛揚島	60090	單冠(灣)	30057	豐臺
32667	避島	49524	燧灘	67356	豐南(灣)
59763	貔子窩	31599		51105	豐鎮
60126		41739	布袋(港) [Ho]	31329	豐島
36360	響灘	02511	帆揚岩	52599	豐豫海峽
47229	東カロリン諸島 [Higa]	32382	帆越岬〔太田岬〕	20571	豐潤
09012	東磐城水道	15660	保高島	60351	鄷都
33135	東大連島	45792	保定〔清宛〕	23643	
12672	東平安名埼	22950	保戸島	14991	鉾ノ埼
47916	東伏見灣	50466	保山	45153	北安省 [Hoku]
36051	東岩瀬(港)	33252	甫吉島《ホキツ》	08991	北安鎮
61506	東舞鶴	14814	浦口	46368	北魚山
11301	東港	56778	浦項(港)	36039	北海
07608	東能美島	27396	浦東	28668	北海道
27495	東埼	60741	[Ho]	18171	北關港 [Hoku]
37551	東島	30999	蒲臺(群島)	48969	北箕山列島
14190	東塔連島	50775	蒲門城	32652	北江
62874	東浦	49305	鋪前(灣)	42795	北茭嘴〔Ragged Pt.〕
10911		67461		18882	
36600	光 [Hika]	55662	方魚津 [Hō]	44583	北氷洋〔Arctic Ocean〕
47805	引田(灣)	40353	方正〔クンヤンカイヂ〕	54036	北黎(灣)
56694	引本(浦)	56835	方座(港)	31260	北陸地方
08715	彥島	05412	北條	46086	北尖島
11196	姬埼	35679	包頭	12135	北礵列島
30264	姬島	18156	芳津浦	67524	北松島
66645	姬路	33642	放波島	43584	北戴河

86445	《次ノ第二番目符字以外ノ二符字ハ第三部符字》	95826	《次ノ第二番目符字以外ノ三符字ハ第三部符字》	79641	《次ノ第三番目符字以外ノ三符字ハ第三部符字》

海軍省軍機第九六八号の壹「海軍暗号書D壹（発信用）」からページ336に記載された#60090＝「単冠（湾）」を示す。第三部・地名欄地名用語に記載されていた。地名欄には「択捉島」はあるが「新高山」の地名用語はない。それゆえに「新高山」は第三部仮名綴の仮名で暗号化されたものと考えられる。

〈開戦秘話〉「エンタープライズ」はなぜ真珠湾にいなかったのか

物議をかもしたザ大佐メモ

「ハルゼー任務部隊は、当初真珠軍港に一九四一年十二月五日に帰投予定だった。しかし、給油や天候により遅れた。ところで、私は、我々に速度を上げるなどの確かな命令があったことを知っている」とエリス・M・ザカライアス大佐は、真珠湾惨事調査委員会口述の書写八七三四にある彼の宣誓証言の中で言及した。ザカライアス大佐は、海軍情報部から戦争情報局に転じ短波放送で日本の降伏を導いた人物であるが、日米開戦直前にはウェーキ島への海兵隊機運搬の第八任務部隊重巡洋艦「ソルトレークシティ」の艦長であった。

太平洋戦争終結半年後の一九四六年三月二十日、真珠湾惨事に関する米議会の原因調査において、エリス・M・ザカライアス大佐宣誓証言（一月三十一日）の中にあった「遅滞命令」の照合に関する一片のメモが、海軍省にこのような命令が実際に発令されたかの助言を求める事態にまで発展したのである。

一九四五年十一月十五日、真珠湾惨事調査の米議会上下両院合同委員会は、第七十九議会上院で採択された同一決議第二十七号によって惨事の真相を求める第一回の公聴会が開かれ、七〇日間におよび約一万五〇〇〇ページの証言が記録され、四三名の証人の尋問に付随して合計一八三の証拠書類が提出された。その中にはザカライアス大佐の宣誓証言もふくまれていた。

公聴会では、真珠湾の惨事に関係があると考えられるあらゆる資料を提供する十分な機会が与えられた。そして、日本軍の奇襲により引き起こされた悲劇に直接または間接に関係するあらゆる事実を引き出すことに努力がはらわれ、重要な事実を後世に記録として保存する目的をもっていた。

本当に空母「エンタープライズ」を旗艦とする第八任務部隊に「遅滞命令」があったのだろうか？　もし空母「エンタープライズ」が真珠軍港にいたなら、どんな行動をとったのだろうか？

米太平洋艦隊空母部隊司令官ウィリアム・Ｆ・ハルゼー中将が座乗する第二任務部隊空母「エンタープライズ」（ＣＶ－６、愛称「Ｂｉｇ Ｅ」、艦長Ｇ・Ｄ・マリー海軍大佐）が、一九四一年（昭和十六年）十一月二十八日午前七時三三分、真珠軍港海軍工廠係留Ｂ－３から出港、十二月七日午後五時四三分、オアフ島フォード島西岸のquay wall（セメントの六角形柱で北側と南側二個Ｆ－９に係留するまでの九日間（注：十二月一日月曜日二四〇〇に時間帯をマイナス一二時間、十二月三日の水曜日に変更）の行動を航海記録から検証する。

「エンタープライズ」が出港する二日前に日本海軍の空母六隻を中核とする機動部隊は択捉島単冠湾を三五〇〇海里のハワイ・真珠湾に向け出撃していた。

十一月二十四日午前八時、出港四日前、空母「エンタープライズ」は、油槽搭載はしけＹＯ－44から補給を受け、八九一一・六一バレル（一バレルは一五八・九八リットル）を搭載、前部吃水八・二メートル、後部吃水八・六メートルの状態にあった。翌日には生鮮食糧三万四九八三ポンドも搭載された。二十七日午後三時四〇分には三八口径五インチ砲弾薬筒三四五発、同照明弾五五発、曳光弾一二六発、対空弾一六四発も搭載を完了した。

本艦の運用計画によれば、十一月十八日～二十七日、真珠軍港にて点検整備、同月二十九日～三十日まで洋上訓練と射撃など。十二月六日～十七日まで真珠軍港にて点検整備の予定となっていた。

しかし、十一月二十七日、太平洋艦隊司令長官ハズバンド・Ｅ・キンメル大将は、会議が開かれる前、本題となるグラマンＦ４Ｆワイルドキャットをウェーキ島に空母で運搬することを決めていた。本艦の出港は翌朝と決まった。当日遅くなって、海軍省からの「本電は戦争警告と解すべき……」電を受け取った。

ハルゼーは、電文を読んで、悪いことが起きるとの予感をもった。彼の目的地ウェーキ島は真珠湾より日本に近かった。彼は、背筋がぞっとし、ウェーキから真珠湾に戻る前に戦いになるだろうと確信した。

キンメルは、ハルゼーに「貴官は、戦艦の随行を望むか」と問うと、彼は「とんでもない、要らない。航行の邪魔になる」と答えた。キンメルとハルゼーは、アナポリス海軍大学以来の友人であった。

ビッグE出港す

空母「エンタープライズ」は、満載排水量は二万五五〇〇トン、蒸気タービン四基四軸、ボイラー九基、最高速度三二・五ノット（時速約六〇・二キロメートル）、飛行甲板の全長二四四メートル、幅二六メートル、乗組員一三六六名、航空関係者八五一名で作戦行動されていた。

二十八日七時三三分、出港。艦長は航空管制指令艦橋、航海長は航海艦橋の配置に就いた。七時四八分、本艦から曳船が離れた。八時四〇分、本艦右舷正横に真珠軍港口水路第一ブイを見ながら通過。外洋にでると針路一五四度に変針。八時四二分、パラヴェーン・防雷具（対繋維機雷用）を曳航（艦首両舷から曳航して機雷の係維索を切断、浮上してきた機雷を銃撃処分する）。八時四七分、巡航速度一五ノット、針路一八〇度とした。八時五二分、駆逐艦「エレット」と「ファニング」からトンボ釣り（plane guard：発着艦作業中に事故があった場合の搭乗員救助などが任務）の配備に就くとの報告、対潜配備に占位した。

九時三分、本艦は二二五度に変針。二分後に一八ノットに増速。九時一五分、針路を二四〇度にとると一二分後一〇ノットに減速、飛行部署に就けを発令した。九時三四分、防雷具を引き上げると、一分後に二〇ノットに増速した。防雷具の格納完了、戦闘準備態勢区分Ⅲの部署に就けを発令。

一〇時一三分、一〇度に変針、四分後、飛行機の発着艦操作作業のための針路と速力のための航走開始。一七分後、飛行機着艦を中止、一〇時四二分、針路を二五〇度にとり、八分後に飛行甲板に蒸気を噴出、着艦機のための針路と速度を開始、対面する風速と飛行甲板を滑走して得られる速度の合成速度による着艦態勢に入る。TBDディヴァステイター雷撃機一八機、SBDドーントレス急降下機三六機、F4Fワイルドキャット三〇機が接近してきた。

ワイルドキャット三〇機中一八機は「Big E」第六戦闘機中隊所属、他の一二機はウェーキに所属するポール・パットナム少佐率いる第二一一海兵隊機であった。

着艦信号士官は両手にパドルを持ち、自分の目と経験で着艦機を誘導した。着艦機は一定の速度と降下率を保ち進入、マッチ箱のように見える縦揺れ、横揺れする飛行甲板に着艦する。一一時四七分、最後の機が着艦した。この時の艦速は一〇ノット、一一時の風向北、風速六・七メートル／秒だった。海上風は海に複雑な波浪や海流を生成する。

第八任務部隊編成さる

一一時五〇分、空母「エンタープライズ」を旗艦とする第八任務部隊が編成された。重巡洋艦「ノーザンプトン」（CA－26）、「チェスター」（CA－27）、「ソルトレークシティ」（CA－24）、駆逐艦「バルチ」（DD－363）、「ベンハム」（DD－397）、「エレット」（DD－398）、「ファニング」

（DD－385）、「ダンラップ」（DD－384）、「グリッドレイ」（DD－380）、「マッコール」（DD－400）、「モーリー」（DD－401）、「クレイブン」（DD－382）が合同して巡航艦隊配備7－Vで航行した。日課の弾倉と無煙火薬検査を実施。

一三時四五分、飛行部署に就けが発令された。一五時〇七分、本艦は搭載機発艦のための準備航走を開始、蒸気を噴出。発艦区域に移動させられた飛行甲板上の発艦機内パイロットが諸計器、プロペラ・ピッチ、燃料混合比などチェック、発艦準備が完了すると発艦士官に向け左手で敬礼した。

発艦士官は安全を目視で確認、頭上で三本の指を回す発艦士官の発艦最終作業の合図、パイロットはスロットル全開、ブレーキ解除、操縦桿を前に倒し飛行甲板から自力滑走により機体を発進させる。カタパルトは装備されておらず、自力滑走による発艦である場合、飛行機を発艦させるため様々な針路と艦速で風に向かい合成風力を調整し、機体に揚力を発生させる必要がある。

一五時一二分、最初の機が発艦、五分後に最後の機が飛び立った。一七時〇四分、艦は飛行機収容のため風に向かい針路を変える。一七時〇九分、最初の機が着艦、次いで九分後に最後の機が着艦した。この時の風向東北東、風速八・七メートル／秒。艦隊は針路二七〇度でウェーキを目指した。

一七時二七分、灯火管制の下消灯。航空関係者は、至急飛行準備室へ集合の命令に驚かされた。個々の席に腰かけた時、席にあるガリ版用紙を手にし、読んだ時、さらに彼らは非常な驚きを味わった。それには以下の記述があった。

「洋上の『エンタープライズ』：一九四一年十一月二十八日付　戦闘命令第一号　1・『エンタープライズ』本艦は現在戦争状態で作戦航行中である。2．昼夜問わず、我々は即時交戦に備えなければならない。3・敵潜水艦との遭遇戦が生起するかもしれない。4・全士官と全下士官の重要度は戦闘部署配置にあるとき、特別の警戒と緊迫感をもって、総員十分に認識しなければならない。5・特に見張り、砲員に割り当てられた任務を実行する時、一人の人間の失敗が、多くの人命と艦の喪失をもたらす。6・艦長は、展開されるだろう如何なる緊急事態にも確信ある対処をとる。7・真価を問われるとき総員沈着冷静を保ち、戦うのがわが海軍伝統である。艦長マリーの署名」司令官ハルゼーに承認された命令書であった。艦内アナウンスが、本任務は海兵隊機をウェーキに運搬することを知らせた。

責任は私がとる

ハルゼーの作戦担当士官ウィリアム・H・ブラッカー中佐は戦闘命令書を手に、司令官室に駆け上った。そして息づかいも荒く「提督、この命令書を承認したのですか」と問うた。ハルゼーは「イエス」と答えた。「これが、戦争を意味することを理解しているのですか」。ハルゼーは「イエス」と答えた。当惑して作戦担当士官は、「貴官自身で戦争を始めるんじゃないでしょうね？　誰が責任をとるのですか?」。ハルゼーは答えた「私がとる。私の行く手を阻むなら、議論は後、我々は最初に発砲する」と言い切った。

一七時〇〇分、時刻を三〇分戻す。

二十九日金曜日、第八任務部隊は艦隊針路二七〇度、速力一八ノット、8－V陣形で航行していた。対潜配備航行1－A内のトンボ釣りは「ファニング」と「エレット」であった。五時三八分、本艦は発艦準備のための針路と速力の航走に入る。一〇分後一番機が発艦、五時五七分、最後の機が飛び立つと、本艦は艦隊基準針路二七〇度に戻った。こうして日本潜水艦を求めウェーキ島沖に到達するまでに時折之字運動をふくむ「飛行部署に就け」九回、「総員配置に就け」八回を発令しながら航走したのである。

飛び立った機は到達距離五五六キロメートルの対潜哨戒を実施し、部隊に接近する未確認機もしくは日本機を撃墜する命令を受けていた。

全乗組員は、ハルゼーの戦闘命令を順守、無線封止を厳守、艦上の雷撃隊は航空魚雷を装備、爆撃隊は五〇〇ポンド爆弾を装着、五インチ砲と対空機銃要員は配置に就いていた。ハルゼー自身、航空管制艦橋に留まるか緊急室側で仮眠をとった。

十二月四日、針路五〇度に変針すると六時五〇分、ウェーキ島沖北方三二二キロメートルの洋上から風向東、風速一三・四メートル／秒の状況の中、発艦機準備の航走を始め、六時五六分から七時七分の一一分間に海兵隊機一二機を発艦させた。

海兵隊機は「エンタープライズ」からの嚮導機に誘導され無事にウェーキに着陸した。

輸送任務を完了した「エンタープライズ」は七時一六分、針路を八四度、速力一八ノットで航行序列9－Vを開始した。八時一五分、本艦は之字運動第二法で航走、三五分後之字運動をやめると基準針路八四度に定針、真珠軍港への帰路に就いたのであった。

帰投予定五日に向け航走する「エンタープライズ」は、A点からB点に単純に直行する定期航路の商船と異なり、之字運動をふくむ「飛行部署に就け」の度に搭載機発着艦に適した合成風力を得るため、風向き、風力を考慮して基準針路から逸れ、また戻るという複雑な行動をとっていたのである。

例えば四日八時一五分、東北東の風、風速一三・九メートル／秒の時、本艦は艦速二〇ノットで之字運動を開始、「飛行部署に就け」の発令で八時三五分、速力五ノットに減速、四分後速力八ノット、八時四〇分之字運動をやめ、一分後に発艦操作のため風に向かう針路をとり、必要な針路と速力で航走、八時四二分に第一番機を発艦、その後待機する機を着艦させるため艦速を七ノットに変更して基準針路に戻ると速力一八ノットに増速するといった状況であった。

五日一六時四〇分に着艦した第六偵察爆撃中隊のSBD（6－B－4）はバリアに突っ込む事故も発生した。発着艦は八九回に及んだ。

特に五日夜半から六日の午後一一時までのおよそ三五時間、東北東の風が強く、一三・九メートル／秒から最大一七メートル／秒の風が吹き荒れ、波浪四～五に達していたのである。随航する駆逐艦は打ちのめされた。艦隊は減速を余儀なくされた。ハルゼーは、到着予定の変更を迫られた。Ｂｉｇ Ｅは、たぶん日曜日七日の午後到着になるだろう。

六日一三時四〇分、本艦右舷に給油のため併航する駆逐艦「マッコール」が接近、九分後に給油開始している。

七日黎明（グリニッチ時間帯プラス一〇時間三〇分がホノルル時間）、空母「エンタープライズ」は、オアフ島から二七八キロメートル離れた洋上を速力一五ノット、針路九三度（東方向）で真珠軍港に向かって航行していた。

ハルゼー中将は航空管制所でくつろいだ気分で飛行機の発艦作業を眺めていた。彼はこの時点、ウェーキ島への飛行機運搬任務を成功裏に終えた満足感と敵（日本軍）に対する戦闘の機会がなかったことを残念に思う感情に揺れ、複雑な感情にひたっていた。

開戦、そして真珠湾へ帰還

彼は司令官室に降り、入浴をすませると新しい制服に着替えた。そこで彼は副官ダグラス・モールトン中尉と一緒に朝食を摂っていた。ハルゼーが二杯目のコーヒーを飲んでいるとき、電話が鳴った。副官がこれに応じた。「何？　了解」。彼は「提督。真珠軍港が空襲されました」と言った。ハルゼーは「My God」と、はじかれたように立ち上がって「They're shooting at my own boys! Tell Kimmel!」と叫んだ。

彼の心配は的中、フォード島に先行した第六偵察隊一八機のうち一機は味方撃ちにより、他の四機は日本機に撃墜された。この時、「エンタープライズ」は搭載機の発着艦作業に従事、速力一四ノット、針路七八度で風に向かっていた。

八時三五分、本艦は進路を〇〇〇度（真北）に変針、速力一二ノットとした。二〇分後には二八〇度に変針した。九時に無線で真珠軍港に対するいわれない攻撃から日本に対する戦争計画を実行せよとの海軍作戦部からの命令を受けた。太平洋艦隊可動兵力の暫定指揮を任された彼は、日本軍の避退方向を北西と推定した。しかし、ハルゼーは臨戦態勢の指揮を掲げ、命令を下していたにもかかわらず、麾下部隊の集結まで北西に進撃しなかった。

一〇時一六分、ハルゼーは第三任務部隊旗艦「インディアナポリス」に座乗するブラウン少将と空母「レキシントン」をふくむ第十二任務部隊旗艦「シカゴ」に座乗するJ・H・ニュートン少将に、北緯二二度〇〇分、西経一六二度〇〇分の海域での合同（翌一三時三〇分）を下令した。第十二任務部隊所属の空母「レキシントン」は第二三二海兵隊偵察中隊（SB2U－2×18）をミッドウェー島に運搬する任務を負っていたが、任務は中止された。これ以降二〇時四分、本艦は、飛行作戦のため点灯し、搭載機収容のため風に向かいながら左に舵をとった。

二一時一三分最後の搭載機を着艦させると、二分後に之字運動第六法を開始、速力を二〇ノットとした。二一時一七分艦速一五ノット一分後機関を停止、その一分後に速力一五ノットとした。

こうして「エンタープライズ」は日本軍との交戦することなく八日月曜日一五時三五分、フォード島係留F－9に係留したのであった。

一九四六年五月三日、ジョン・F・バーチャア大佐は、ファーガソン上院議員の要請に応じてハルゼー提督麾下第八任務部隊の一九四一年十二月の真珠湾への帰投遅れの趣旨に関する命令書入手に言及した。そして、注意深いそして徹底した調査が太平洋艦隊司令部と海軍作戦部のファイルで行なわれた。

「第八任務部隊は一九四一年十二月三日ウェーキ島沖への命令は受けた。しかし、真珠軍港への帰投の遅れ如何なる指令も、速度を落とせとの命令も受けなかった」と結論づけた。

太平洋艦隊司令部参謀長W・W・スミス提督は「ハルゼーは真珠湾への帰投において急ぐことはなかった。多量の燃料を消費しないように経済速力で帰投するのが彼にとってもっともなことだった。彼は天候状況にかかわらず空母から駆逐艦に燃料補給をしなければならなかった。そして、十二月五日に帰投する必要はなかった」という陳述を残した。

一九四六年一月二十八日（月曜日）、PHAの調査・合同委員会で顧問弁護士セト・W・リチャードソンの「ある命令に対して貴殿が遅れた理由をもう少し教えてくれませんか」との質問に対し、ザカライアス大佐は、「何の命令ですって？」と聞き返した。

「貴殿が遅れたという、ある命令のその後について」とリチャードソンが重ねて問うとザカライアス大佐は、「オー、それは単なるうわさだ。本委員会直前に聞いた話だ」と答えた。リチャードソンは「I see」と答え、この話題は終わった。

（「丸」二〇一六年三月号　潮書房光人社）

ハワイ・オアフ島真珠湾を目指す空母「エンタープライズ」と直衛の駆逐艦。この時はミッドウェー作戦のため帰投を急いでいる状況。1941年（昭和16年）12月7日には、オアフ島278kmの海上を東に向かって予定の2日遅れで航走していた。帰投後の6日から17日にかけて軍港で整備補修に入る予定だった。

笑顔の合衆国大統領ローズヴェルトとウイリアム・ハルゼー Jr.提督。1945年3月13日、ホワイト・ハウスにおけるゴールド・スター勲章授与の際の撮影。胸に勲章をつけるのはハルゼーの妻が行なった。ハルゼーはフィリピン戦地から休暇で戻り、この機会を得た。

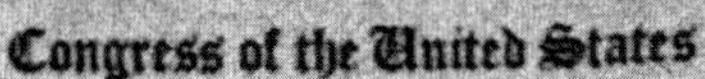

Congress of the United States

JOINT COMMITTEE
ON THE INVESTIGATION OF THE
PEARL HARBOR ATTACK

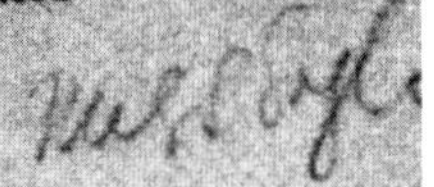

January 31, 1946

MEMORANDUM TO ADMIRAL COLCLOUGH

In the course of his testimony at page 8734 of the Committee transcript, Captain Zacharias refers to the fact that Halsey's Task Force was originally scheduled to arrive back in Pearl Harbor on the fifth of December, 1941, but was delayed by fueling and weather and "now I know because of certain orders which did not speed us up."

At the request of Senator Ferguson, it would be very much appreciated if you would secure the orders to which Captain Zacharias refers to above.

S. W. Richardson,
Counsel

〔上右〕エリス・M・ザカライアス大佐。真珠湾攻撃当時、巡洋艦「ソルトレイクシティ」（CA-25）の艦長を務めていた。1945年4月、海軍情報部から戦争情報局に転任、短波放送を使用した14回に及ぶOP-16-Wプログラムで日本に無条件降伏の意味を説明、終戦に貢献した。〔上〕1946年1月31日付真珠湾攻撃の合同調査の記録。委員会の口述記録8734ページの「now I know because of certain orders which did not speed us up」証言の暫定記録を示す。「ハルゼー任務部隊が5日帰投に遅れたのは、燃料補給と悪天候にあった」と結論づけられた。

(ii) ENTERPRISE (CV 6): - 18 - 27 November, upkeep Pearl;
29-30 November, intertype tactics;
30 November - 5 December, * train and fire, etc.; 2/
6 - 17 December, upkeep Pearl.*

(Har. Exhibit 28, page 1)

空母「エンタープライズ」（CV-6）がウェーキ島への航空機輸送実施の前に計画されていた整備補修、異種戦術訓練、射撃訓練などの予定を示す。これら戦術訓練の合間に飛行機輸送の任務が実施されていた。その帰投後、12月6日より同月17日まで整備予定だった。

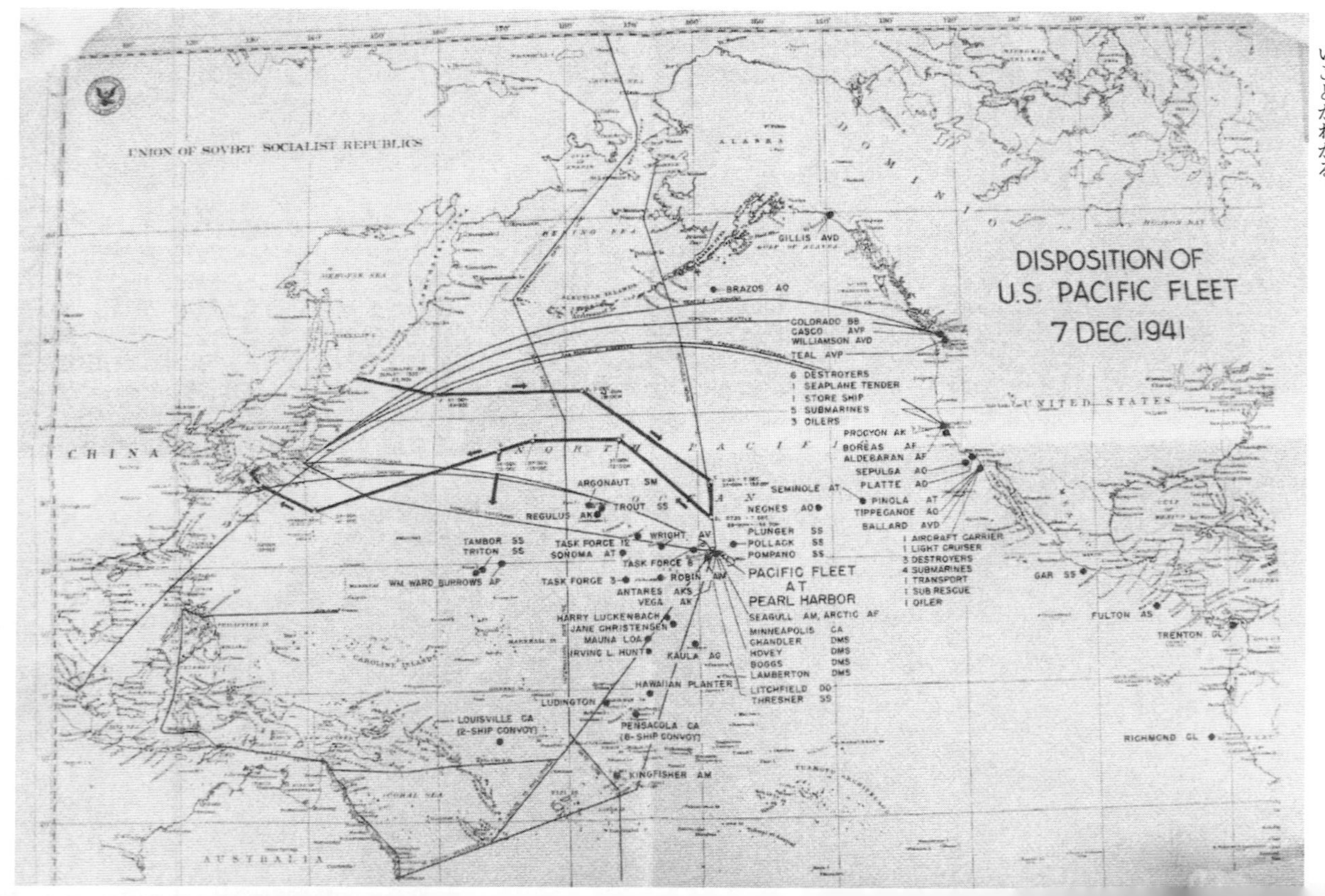

1941年12月7日現在の合衆国太平洋艦隊の配置を示す。オアフ島真北に示された太線は日本機動部隊の進路を示す。同島西方に第8任務部隊の位置が示されている。この図を見ると、正にハルゼーの空母機が北方を捜索すれば、日本空母部隊を発見したかもしれないことがわかる。

米海軍を仰天させた「機密アタックまっぷ」を読む

米海軍のコンフィデンシャル

「日本軍がパール・ハーバーを攻撃した後に捕獲した資料・文書そして人員から入手した情報」という項目が、一九四二年一月二十三日付の合衆国太平洋艦隊諜報報告書第1の42号にある。

この報告書には、数多くの戦訓――実戦の目撃からえた敵国の行動パターン、捕獲文書、残骸からの技術程度の入手など――がふくまれている。

その内容は、海軍諜報部の情報源から入手した情報が太平洋艦隊司令長官によって再編集され、付加コピーは司令官職以外の要請ではおこなえないように決められていた。

そして秘密区分を"confidential"と指定し、情報源の漏洩を避けるための措置をとっていた。ここにふくまれた情報が活用されなくなった場合は、焼却によって破棄することになっていた。

ここに入手した資料は、ワシントンDCにある米海軍作戦記録保存所が保管する第二次大戦の指揮統帥部のファイルからのものである。

——一九四一年十二月七日の空襲の際に襲撃された日本機と——二月八日ベロース飛行場の沖で座礁した潜水艦（注：実際は特殊潜航艇）から押収した文書類の検分から、日本海軍参謀がそれを活用し、合衆国太平洋艦隊、その諸作戦、基地そしてパール・ハーバーの詳細とオアフ島の防衛に関する多くの正確で精密なデータを洋上にある諸部隊に配布したことが明らかにされた。

オアフ島を攻撃した任務部隊（注：日本海軍の呼称は機動部隊）は、第一航空艦隊指揮下のつぎの編成であることをしめす明確な証拠があった。

第一航空戦隊＝赤城・加賀。第二航空戦隊＝蒼龍・飛龍。第五航空戦隊＝翔鶴・瑞鶴。

第三戦隊の一部＝比叡・霧島。第八戦隊＝利根・筑摩。第一水雷戦隊＝阿武隈と一二隻の駆逐艦（注：実際は九隻）。

第五航空戦隊が、実際にこの攻撃に参加した証拠は撃墜された日本機からは見い出せなかった。この航空戦隊は、攻撃機の収容と撤退の間中、機動部隊を攻撃しようとする合衆国任務部隊を攻撃し策略にかけるため、潜水艦の散開線の後方に予備として待機していたかもしれなかった（注：実際は第一次攻撃隊の第二集団としてフォード、ヒッカム、ホラーの格納庫、地上飛行機を攻撃した。急降下爆撃機一が撃墜されている）。

パール・ハーバー、ヒッカム飛行場、フォード・カメハマ、フォート・ウェーバーとその周辺の地域の正確で精密な位置と施設の範囲をしめす大型の地図は、ベロース飛行場沖に座礁した第十九特殊潜航艇（注：十九の番号の入った潜航艇はなかった）から押収した。

小型の地図の複写写真は、パール・ハーバーの係留場所とラハイナの停泊地のスケッチを謄写版で刷って電撃機と急降下爆撃機に持ち込まれていた。

スケッチ（A2）のラハイナ停泊地のごばんの目に区切った地図は、パール・ハーバーに不在で、この地域に停泊した主力艦を攻撃するよう計画されていた。

「加賀」の電撃機のスケッチ（A1）から――恐らく第一次攻撃隊の計画をしめすスケッチ（B）――雷撃機の攻撃計画が判明した。

「日本機とその装備は優秀だ」

攻撃機に持ち込まれた文書類と搭乗員の死体につけていたものの検分から、搭乗員はいかなる諜報的価値のある個人的文書も書きこみも携帯してはならないよう命令されていたように思われた。しかし、機内にあった公式書類が、攻撃部隊の編成とその他のデータを暴露した。

電撃機の無線セットのセルロイドのカードで、無線呼出符号の記号法、周波数など（注：この時判明した七六三五kcの周波数で「トラトラトラ」は送信された）、価値ある通信に関する情報が供給された（注：この無線呼出システムの解明が日本海軍の暗号の解読に多少役立ったのだった）。

そのうえ機内には、米軍の各種艦艇と航空機の機種を示す小さなシルエットの識別図があった。

この攻撃に使用された三機種の航空機の改良された絵が、識別用の目的のため全ての司令部に配布されていた。要約すれば、これらの機種は、VF＝戦闘、0型（一九四〇年＝注：零式艦上戦闘機を意味する）、VSB＝急降下爆撃、99型（一九三九年＝注：九九式艦上爆撃機〈二名〉を意味する）、VTB＝水平爆撃と雷撃、97型（一九三七年＝注：九七式艦上攻撃機〈三名〉を意味する）だった。日本軍の指定した最後の数字は、西欧のカレンダーによれば米軍の使用している年式に相当する。

0型の意味するところは、一九四〇年に開発された型を表わしている。一九四一年型は01、そして一九四二年型は02になるだろう。

攻撃中に目撃された双発の爆撃機の報告は、確認されていないのでここにふくまれない。

敵（日本軍）が使用した航空機と装備は、優秀ということができる。

敵の計画は、十分に練られており、頑強な決断と狂信的熱意でやりとげた。

われわれは、日本軍の戦闘と飛行の特質についての全ての先入観を即時に捨て、敵の充分な能力を認める義務がある。

しかしながらいっぽうでは、敵の成功は、奇襲と事前の準備を通してその大部分を達成したことを忘れてはならない——以上が報告の内容だった。そして、この報告に同封されていた押収したスケッチ三枚は、日本軍がいかに真珠湾について正確に把握していたかの証拠だった。

真珠湾の艦船にたいする空中攻撃において、日本軍の急降下爆撃機隊も有効であったが、米艦艇に最大の損害をあたえたのは、雷撃機隊だった。その雷撃機隊の行動をしめしたのがスケッチ（B）であった。それは、十二月七日に実際に起こった戦果と見くらべると、パイロットがスケッチの示す綿密に練られた計画を忠実に守り、選定された主力艦の目標に対し雷撃にとって最上の近接進路をとり、その方向から雷撃をおこなったことをしめしていた。

スケッチにみる情報の正確さ

スケッチのフォード島南東側に1から3とナンバリングされた錨地は、まさに戦艦列の位置であり、ここで「ネバダ」、「ベスタル」と「アリゾナ」、「ウエスト・バージニア」と「テネシー」そして「オクラホマ」と「メリー・ランド」が雷撃され、舷側を見せていた戦艦の全部に魚雷が命中したのだった。そしてナンバリング7に停泊していた「カリフォルニア」も雷撃された。

またフォード島の北西側にある一隻の空母がたびたび停泊する錨地F－9（スケッチでは－3で示されている）、空母の錨地として予定されていた錨地F－10と11（スケッチでは12、11と10で示されている）も正確に雷撃され、停泊していた「ユタ」は撃沈された。当日空母は出港していて不在だった。

スケッチに示された「カリフォルニア」、「テネシー」、「エンタープライズ」（これは不在だった）、「ウエスト・バージニア」、「メリーランド」、「サラトガ」（不在）、「オクラホマ」と「ネバダ」の位置は、十二月七日の当日と艦艇は多少異なるが正しいものだった。

損害を調査した米軍当局者は、スケッチ（B）にしめされた進入路は、日本軍が湾内や水道の水深および艦隊の主力戦闘艦艇がいつも停泊している錨地について、おどろくべき正確な知識を持っていなければ選定できないことを確認した。

ハワイの海軍首脳陣は、水深一五メートルで日本軍が雷撃をおこなう能力を持っているとは思っていなかった。それがパール・ハーバーは空中攻撃を受けないと安心した理由の一つだった。戦争計画参謀のマックモリス大佐は、「敵空襲の可能性はまったくない」と断言していた。

当時、目標まで一〇〇〇メートル、水深六〇メートル以上（高度二〇メートル以下で投下して最小限度二五メートルは必要）なければ魚雷を駛走させ、爆発させることはできなかった。というのも、魚雷を命中させ爆発させるまでに信管の安全解除の必要があったのだ。

しかし日本海軍は、訓練と研究から水深一二メートル、距離五〇〇メートルで確実に雷撃をおこなったのである。日本海軍の浅沈度航空魚雷は、頭部の翼ねじ爆発尖安全針を三五〇回転で外す装置を開発していた。

こうした素晴しい戦果をあげたスケッチ（B）を完成させるために詳細な情報が必要とされたのだった。

その情報は、在ホノルル日本総領事館書記生こと吉川猛夫予備少尉の努力の賜物だった。彼は、東京の海軍軍令部（作戦を立案する部署）から情報収集のため送り込まれた秘密情報員だった。

彼は、タクシーで島めぐりをしたり、ヒッカム空軍基地やパール・ハーバーを一望できる「春湖楼」の常連客になったり、女友達と遊覧飛行を楽しみながら目標確認の状況、攻撃侵入時の標的の選定、上空気流の状況等の情報を収集したのだった。こうして得た情報は、総領事名で東京に暗号で打電されたのである。五月十二日の第一信から十二月六日まで一七六通が送信され、計画の立案に役立ったのだった。

この詳細な情報は、真珠湾奇襲攻撃案に強く反対していた軍令部が、外務省を通じてホノルルの総領事にたいして、真珠湾における米主要在泊艦艇の停泊位置を五水域に分け、詳しく報告をするように要求するまでの価値があったのだった。

この五水域に大別して停泊位置を記入したものがスケッチ（A1）であった。米政府首脳はこの情報と暗号解読から知ったが、これが日本海軍の奇襲攻撃の基礎資料になるとは気づかなかったのだ。もし、この事実をハワイの指揮官が知っていたとしたら、奇襲は成功しなかったと言われている。

真珠湾の奇襲攻撃の中で、立ちのぼる硝煙と対空砲火をくぐり抜け、目標に的確に命中させたのパイロットの力量である。

しかし、また正確で信頼のおける情報が全体の計画をささえていることも間違いがない。日本海軍は、真珠湾奇襲攻撃をのぞいて、これだけ精密に敵の情勢を把握して戦った戦闘はないのではないだろうか。

もし、真珠湾攻撃と同じような熱心さで、あらゆる情報を収集していたら、もっと多くの戦闘に勝利していたにちがいない。しかしまた、正しい情報と正しい判断ができていたならば、日本は戦争に突入していなかったかもしれない。


（「丸」一九九一年十二月号　潮書房）

日本空母の奇襲攻撃の27日前に撮影された真珠湾フォード島の俯瞰。中央に滑走路、左側戦艦列下端F8は不在、F7には戦艦1隻、F6に戦艦1隻、F5に2隻、F3に戦艦1隻が碇泊。右側下からF13 、F12、F11、F10、F9に空母レキシントンが碇泊している。日本は真珠湾スパイ情報で正確に米主力艦の碇泊位置を把握していた。

CONFIDENTIAL　Pacific Fleet Intelligence Bulletin No. 1-42.

SKETCH "A1"

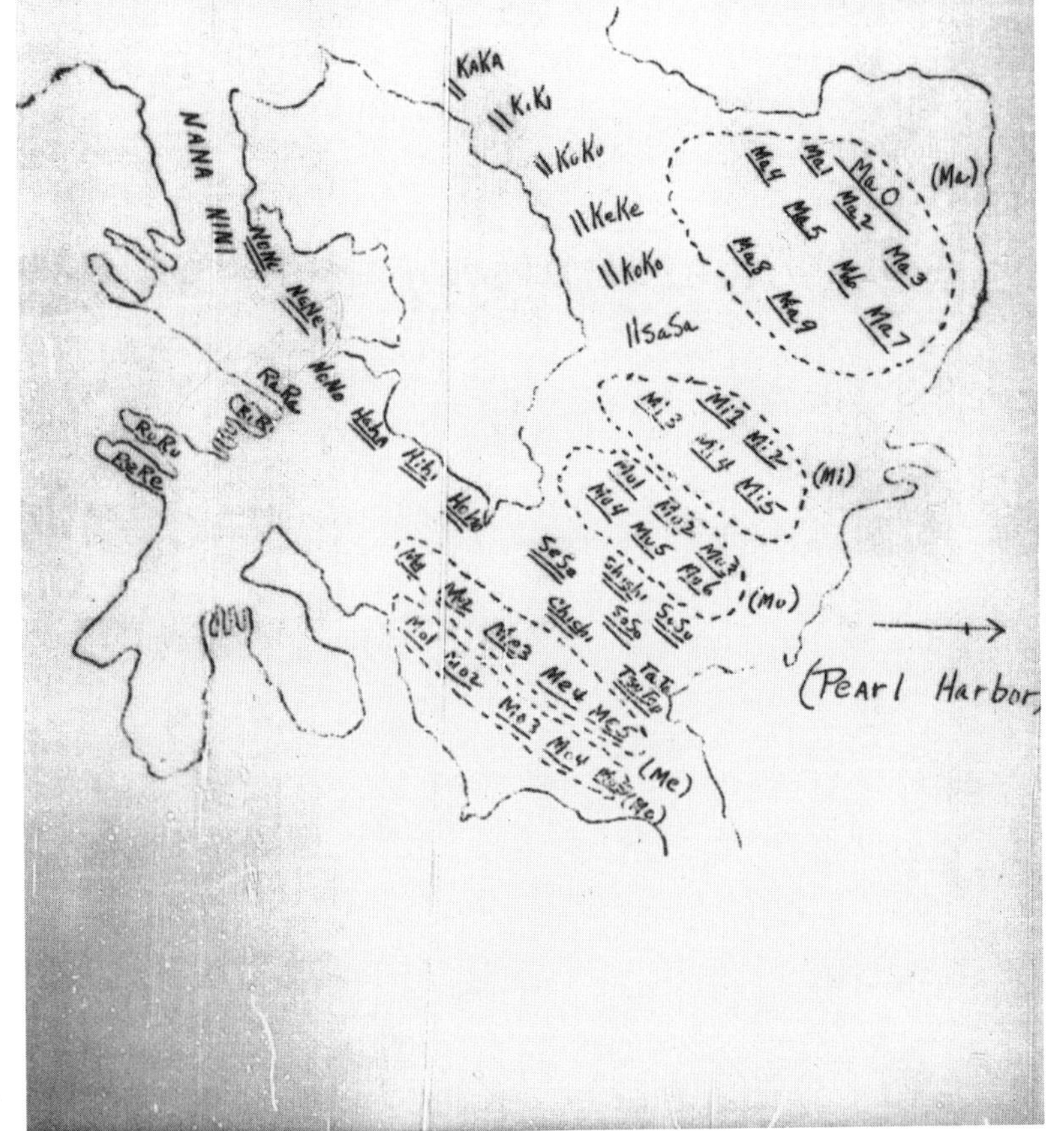

合衆国太平洋艦隊諜報班の第1-42　機密報告書。鹵獲文書は真珠湾在泊艦艇位置を正確に示していた。奇襲前の機動部隊攻撃企図はこれに基づいて計画されていた。総領事館員吉川猛夫により収集された。当初、彼は真珠湾攻撃があるなどとは思いもしなかった。

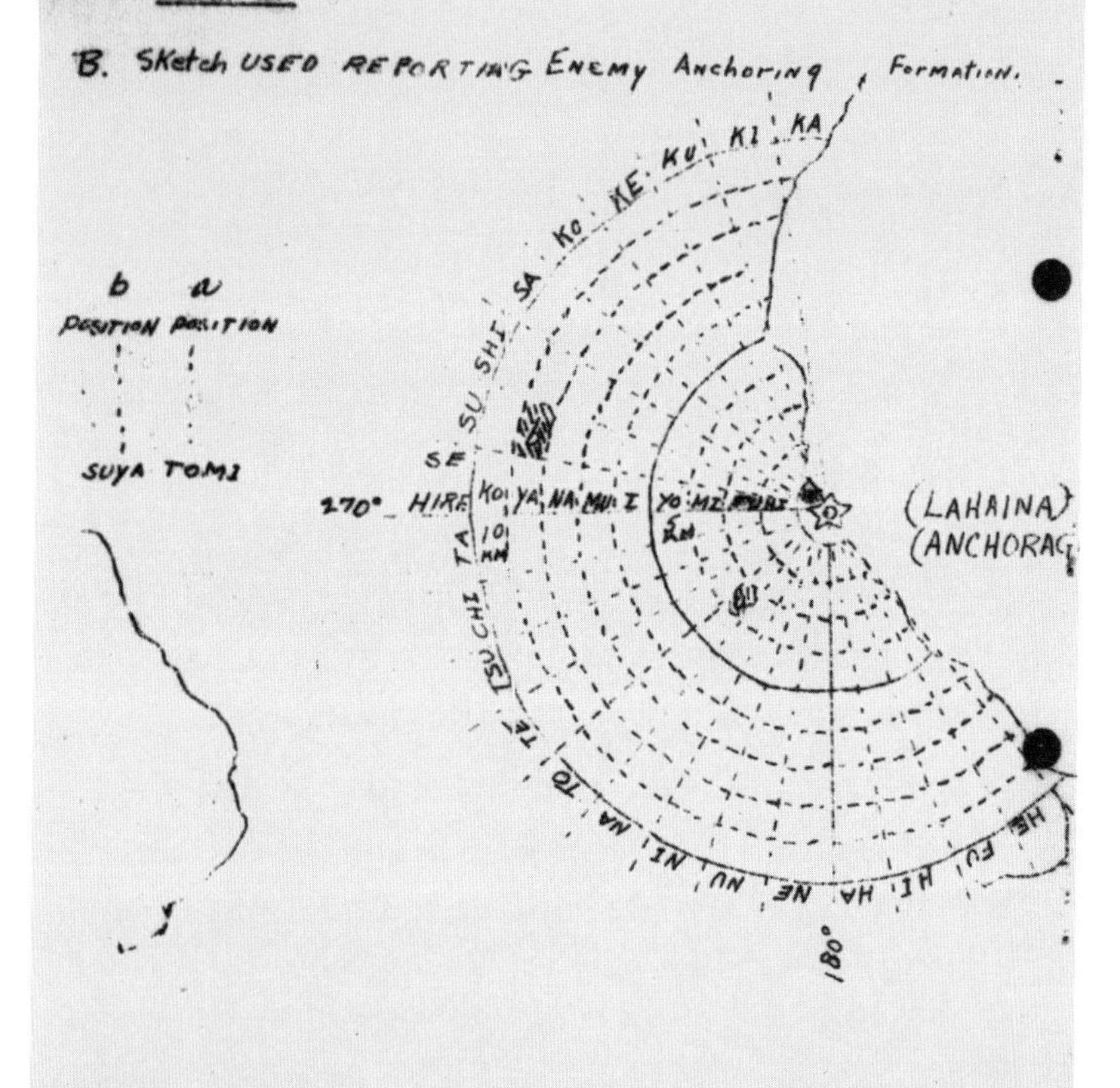

ラハイナ泊地のスケッチ。「カ」「キ」「ク」「ケ」……180度から「ハ」「ヒ」「フ」「ヘ」と区分されていた。現実にはラハイナに在泊艦艇はいなかった。これらの情報はハワイのスパイ情報にあった。用紙はいずれも「A」情報に基づくもので、真珠湾スパイ情報は、米艦隊が臨時準備をして出撃、日本ないし南方に進撃するに違いないと収集されていた。

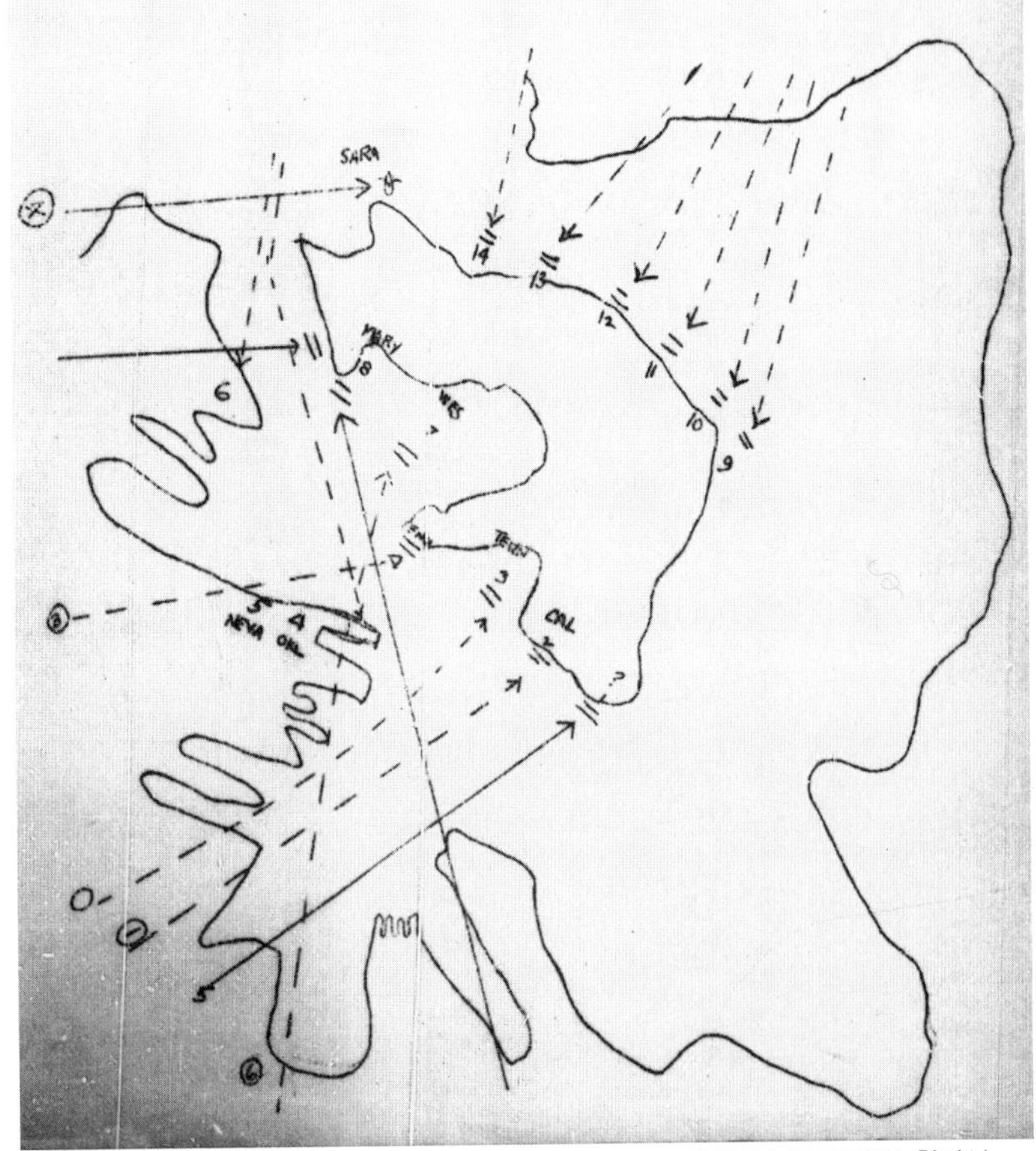

CONFIDENTIAL Pacific Fleet Intelligence Bulletin No. 1-42.

SKETCH "B"

KAGA Planes (torpedo) are indicated by broken lines (12).

Other Planes (torpedo) are indicated by unbroken lines.

機密・太平洋艦隊諜報報告のスケッチ「B」。本スケッチの戦艦列点線12は空母「加賀」雷撃隊の雷撃針路を示す。他の点線は他の雷撃隊の攻撃を示していた。港内の戦艦、空母の存在が重要との電文で領事館員スパイ吉川猛夫はハッと驚いた。もしかしたら、真珠湾を狙うのではと、息をのんだという。米側は、この正確な真珠湾の在泊図を見て日本の攻撃の正確さを知ったのであった。

海軍D暗号は真珠湾攻撃前に解読されていた

暴露された暗号解読の事実

米国メリーランド州カレッジ・パークにある国立公文書館Ⅱに保管され、秘密解除された文書「Captured Japanese Documents Their contribution to OP－20－GYP」（10 March 1947 OP－20－NA Report for; Commander G.E.Boone.USN）は、米海軍暗号解読班（通信機密保全課ＯＰ－20－Ｇの分課ＧＹ）が日本海軍の無線交信に使用する主要暗号を太平洋戦争の開戦前に破っていたことを、そして、暗号解読のヒントが在米日本領事館から盗み撮りした古い四桁数字の暗号原理の適用・応用にあったことを暴露した。

米軍呼称のＪＮ25暗号（日本海軍暗号書Ｄ）が、広く知られているのは昭和十七年六月の太平洋戦争勝敗の分岐点となったミッドウェー海戦で日本軍の空母部隊の存在と作戦企図を事前に暴露し、劣勢だった米海軍が圧倒的に優勢な日本機動部隊の虎の子空母四隻と艦上機三二二機、そして、ベテラン搭乗員を失う壊滅的敗北に追い込み、日本軍の同島侵攻を阻止したことにある。これを米軍は、情報の勝利として高らかに謳い上げた。しかし、開戦劈頭にパール・ハーバーが日本海軍により奇襲され、米太平洋艦隊主力が壊滅的な打撃を受けた時には、JN25暗号解読の話は一切出てこなかった。一方、日本外交暗号「パープル」の解読情報「マジック」には、軍事情報はふくまれていないにもかかわらず関心が集中した。

戦後長らくJN25の解読電文が公開されることはなく、米海軍はその存在さえ公表しなかったのである。JN25暗号を太平洋戦争の始まる二年七ヵ月も前から解読作業を続けていたにもかかわらず！

ハワイ奇襲前の日本海軍電文

戦後、米海軍がパール・ハーバーの惨事前にJN25を解読したことはないとの通説が広く伝わっている。国立公文書館Ⅱには、一九八〇年十月二十三日付大統領行政命令第12065号に従い機密解除のため検閲された「最高機密区分―CREAM」の「Pre Pearl Harbor Naval Dispatches」、すなわち日本海軍がハワイ奇襲作戦を実行する直前の行動を明らかにする多くの電文が保管されていた。その内容は、「重要な電報の意味深長な日付」「機動部隊の状況進展」「曳航下の燃料補給」「航空魚雷訓練」「無線諜報」「呼出符号の同一性の確認」「種々雑多な情報」

などであった。

もし、当時所在不明とされていた日本海軍の空母群への予備燃料の搭載、洋上補給、佐伯湾内の艦船に対する雷撃訓練などを暴露する電文情報が活用できたなら、日本海軍の奇襲は成功しなかったであろうと思われた。しかし、この記録の編纂に使用された日本海軍暗号電報の解読は、戦後の昭和二十年（一九四五年）九月に開始され翌年五月まで続いたものであったことが強調され、パール・ハーバー惨事の前にＪＮ25が読めていなかったことを印象づけていた。

日本海軍は、重要な電文の暗号組立に基本暗号書・米軍呼称ＪＮ25Ｂ・昭和十五年（一九四〇年）十二月一日から実施された昭和十五年度改版・日本海軍暗号書Ｄと乱数表第七号（昭和十六年八月一日から同年十二月四日まで実施）を使用していた。しかし、当時から米海軍は、この基本暗号書と乱数表の現物を鹵獲していなかったので、この記録文書にふくまれる翻訳文は米海軍による戦後の暗号解読で、翻訳に値すると考えられる二四一三通のうち一八八通が収録されていた。

この記録は、太平洋戦争が開始される直前の、九月初旬から十二月四日までにハワイのパール・ハーバー、フィリピン・コレヒドール、そしてグアム島の無線傍受所が日本海軍の無線交信するＪＮ25Ｂ（海軍暗号書Ｄ）二万三七七八通、ＪＮ20Ｃ（暗号表Ｚ甲・設営、補給関連暗号）八一九通、ＪＮ39（海軍船舶連絡用暗号）六三二一通、ＪＮ161（海軍船舶五数字乱数）四二六通、ＪＮＡ20（海軍武官用暗号）九二七通を傍受、その合計三万六五八一通をワシントン局（ＮＥＧＡＴＯ）に送ったものであった。

米軍呼称のＪＮ25暗号とは？

米軍呼称のＪＮ25とは、ＪＮがJapanese Navyの暗号体系を、任意の番号25は基本の暗号方式を示す。この時点のＪＮ25は、日本海軍暗号書Ｄを意味した。海軍暗号書Ｄは、昭和十四年（一九三九年）六月一日から昭和十七年（一九四二年）五月二十七日まで実施された。暗号書Ｄには改版があり、昭和十四年六月一日から昭和十五年十一月三十日までの「初版Ｄ」（米軍呼称ＪＮ25ＡまたはＡＮ Ｃｏｄｅ）と昭和十五年十二月一日から昭和十七年五月二十七日までの昭和十五年度改版Ｄ（米軍呼称ＪＮ25ＢまたはＡＮ－１Ｃｏｄｅ）から成っていた。

その後、日本海軍は、ミッドウェー海戦前に主要暗号「Ｄ」乱数表第八号を更新して海軍暗号書「Ｄ１」（米軍呼称ＪＮ25－Ｃ９）、「呂」（米軍呼称ＪＮ25－Ｄ）、「波」（米軍呼称ＪＮ25－Ｅ）などの名称で使用規程を一新しながら終戦まで使用し続けた。米軍はそれらをふくみＪＮ25と呼称していった。

「JN25 Cryptographic System」の文書には、すべての暗号書名と乱数表更新の過程が記録されている。海軍暗号書Ｄは、暗号書と鍵となる乱数表で一体をなしていた。暗号書には、発信用および受信用の二冊があり、発信用は数字五字宛の暗号符字（組成例：聯合艦隊を換字して４０５１８となる符字を併記、各五字宛数字の和は三の倍数）をアエハ順（五〇音をローマ字に直し、これにアルファベット順に並べ清音を順次にとり、その冒頭の三音を呼ぶ）に配列、受信用は数字の順序に暗号符字（例：00003＝最悪〜01077＝各旗艦などの順）を配列した。乱数表は横行0〜9の一〇個、縦列0〜9の一〇個の計一〇〇欄を一ページとし計五〇〇ページ、不規則平等な乱数字数総計二五万字となる。

昭和十八年（一九四三年）以降、乱数表は上下二冊一〇〇〇ページとなる。乱数の開始点は開始符・加算符で示し、数字五字の第一、二、三字を乱数表上方欄外のページ数、第四字を横行、第五字で縦列を表示し、その交差欄の乱数（例：横行四、縦列六の交差欄の三七三四〇）としたのであった。

暗号書の収録暗語は、空白欄をふくみ第一部の数・年月日・記号類、第二部の説話・慣用信文、第三部の記号及び慣用信文・部内廠部隊・帝國艦船・主要船舶・外国艦船・ローマ字綴・仮名綴・地名・臨時特定信文など約五万五〇〇〇であった。暗号文作成翻訳法は使用規程によることになっていた。

いつから暗号を解読していたか？

太平洋戦争が始まる一九年前、大正十一年（一九二二年）頃、連邦捜査局（FBI）、海軍情報部（ONI）とニューヨーク市警のチームは、在米日本総領事館に忍び込み、一九二一年から一九二二年にかけて使用されている日本海軍の暗号書を発見、これを一頁一頁ごとにフィルムを使わず直接感光紙に連続的、敏速に撮影した。

この暗号書は「日本帝國海軍秘密作戦暗号書・大正七（一九一八）年版」で収録暗語九万七三三〇個、五桁数字、ローマ字、仮名三文字、地名表と艦船表が暗号の半分を占めていた。地名表は地区毎の地名順、艦船表は国毎のアルファベット順、他の項目はアルファベットもしくは数字順に配列されていた。左から数字欄、漢字欄、暗号欄、日本語の平文欄には艦船名、慣用および信文、地名、時間記号などが記載されていた。

本暗号書は、海軍省の依頼で民間の言語学者、日本でクェーカー教の宣教師で、東京大学で教鞭をとっていたB・C・ハワース博士夫妻（一九三三年五月まで雇用）によって日本語養成士官A・H・マッカラムの監督のもと海軍情報部2646室で翻訳された。翻訳原本は、一九二六年（昭和元年）の早い時期に完成していたが、ハワース博士は翻訳した総語彙の確証を許可された。不明瞭な日本語・軍事用語に苦しみ、米海軍随一の日本語通であるE・ザカライアス海軍大尉が手助けし完訳は昭和二年（一九二七年）までかかった。翻訳原本は、サイズ八×一三インチ用紙にタイプされ、約一〇部が非常に扱いにくいAcco留めガネでとめられ、わずか二部の複製（RIP2と3）が使用された。

一九二九年に翻訳原本は特別に一二×一八インチに再度タイプされ、赤色のバックラム製、固めた粗い布地のMcBeeバインダーで製本された。この赤い表紙ため暗号書は「赤本」（B暗号書）と呼ばれ、四部がコピーされた。一九三〇年（昭和五年）春に翻訳が完了した。この「赤本」の存在が、契機になり海軍情報局と海軍通信局間に合意がなされ、海軍作戦部の命令により「調査デスク・Research Desk」設立（ローレンス・F・サフォード大尉）は決定された。

海軍情報局が日本海軍の傍受電を翻訳、評価、配布の責任を負い、通信局が日本海軍無線局の傍受、電文の暗号化、解読の責任を持った。

一九二四年（大正十三年）三月以降、上海、オアフ・ワイルーペ、北京（A）、グアム（B）、アラスカ、ハワイ・ヒーイア（H）、フィリピン・マニラとオルンガポと次々と米海軍通信局は日本海軍が短波、長波で交信する電波の「エシュロン」傍受網となる、第一次前哨方位測定・処理班と第二次「エシュロン」主要分析局（通信諜報に関する主要な分析、管理、調整などをふくむ）を設置した。中核となる主要分析局はワシントンDCにあるNEGATO局であった。

一九二六年（昭和元年）、ミセス・ドリスコルが「赤本」の解読の責任者で暗号に使用されている新しい乱数と転字法の解析を担当、最初の解読を達成した。これにより日本海軍の秘密の電文書式、表現法、内容、そして艦艇の事故や日本海軍の演習が三昼夜にわたる迫真の魚雷戦訓練が米海軍を凌駕していること、燃料補給に関する正確な知識を入手できた。

一九三〇年（昭和五年）十二月一日、三仮名の「赤本」に替わって四仮名暗号の「青本」（A暗号：RIP22&23）になった。青表紙のルーズリーフ式バインダー二冊の本暗号書の収録暗語は、八万五一八四個であった。「日本海軍秘密暗号・昭和五（一九三〇）年版」は、昭和五年（一九三〇年）十二月一日から昭和十三年（一九三八年）十月三十一日まで実施された。

この暗号の解読も、新しい四仮名暗号であることに気づいたミセス・ドリスコルの提供した数語の試験的な鍵語グループを使って、T・H・ダイヤー少尉が誤字検索表を構築、ふくまれている原文の字の順序が不規則に入れ替えられる転字法を解き明かした。「赤本」の収録語とほとんど語彙が同じと仮定し、「赤本」にある高頻度の暗語群の一覧表を作成すると新しい暗号に使用された高頻度暗語もほとんどが同じ意味であることが判明した。この暗号は戦艦「長門」の改装後の公試報告で速力が二六ノットであることを暴露した。この情報は建造中の米戦艦に影響を与えた。

暗号解読情報の最大の利益は、昭和五年度、日本海軍大演習中の傍受電にあった。この大演習の無線交信を傍受・解読により入手した情報は、日本海軍の計画と諸作戦の完全な内幕を知ることができた。太平洋戦争が始まる七年前、すでに宣戦なしに敵対する日本海軍への最初の軍事的勝利と考えられると記録していた。昭和十三年十一月一日、「青本」暗号は、「AD」暗号（RIP54A&B）にとって代わった。そして、昭和十四年（一九三九年）六月一日、日本海軍の交信を傍受する傍受員のレシーバーに飛び込んできたのは、今までと違った数字モールスであった。日本海軍は、またも、暗号を変えたのであった。

D暗号はどのように解読された?

一九三九年（昭和十四年）六月一日に傍受電として現われた通信文の形式は、ローマ字で示す「指呼」、五数字で示す「冒頭」「本文」「結尾」から成っていた。

その後数ヵ月間、トンツートトトといった長短音のモールス符号（数字）で打電される本暗号電報は、日本海軍通信量のなかで重要な位置を占めるまで着実な増加を示したことが明らかになった。

暗号解読作業の第一段階は、大量の傍受電文を蓄積することにあった。米海軍随一の暗号解読者ミセス・ドリスコル以下五名がどんな暗号構造になっているか？　暗号書に収録されている原語を知ることもなく、本物の乱数を復元しなくてはならないジレンマが暗号解読者を直撃した。米海軍はこの新暗号をＪＮ25Ａと呼んだ。公文書館には、このＪＮ25の解読過程を明らかにした機密解除された文書「History of OP－20－3－GYP1」と「Instructions for the Recovery of messages in The AN－1 code Ciphers No.1 to No3」が保管されている。まず暗号を作成する立場に立った想定が行なわれた。

第一に、暗号取扱者は暗号化した原語を処理している。第二に各電文の冒頭と結尾の部分に繰り返し現れるグループが、ある種の指示記号ではないか。この時、ＩＢＭの分類機が主要な武器になった。傍受された電文のすべてがＩＢＭカードにパンチされ、どんな特徴を持つ暗号構成かをいくつかを発見するための方法において索引化された。調査と比較が行なわれているにもかかわらず、現在復元している仮の暗号グループ間に共通の構成を発見できなかった。それは悲観的作業で、一年間の解読作業では数個の乱数列が復元できればと思われた。一

一九四〇年（昭和十五年）九月二日、乱数が電文構成の冒頭部分のみで復元できた事実は、これら冒頭グループがアラビア数字の暗語で構成されているという仮説を導き出した。誰かが以前日本の領事館から盗み撮りした古い四数字暗号の中で一定のパターンに従ってアラビア数字のための暗号グループを生成していたことを思い出した。

「Ｓ」と米海軍が指定した古い日本海軍暗号がファイルから取り出された。調査が開始され、数字本体に加えて規則正しい構成と類似した配列の特徴を示すグループを発見するため、今まで蓄積されているＪＮ25復元データがあらいざらい再吟味された。それは一日で明らかにされた。0 00から999までのすべてのアラビア数字に対する暗号グループ・乱数加算符表を復元することができた。

日本海軍の電報は、その冒頭に機密第○○番電が定型化しており、各電信部から受信される電報に記載する一連番号も解読陣の関心を集めるところとなった。

ＪＮ25の暗号法は完全に解析されたが、そこから情報を入手するには、アラビア数字を除く換字された暗語に対し、対応する意味を復元しなければならなかった。

ＪＮ25Ａの解読のきっかけは、医療報告と艦船の行動に関する正午位置報告のパターン・メッセージにあった。日本海軍は、ＪＮ25Ａ（Ｄの初版暗号書）を昭和十五年十二月一日、一年半ぶりに改版暗号書（ＪＮ25Ｂ）に更新した。しかし、鍵となる乱数表第七号を新しいＪＮ25Ｂ暗号書にそのまま使用した。この二ヵ月間の乱数表の二重使用は、米解読陣に改版暗号書収録暗語の探知を容易にした。

一九四〇年三月一日までにＪＮ25Ａの復元収録語は約五八〇〇個であった。改版暗号書Ｄの乱数表更新は三回ありＪＮ25Ｂ－５（改版Ｄ一般・乱数表第五号：実施期間昭和十五年十二月一日～昭和十六年一月三十一日）、ＪＮ25Ｂ－６（改版Ｄ一般・乱数表第六号：実施期間昭和十六年年二月一日～同年七月三十一日）、ＪＮ25Ｂ－７（改版Ｄ一般・乱数表第七号：実施期間昭和十六年八月一日～同

年一二月三日）であった。この乱数表第七号の時に「新高山登レ　一二〇八」の電報は打電された。

ＪＮ25Ｂの改版暗号書収録語探知は、一九四一年四月一日から十二月一日までに延べ約一万七〇〇個を探知していた。当時のワシントン局では、対ドイツを最優先し大西洋方面の方位測定、日米交渉の行方をみながらの日本外交暗号（パープル）の解読に集中しており、人員不足のためＪＮ25Ｂ暗号と乱数の解読を阻んでいた。

八月に入ると、ＪＮ25暗号の探知の手助けを始めたが、日本海軍の専門用語と慣用語句（使用法）に精通している言語学者の不足に解読は制限されていた。

コレヒドール局のＪＮ25Ｂの収録語を探知する努力は、シンガポールの英軍・極東混成局とコレヒドールの米軍言語学者四名に局限されていた。この期間コレヒドールの米海軍分析官に読まれたＪＮ25電文は、少数で、いつもの艦船の行動予定の報告、何かの断片的な予定と共に艦船の発着電であった。

日本軍の奇襲攻撃を警告することはできなかったが、米海軍はＪＮ25Ｂ－７を間違いなく読んでいたのであった。ＪＮ25Ｂ－７の解読は、限定された成功であった。

しかし、一六ヵ月後の山本五十六大将の巡視電に対する解読は、大成功であった。米軍は、ＪＮ25Ｅ－14（波一乱数表第四号）とＪＮ20Ｈ（海軍暗号表Ｚ甲）の二通を読み、山本長官機の空中待ち伏せを成功させたのであった。

（「丸」二〇一二年一月号　潮書房）

SECRET

OCT 1 1941

OP-20-GY - CONT'D (Includes GZ projects)

Project	Remarks
UNFINISHED OR CONTINUOUS - CONT'D	
(2) Japanese Navy Systems - Cont'd	
(e) AN Cipher No. 5 (old).	Additive key cipher for AN and AN-1 Code. All starting point subtractives recovered. 14,000 text additives recovered.
(f) AN-1 Code (Operations) (current).	Effective 1 December 1940. Approximately 2400 values recovered.
(g) AN-1 Cipher No. 1 (old).	Sixteenth District project. All starting point subtractives recovered. 7200 text additives recovered.
(h) AN-1 Cipher No. 2 (current).	Sixteenth District project. Effective August 1, 1941. 49 starting point subtractives recovered.
(i) Miscellaneous Systems (Maneuvers, etc.)	Sixteenth District project. Small amount of traffic in each system. Preliminary investigation only.
(3) Decryption and translation of Japanese diplomatic traffic.	Routine. All traffic divided between Army and Navy. Navy takes odd days.
(a) J18-K8 system.	Continued in effect. 8 of 10 possible forms and 13 of 99 possible keys recovered.
(b) J19-K10 system.	Effective 23 June 1941. All forms and 85 of 396 possible keys recovered. Messages 75% readable.
(c) J22 system.	Effective 23 June 1941. Messages 95% readable.
(4) German Navy Systems.	
(a) D-1 system.	Complicated machine cipher. Method of solution determined.

-20-

「OP-20-GY」は、米海軍通信諜報暗号班を意味する。暗号班の学習課題に日本海軍暗号方式の項目がある。（ｆ）AN-1　Code（現行作戦暗号）は1940年（昭和15年）12月1日実施、暗号符字およそ2400の意味を復元した。（ｈ）AN-1乱数表No2（現行）は第16海軍区の課題。すべての乱数開始である加算符表（001－999）は復元された。1941年（昭和16年）8月1日実施。乱数開始位置を示す乱数加算符表49個を復元した。この記録は日本海軍暗号書Dの暗号方式が破られていることを示している。

JN 20 — JN 20 was assigned on 5 June 1942 to a 9-kana-nigori separator system. On 6 July 1942 traffic previously classified as JN 145, JN 146, and JN 162, was identified as JN 20. On 7 September 1942 the U.S. long title, "Construction Corps Cipher," was assigned to this traffic. On 20 April 1943, the title of JN 20 was changed to "Minor General Purpose Ciphers."

JN 21 — JN 21 together with the U.S. long title, "Unidentified Code," was assigned to a 3-kana-nigori separator system on 7 September 1942. On 30 October 1942, the title of JN 21 changed to "Small Vessel Contact Codes."

JN 22 — JN 22 was assigned on 6 July 1942 to a body of 4-numeral traffic. This number was cancelled on 7 September 1942 when the 4-numeral traffic was identified as JN 50. On 30 October 1942 JN 22 and the U.S. long title, "Merchant Navy Liaison (First Group 44 and Date)" were assigned to a 4-numeral navigational system. On 28 October 1943 the long title was changed to "Merchant/Navy Liaison System."

JN 23 — JN 23 was assigned to a 9-kana-period separator system on 6 July 1942. On 7 September 1942 the U.S. long title, "Personnel Code" was assigned. The title of JN 23 was changed on 20 April 1943 to "Personnel System."

JN 24 — JN 24 was assigned on 6 July 1942 to a 9-kana-nigori system. The U.S. long title, "An Auxiliary Ship Cipher," was assigned to this traffic on 7 September 1942. On 30 October 1942 the title of JN 24 was changed to Auxiliary Ship Cipher.

JN 25 — JN 25 was assigned to a 5-numeral system on 6 July 1942. At this time the 5-numeral traffic, previously classified as JN 37, JN 164, and JN 165, was reclassified as JN 25. On 7 September 1942 the U.S. long title, "General Purpose Fleet System" was assigned. The title of JN 25 was changed on 20 July 1943 to "Fleet General Purpose System."

JN 26 — JN 26 was assigned on 6 July 1942 to a body of 9-kana-NA separator traffic which had been previously classified JN 144. On 7 September 1942, the U.S. long title, "Auxiliary Ship Cipher (NA Separa-

JN25とは、日本海軍の5桁数字の主要暗号に与えられた呼称。JN25は1942年7月6日"General Purpose System"と名称を与えられたが、1943年7月20日"Fleet General Purpose System"と表題が変更された。

despatch forms and the like would make it necessary for all translators and code recovery personnel subsequently assigned to the section to memorize the vast amount of detailed information which personnel of longer service had already learned the hard way. Preparations for publication were begun and in November 1943 the first edition of the GZ HANDBOOK was completed. Tentative plans to keep the HANDBOOK up-to-date by issuing a list of corrections, to be entered by hand, once a month fell through due to lack of qualified personnel to maintain continuous research. Consequently, the value of the HANDBOOK diminished to the point where it became necessary to issue a second edition. A slack period "between codes" made it possible to complete the second edition in October 1944. At this time an officer was given the full-time assignment of preparing new material for inclusion in the HANDBOOK and of issuing corrections. One of the most useful of the HANDBOOK's functions has been to foster the use of standard translations among all translators in the CI organization, both in Washington and in the field. Agencies such as GIP, whose main function is the collation and dissemination of communication intelligence originating in widely separated translating organizations, have derived immense benefit from such standardization. Viewed as a whole, the HANDBOOK has not met with the success that might have been possible had sufficient personnel, printing equipment, etc., been allocated to the task from the beginning.

(5) Value of Collateral Information

The following data, based on a comparison of recovered with captured code values in three major codes, will serve to indicate the effects on speed, accuracy and volume of code recovery of the availability of increasing amounts of all categories of collateral information*:

Code	JN-25-B (Book adds)	JN-25-G (Book adds)	JN-25-P (Strip adds)
Effective dates	12/1/40-5/27/42	1/10/44-6/7/44	5/1/45-8/19/45
Total months effective	18	5	3½
Total code groups			
Volume:			
Total recovered groups	9,183	14,024	13,538
Indefinite and categorical recoveries	4,100	25	∅
Accuracy:			
Total confirmed	5024	10,670	10,003
Of which "Z" values**	∅	3249	4240
Wrong confirmed	390	545	***
Total unconfirmed	4159	3,554	3535
Wrong unconfirmed	446	1,002	***
Average valid recoveries per effective month:	277	2800	3867
70 wrong confirmed	8%	5%	***

*Note: These figures, of course, also mirror the effects of experience and increasing numbers of code recovery personnel.

真珠湾奇襲攻撃前から乱数表で使用されてきた「海軍暗号書D」JN-25-B、と「呂暗号」JN-25-G、そしてストリプト暗号JN-25-P暗号の解読状況を示している。開戦前から、ミッドウェー海戦時に深く関係する「D」暗号は、実施期間が1940年（昭和15年）12月1日から1942年（昭和17年）5月27日までと長期に使用していたことが分かる。復元された暗号符字は9183語であった。

SECRET
R.I.P. 74-E

ORIGINAL
1 December, 1942

JN 25B-7

METHOD OF DECIPHERING STARTING POINT INDICATORS TO OBTAIN STARTING POINT

From the Starting Point Subtractive Table select the pair of groups corresponding to the SMS No. of the message to be deciphered, and subtract these groups, falsely, from the third and fourth groups of the despatch. The resulting two groups should be identical, and, if they are, only the first need be considered further. The 4th and 5th digits of this group designate the line and column, respectively, in the additive table to be employed. The first three digits must be subjected to further mathematical treatment before they will indicate the true additive table, as follows: (1) if the third of the three digits is odd, add 1, true addition, and divide the result by 2, true division; or, (2) if the third digit is even, add 2, true addition, and divide the result by 2, true division. The resulting value, in both instances, designates the true number of the additive table to be employed.

Example:

75800 75811 67316 21672 - first 4 groups of message.

Starting point subtractives for SMS 758 (from table)
67098 21354.

3rd & 4th groups of message	-	67316	21672
Starting point subtractives	-	67098	21354
By false subtraction	-	00328	00328
Add 1, true addition	-	1	
Divide by 2, true division	-	2)004	
Additive table number		002	

Starting point - 00228
Additive table number 002, Line 2, Column 8.

暗号書「D」同乱数表第7号は、1941年（昭和16年）8月1日から同年12月3日まで使用された。その解読法、受信側が暗号文を翻訳するのに必要な乱数表開始位置の算出法を示している。日本海軍は　電報番号に対応する対の乱数で示す乱数加算符を使用していた。米海軍暗号解読班はこの方法を解読してその手順を示した。

TOP SECRET - ULTRA

RIP 84-C

JN 25 - CHANNEL I

A-5, B-5, B-6, B-7

Fleet General Purpose System

IN EFFECT: 1 October 1940 to 3 December 1941.

TYPE: Additive cipher of 5-numeral code.

USE: As a general purpose system by nearly all vessels, including submarine unit commanders; also used by the larger shore bases.

RECOGNITION: 5-numeral groups.

REMARKS:

JN 25A-5 effective 1 Oct. 1940 to 30 Nov. 1940.
JN 25B-5 " 1 Dec. 1940 to 31 Jan. 1941.
JN 25B-6 " 1 Feb. 1941 to 31 July 1941.
JN 25B-7 " 1 Aug. 1941 to 3 Dec. 1941.

EXAMPLE:

RAFU6 DE TOHE3 -SUU W19 NR473 27 SEPTEMBER 1941

TI // NERU88 TOWA22 NURO444 MARO449 NEMO449

TUHO KORA349 // KUNO22 TOHE33 TIHO349 HA SOKA44 - -

75900 75811 67316 21672 10117

48772 77951 97956 19256 86772

. . etc. . 81153 16291 27150

Legend:

— Originator's serial number (SNS).
— Part designation.
— Unknown (always an odd number repeated).
Enciphered starting point indicator.
— Date of origin.
— Time of origin (to tens of minutes).

Characters used: All numerals.

Blocks: Fifteen 5-numeral groups. The unit of word count is the group - not individual numbers.

ORIGINAL

日本海軍の暗号書及び乱数表の使用期間を示したRIP84-C（無線諜報刊行物）である。最高機密―ウルトラに秘密区分されている。記載の4冊の使用規程は共通のため解読される運命にあった。電報番号768　が1語と2語目に、その電報番号に当たる加算符768に該当する加算符表から対応する67316と21672を選び乱数表の乱数を非加算、乱数開始位置を確保、乱数表の縦列と横行の交差する乱数表乱数が乱数開始位置となる。

TOP SECRET-ULTRA

(mb)

A KA 8 Combined Fleet
DE
HA ?U 6 TOKYO Radio
W57

- - - - - - - - - - - -

From	A SESA	Naval Tech Bureau Chief
Action	KO HO TO	YOKOSUKA NYD Chief
	A RU RO	KURE NYD Chief
	KI MU FU	MAIZURU NYD Chief
Info	RO TA 66	SHOOKAKU C.O.
	E KU 1	MUTSU
	RI TI 958	First Fleet Chief of Staff
	MA N 058	1st Air Fleet Chief of Staff
	HO MO 11	KA GA C.O.
	A MI 55	RYUUJOO C.O.
	SE WA 99	HIRYUU C.O.
	MO KI TU	KURE Nav dist CofS
	HI KO I	SASEBO Navdist CofS
	N SI 33	HOOSHOO C.O.
	HA MI 99	AKAGI C.O.
	MO MU ØØ	ZUIKAKU C.O.
	KO SI ØØ	SOORYUU C.O.
	MIE SA	YOKOSUKA NavDist CofS

1950/07 Oct 1941 (TOI 10/08 0912G CU 16620A)H

JN25 B 50L00

Present stowage facilities for No. 25 and No. 26 ordinary bombs in the following vessels will be changed to make it possible for them to hold Type-97 ordinary bombs or land-use bombs also. This work will be carried out at the first opportunity. Charge expenditures to Special allotment KA(NU3RI) (ships).

HOOSHOO (X00087), AKAGI (X20494), KAGA (X43389), RYUUJOO (X05304), SOORYUU (X45276), HIRYUU (X02886), SHOOKAKU (X53346) and ZUIKAKU (X07080).

JK 6 0570Z (JAPANESE)
(shr) NavyTrans. 01/10/46

TOP SECRET-ULTRA

トップ・シークレットーウルトラ、1941年（昭和16年）10月7日の19時50分電は、多数の無線呼出符号（例えば陸奥＝E　KU　1）が米軍に解析され、本文の艦名「赤城＝20494」、瑞鶴＝077080」他多数の航空母艦の暗号符字が明記されている。暗号が解読されている証拠である。

海軍省軍機第九六八號ノ壹

1225

海軍暗號書D壹（發信用）

（略稱DA）

ネ―ヌ

假名綴

符字	假名	符字	假名	符字	假名	符字	假名
52317	ネカ	44121	ニヱ	67362	ニャ		
28641	ネケ	04236	ニハ	32139	ニヨ		
41529	ネキ	59490	ニヘ	40524	ニョ		
01161	ネコ	32763	ニヒ	67614	ニユ		
34995	ネク	66834	ニホ	16029	ニュ		
62571	ネマ	20487	ニフ	42819	ニュー		
02079	ネメ	58365	ニイ				
42996	ネミ	47550	ニヰ				
27453	ネモ	07989	ニカ	45267	ノ		
56169	ネム	50592	ニケ	53868	ノー	60663	ノウ
15768	ネン	21918	ニキ	00036	ノア	20754	ノワ
31605	ネナ	61404	ニコ	32553	ノエ	37590	ノヤ
04782	ネネ	18876	ニク	45465	ノヱ	62802	ノヨ
54483	ネニ	54474	ニマ	19860	ノハ	13965	ノユ
28929	ネノ	07014	ニメ	50205	ノヘ		
42042	ネヌ	37689	ニミ	38829	ノヒ		
30036	ネオ	12231	ニモ	02253	ノホ	24000	ヌ
06990	ネヲ	40086	ニム	67560	ノフ	08568	ヌー
40026	ネラ	56361	ニン	24828	ノイ	54405	ヌア
14751	ネレ	04713	ニナ	43647	ノヰ	45498	ヌエ
32817	ネリ	35400	ニネ	09774	ノカ	23094	ヌヱ
05013	ネロ	18648	ニニ	52221	ノケ	50232	ヌハ
54039	ネル	37122	ニノ	48552	ノキ	30960	ヌヘ
35496	ネサ	64251	ニヌ	03831	ノコ	58353	ヌヒ
65931	ネセ	18597	ニオ	56457	ノク	04011	ヌホ
28323	ネシ	02328	ニヲ	08025	ノマ	34950	ヌフ
04962	ネソ	23763	ニラ	46089	ノメ	17853	ヌイ
31479	ネス	12822	ニレ	14328	ノミ	58260	ヌヰ
21681	ネタ	47583	ニリ	25191	ノモ	36528	ヌカ
63678	ネテ	08031	ニロ	55266	ノム	18330	ヌケ
57651	ネチ	49068	ニル	44406	ノン	54462	ヌキ
37812	ネト	65391	ニサ	13524	ノナ	31299	ヌコ
19488	ネツ	37476	ニセ	57816	ノネ	07428	ヌク
50835	ネッ	51486	ニシ	20304	ノニ	45243	ヌマ
21597	ネウ	39531	ニソ	50820	ノノ	23538	ヌメ
02790	ネワ	51087	ニス	03558	ノヌ	04737	ヌミ
66573	ネヤ	08718	ニタ	17136	ノオ	34068	ヌモ
26172	ネヨ	42342	ニテ	58023	ノヲ	55299	ヌム
51540	ネユ	64809	ニチ	06216	ノラ	19407	ヌン
		11427	ニト	31830	ノレ	46920	ヌナ
		64284	ニツ	02202	ノリ	32733	ヌネ
13797	ニ	33063	ニッ	10254	ノロ	63894	ヌニ
01134	ニー	18708	ニウ	67086	ノル	58692	ヌノ
39795	ニア	04377	ニワ	01143	ノサ	39516	ヌヌ
56958	ニエ	36726	ニヤ	25482	ノセ	45477	ヌオ

75696	《以下第三部符字》	97824	《第三部符字終》	94629	《次ノ第二番目符字以外ノ二符字ハ第三部符字》

(376)

海軍暗号書D壹の表紙（右上）と第三部仮名綴の欄を示す。海軍暗号D壹（発信用）は、米海兵隊員にガダルカナル島で鹵獲された。海軍省軍機第九六八号の壹、本文は408ページ、調整年月は昭和16年7月、発行廠は海軍省であった。地名欄に存在しない「新高山」はこの仮名綴でSpell　outされたと思われる。本暗号書と同乱数表は全訳され、その後の日本暗号の解読に役立ったのである。

開戦の武力行使を決定した「ニイタカヤマ登れ　1208」電。軍艦「長門」から東京通信隊に送られたとされている通信文である。交信には本文字数が通信される。米海軍が解読した電文には、字数30字となっている。

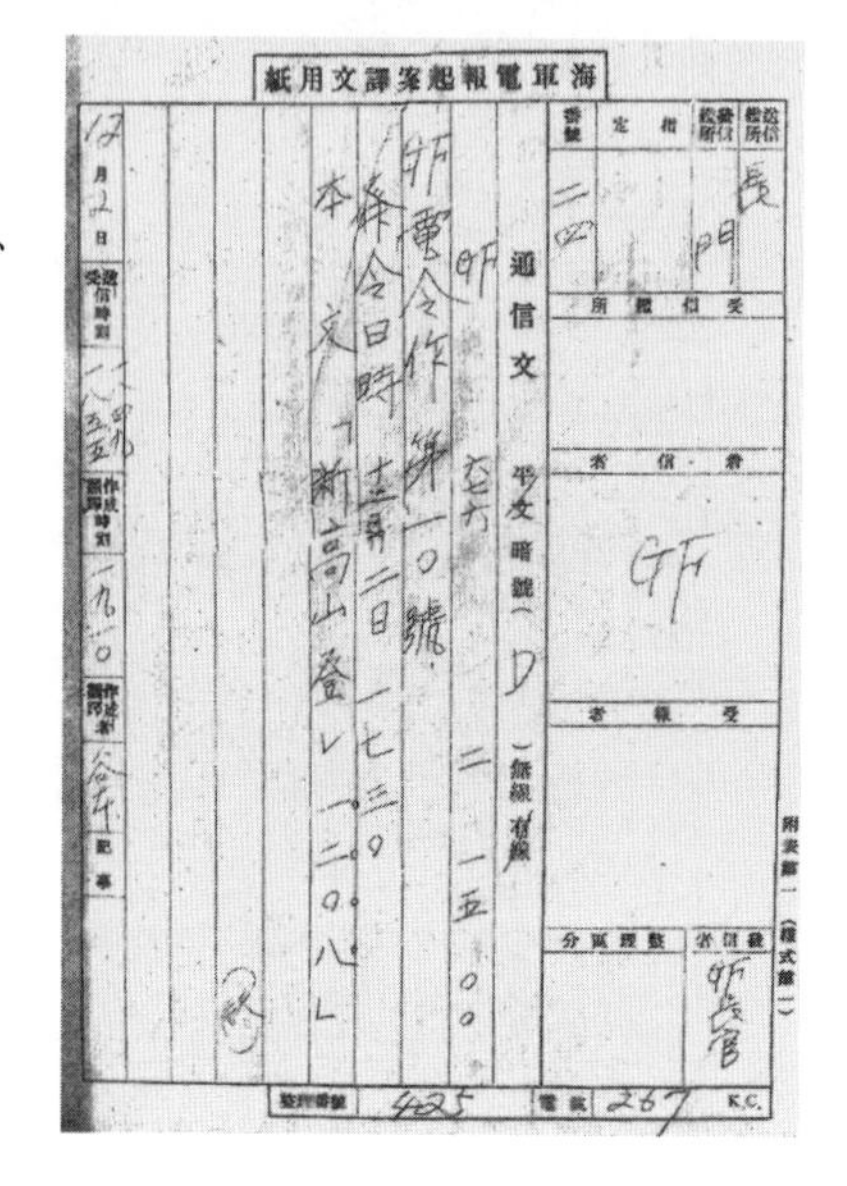

◆日本海軍がどのように暗号を組み立てていたのか、右の日米開戦を指示した電文を例にまとめてみた。

　ただし、当時使用していた「海軍暗号書D」は現存していないので、米公文書館所蔵の「海軍暗号書D壹」（本書81ページ、125ページに一部掲載）を使用した。したがって数字5桁の暗号符字は、当時とは違っているが、基本的な組み立て方は同様である。

　また、語句によっては複数の符字が用意されているものがあるため、同じ語に違う符字があてられている場合もある。

　実際にはそれぞれの語に対応した5桁の数字に、指定の乱数表の数字を加算してできた数字を配列して送信することになる。（著者）

50034　聯合艦隊機密（…）（第…號）
75324　676
38241　本電
32784　ハ
05088　軍機
75595　.《句點》
74274　本
08079　命令(シス)
80769　ハ
96219　12月2日
74475　1730
96177　實施(シス)
82437　.《句點》
10107　聯合艦隊電令作（第…號）
76386　10
86616　.《句點》
97383　(分)《分割記號》
34053　登(リル)
07851　レ
97161　《次ノ三符字ハ第三部符字》
58365　ニイ
20670　タカ
30279　ヤマ
97824　《第三部符字終》
99315　12
81933　08
85275　(重)《重複記號》
87765　12
78849　08
79494　《重複終》
78162　:《Colon》
91929　（終）

〔上〕米海軍暗号解読班OP-20-GSでは、2台の405型アルファベット分類機、1台の80型選別機、2台の75型選別機、2台の34型アルファベット分類機他9台のIBMの選別機をリースで活用していた。IBM選別機は日本海軍傍受電からある偏りを発見、日本海軍暗号員が乱数表を500ページ中の扱いやすい100ページ以内を多用していることを突き止め、乱数表復元に役立てた。

SECRET
R.I.P. 74-E

ORIGINAL
1 December, 1942

[illegible]

↱	0	1	2	3	4	5	6	7	8	9
0	67060	93915		63725	13186	34364	64847	51891	25717	62874
1	19878	86470	64624		28803		26076	92469	67342	82913
2		26800	53607	93734	56547	44952	19840	30681	71159	10632
3	78256	61268		02127	30360	15587	31926	67544		66135
4	16447	81545	59192	37670	56981	86456	28605	82567		51097
5	38306	26437	18940		98147		51597	38781	70338	
6	23872	72133	69354		06359			40678	27027	95524
7		04360	35285	88982	59902	86106	76567	62449		77096
8	90771	11669								
9										

[illegible]

↱	0	1	2	3	4	5	6	7	8	9
0	64209	75842	88907	18874	53174	07029	75116	63286	46109	26473
1	91663	12216	54126	79320	24402		34482	16097	78479	
2	34810	45878	97278	10017	65723	75279	69250	51152	99123	43835
3	77002	01523	12019	71280	29508	57128	11373	72999	08182	69198
4	61390	92749	32991	99283	48830	10495	34974	21944	63458	16520
5	81850	72518	17885	63340	74305	26052	43852	68342	16248	72953
6		94829	27721	81445	30251	99350	88037		49022	51956
7	75804	18463	79826		55288	14897	76880	46612	63032	71163
8	02519	19646	28384		10456	67539	41757	95282	13896	26936
9	94856	67678	57208	11832	43320	94161	30371		71665	94856

SECTION 1 PAGE 111

日本海軍暗号化に使用された暗号表。暗号表は500ページ、その後、上下巻で1000ページとなった。乱数表の使用法は、乱数開始を乱数5字により、1字、2字、3字は乱数表上方欄外の数、第4字は乱数表左端に太文字に示している数。第五字は乱数表上端に太文字に示している数を使用することになっていた。

盗まれていた聯合艦隊「MO作戦」プラン

私は、米海軍歴史センター作戦記録保存所から一巻のマイクロフィルムを入手した。それには、一×○・八センチメートルに縮小された二二五八コマのフィルムがおさめられていた。

それは一九七八年に秘密が解除された海軍通信諜報班作成の「通信諜報の役割」と題された報告書であった。第一分冊から第四分冊まであり、真珠湾攻撃前の外交暗号、珊瑚海海戦、ミッドウェー、アリューシャン作戦、ソロモン海域の戦いにかんする日本海軍の暗号電文を、いかにして解読したかが記されている。

拡大されたマイクロフィルムを読みすすむうち、私はとくに珊瑚海海戦にかんする記事に興味をおぼえた。そして、諜報班が日本海軍のポートモレスビー攻略の企画を感じとったのは、それまでの「四月十七日の以前」といったあいまいなものではなく、三月二十七日の解読電文から察知したことを知った。

秘匿名RZPがポートモレスビーであることを解析した諜報班が、RZP攻略部隊とMO作戦部隊を確認したのは四月二十五日で、五月四日の海戦当日、米海軍は日本海軍側の戦力をほぼ完全に把握しており、MO作戦は米海軍側に全貌が知られたなかで決行されたのであった。

解読された電報が告げる極秘作戦

アメリカ海軍通信諜報班が、日本海軍のポートモレスビー攻略計画の最初の徴候を感じとったのは、一九四二年（昭和十七年）三月二十五日付の南洋航空部隊司令官の暗号電報を解読したときがはじまりだった。

その電文のなかに、日本海軍が使用している地点略語「RZP」が含まれていたからだった。諜報班はこのとき、RZPがポートモレスビー地域にあるものとして、とりあえずその同一性を確認していたのである。

日本海軍のポートモレスビーへの攻略の明確な徴候は、四月下旬まであらわれなかった。しかし、この時からおおくの暗号電文が判読され、それらはポートモレスビー作戦の意図を暗示しているものであった。

それが結果として、日本海軍部隊の作戦行動の諸計画をあばいていったのである。

最初に電文が解読されたとき、RZPとRZQはポートモレスビー地域にあると思われていた。この事実は、のちに翻訳によって確認されている。

それは、RZQがポートモレスビー水上機基地であることをしめしていた。そして、他の翻訳と付随情報から、ＲＺＰは明確にポートモレスビーをしめすと決定されたのである。

諜報班は、まもなく「ＭＯ」がポートモレスビーのための秘匿略語であることも理解した。

この事実の経過が暴露されるまでは、戦史に記録された珊瑚海海戦前の諜報作業にかんする物語は、『太平洋戦争アメリカ海軍作戦』第三巻におけるサミュエル・モリソン博士の記述が、長いあいだ、歴史的事実の通説として広く伝えられていた。「日本軍は、秘密保全について注意が充分でなかった。四月十七日以前、すでに太平洋艦隊司令長官ニミッツ海軍大将にたっした諜報によると、小型空母『祥鳳』と大型空母『翔鶴』と『瑞鶴』をふくむ攻撃機動部隊によって護衛された輸送船団が、珊瑚海に進出するであろうと予想された。それでニミッツ海軍大将は、同月二十日までにポートモレスビーこそがその目的地であること、戦端は五月三日に開始されるものと確実に察知したのだった」

ここでいう四月十七日以前に入手した情報とは、三月二十五日に得られたものであることが判明したのである。

日本海軍は、ラバウルを占領（一月二十四日）後、ラエ、サラモアを、そして機会をみてツラギ、さらにポートモレスビーの攻略を考えていた。三月十日のラエ・サラモア攻略作戦のとき、アメリカ空母の艦上機による攻撃で作戦予定部隊の艦艇に損害を出したため、ポートモレスビー攻略は延期となっていた。

アメリカ海軍にとってポートモレスビーは、日本軍のオーストラリア進攻を阻止するための主要な航空基地だった。

ポートモレスビーはニューギニアの南端、フッド岬のちかくに位置している。一方、日本海軍にとって、赤道以南の戦略要衝であるニューブリテン島ラバウル防衛のため、ポートモレスビーは必要だった。

日本海軍が計画したポートモレスビー攻略計画の概要は、おおよそ次のような内容であった。

――ポートモレスビー作戦は「MO作戦」と呼称されていた。

MO作戦は、第五空襲部隊が四月下旬にひきつづき、ポートモレスビーのホーン島にある連合軍基地航空兵力を制圧し、第八潜水戦隊の一部でオーストラリアなどの要地を偵察、一部を珊瑚海に散開させる。そして、五月三日、MO攻略部隊が第五空襲部隊の援護のもとにツラギを攻略し、飛行艇を進出させる。

さらに、第五空襲部隊の哨戒圏を南方に拡大したのち、五月五日にはデボイネに水上機基地を設営し、攻略部隊はラバウルよりジェマード水道を通過して珊瑚海に進出する。一方、小型空母「祥鳳」が船団を直接護衛するほか、第五戦隊、第五航空戦隊のMO機動部隊は、ツラギ南方海域に出撃して間接支援する。

五月十日、ポートモレスビーを攻撃、つづいて五月十二日、補給中継基地としてサマライを攻略する。一方、ツラギ攻略部隊が五月十五日、ナウル、オーシャンの攻略をおこない、MO機動部隊はひきあげの途中、これを間接支援する――これが計画の全貌だった。

公表された通信諜報記録

アメリカ海軍通信諜報班は、この計画をどのような方法で察知したのだろうか。

一九七八年（昭和五十三年）五月二十六日、この事実をあきらかにする秘密文書が、第二次大戦終了後三三年目にして公表された。

その記録は、珊瑚海海戦の四ヵ月後（一九四二年九月一日付）に通信諜報班自身によって作成された「通信諜報の役割」と題した秘密文書であった。

通信諜報班は日本海軍部隊の意図を、次にしめす方法で知った。

「通信解析は、四月のあいだ中、ひじょうに重要な役割を演じつづけた。日本海軍の暗号電文の解読がなくても、充分な警告をアメリカ海軍の戦闘部隊へ伝えることができた。しかし、解読された電文が、つねに通信解析の予言の正確さの重要な裏付けとなった」

秘密文書は、具体的に判読した電文を日時順にしめし、日本海軍部隊の動きを刻々とあきらかにする過程をしめしていた。

通信諜報は、万能ではない。日本海軍の電文のすべてを、完全に解読したわけではなかった。しかし、無線電報をつねに注意ぶかく傍受しつづけた結果、価値ある情報を入手することができた。

そして、完全に判読できなかった電文がもたらした情報の断片や、解読されてもほとんど情報といえるものがなくても、彼らは部隊間の結びつきをひきだし、貴重な情報にしたてあげたのである。こうして、日本海軍部隊の編成と意図があきらかにされていったのだった。

「全空襲部隊は、二十六日（未解読部分）に従って諸作戦を続行する。第二空襲部隊は主要な任務の支援を継続し、戦闘機を使用してRZP作戦の第五空襲部隊を援助する。割りあてられた地域の哨戒を実施し、偵察をつづける。第五空襲部隊はRZPの攻撃を継続、さらに（未解読部分）担当地区の哨戒をつづける」

この三月二十五日付の南洋航空部隊司令官が発信した作戦暗号命令を解読した諜報班は、ポートモレスビーにたいする定期的な空襲とはことなった作戦の徴候を感じとったのである。

四月三日、諜報班は通信解析から、ラバウル地区内の航空機の増加と再編成、トラックからラバウルへの水上機母艦の動き、そして西方面からラバウルへの航空戦力の移動など、さしせまった攻撃を暗示するラバウル基地からの数おおくの徴候をひきだした。

四日、日本軍はポートモレスビーにたいする反復攻撃を開始した。ついで七日、空母「加賀」を使用したポートモレスビーへの作戦が、次期作戦であることをしめす電文が解読された。

「『加賀』の修理状況を報告せよ。『加賀』はRZP作戦に参加する予定なので、できるかぎり早く修理を完了せよ」

さらにこの日、日本軍が珊瑚海に関心をしめしている電文が解読されている。

呼出符号「SUTD6」をもつラバウルの航空隊から、トラック－ニューギニア地区にあって「MINA9」の呼出符号をもつ航空隊への電文だった。

「RZM（ニューギニアのラエ）の航空機にたいする一連の取り決めを報告せよ。RTWから一五〇度と二〇〇度の扇形哨戒区を、到達距離五〇〇マイルで索敵されたし」

RTWはあたらしい地点略語だったが、扇形哨戒区が珊瑚海にまで広げられていると判断された。

呼出符号の地名をさがせ！

十日、日本海軍は第二段作戦第一期兵力の部署を発令した。この兵力は、RZP作戦を目的として定められたものだった。第五戦隊（欠「那智」）と「加賀」は、五月十日まで南洋部隊として使用する予定になっていた。

諜報班は、日本海軍が定期的に配置する、あたらしい呼出符号表の解明に奮闘していた。実施されているあたらしい呼出符号表は、強化された防護手段のため、おおくの交替を規定していた。

このとき、主要な陸上放送局の同一性の確認は、信頼できるほどにまでなっており、主力艦艇と部隊の呼出符号の確認は、順調に進行していた。

十四日になって、日本軍の作戦準備をしめす重要な電文が解読された。

これまで見たこともない暗号数字の艦名が、四月二十日に横須賀に報告され、二十五日にはトラックに到着予定であることが判明した。

その艦は、艦上に航空機と装備品を積みこむよう命令されていた。零戦型一八機（台南航空隊のために九機)、そして他の機種の攻撃機二機が搭載されることが判読された。

　諜報班の解読員は、この艦はあたらしい空母で、「龍鶴(りゅうかく)」と命名した。その後、通信諜報班が「龍鶴」と名づけた空母は、その前身が潜水母艦「剣埼」であった「祥鳳」と確認された。

　それをアメリカ軍に伝えたのは、ミッドウェー海戦時に沈没した「飛龍」から脱出し、六月十九日、海上でアメリカ軍に捕虜となった三四名からの証言によるものであった。

　十六日と十七日、トラック在泊の第四艦隊の旗艦では関係部隊の指揮官をあつめ、ポートモレスビー攻略にかんする図上演習をおこなった。

　十七日の通信解析から、ラバウルにある航空隊の活動はいぜん継続されており、台南航空隊の名が第五空襲部隊の通信にあらわれた。特設航空機運搬艦「富士川丸」が、この空襲部隊につながっていることも判明した。

「祥鳳(このときのアメリカ側艦名は「龍鶴」)」と第五戦隊が、ラバウル地区内の陸上基地航空隊の動きと関連があるかもしれないこともわかってきた。

　部分解読された電文は、「祥鳳」が今回の作戦に絶対必要であることから、横須賀地区での訓練のため、トラック到着を二十九日までおくらせる要請をしていることをあきらかにしていた。

　十八日、第一航空艦隊が、作戦中のベンガル湾から東方に移動したことが報告され、すでに判明している「祥鳳」、第四艦隊、第五戦隊の呼出符号と一緒のものがあり、第一航空艦隊もまた、ニューブリテン島―トラック地区で作戦行動をとる可能性を暗示していた。

　この日、第一航空艦隊の第五航空戦隊が南洋部隊に編入された。

二十一日、第五航空戦隊は、第四艦隊とおなじ任務につく準備のため、シンガポールから台湾・馬公を経由して四月二十八日、トラックに到着することが判明した。

第五航空戦隊は十四日、シンガポール南方の海上で第一航空艦隊主力と別れると、馬公にむかった。十八日のドーリットル東京空襲によって原隊復帰を命じられ、馬公で本隊を待ったが、その後また命令が変更されて、十九日、馬公を出港してトラックにむかった。

二十二日、「祥鳳」、第五戦隊（欠「那智」）、第五航空戦隊と「加賀」のトラック地区への集結は、無視できない証拠だった。「春日丸（大鷹）」も、のちにくわある可能性があった。

しかしながら、アメリカ軍の東京空襲のあと、計画が変更されてアメリカ空母索敵のため、「祥鳳」はしばらくのあいだ、本国にとどめおかれたことがわかった。

二十三日、南洋部隊司令官は、ツラギとポートモレスビー攻略の作戦命令を下した。

二十四日の通信解析は、横浜航空隊の飛行艇と台南航空隊がサイパン―トラック地区で任務についていることをつかみとった。

そして諜報班は日本海軍の呼出符号表の変更を命令する、重要な電文を解読している。

それは、日本軍の攻略部隊の編制を示す情報を与えてくれた。

「四月二十五日付海軍呼出符号表第一一七号の第三トラック通信班（第四艦隊）の変更。五ページと（未解読部分）とに次の命令を挿入せよ。MO艦隊、MO攻略部隊、MO空襲部隊、RZP攻略部隊、RXB攻略部隊、RY攻略部隊、第三特別基地隊の（未解読部分）部隊（注：呉第三特別陸戦隊はツラギ攻略水上機基地設営をしめすのか）、第五特別基地隊の（未解読部分）部隊」

課報班は、MOはモレスビーを意味し、RXBはのちにツラギをしめすはずだと解釈している。RYは明らかではないが、ギルバート諸島のグループにちがいないと判明した。

四月がおわりに近づくにつれ、日本軍の攻略準備の予定が、完了しはじめたことがうかがえるようになった。

二十六日、通信士官が発信した緊急電報の呼出符号から、第五戦隊、第五航空戦隊、「祥鳳」などがトラック地区に終結したことが判明した。それらは祥鳳南東方面への作戦の可能性をしめしていた。

この日の諜報班は、日本海軍の空母の位置を推定した。「春日丸」はトラックまたはその南に、「祥鳳」は横須賀からトラックへの途中にある。「翔鶴」と「瑞鶴」はトラックへの途中である。他の空母五隻は、どこか他の場所にいる。

通信諜報班の重要な貢献は、この時点で、日本海軍の空母の存在位置をとらえたことだった。これらの危険な空母が、どこにいるかを知っていたことが、珊瑚海の戦いにおいて、アメリカ海軍の成功の大部分をもたらしたのである。

動きはじめた日本艦隊

二十七日、東京の通信隊からの電文が部分解読され、暗号と呼出符号表の変更を計画している徴候が認められた。これは、重要な攻撃前におこなわれる日本海軍の通常の手続きであった。

東京の記録文書班（注：軍令部のことか）は、おおくの無電を発信した。これは、あたらしい暗号の呼出符号表の実施に関連しているものと判断された。

潜水艦と航空の動きにかんする信頼すべき証拠が、通信解析にあらわれはじめた。そして、日本軍の最終計画像が、これらの詳細を知るにつれ、明らかになってきたのである。

第七潜水戦隊が、作戦準備を完了したことが明らかになった。この潜水戦隊は、パラオの第三根拠地隊、第五戦隊、第八潜水戦隊、第四艦隊、第十一航空艦隊その他の部隊と関連していた。第四艦隊司令長官が、第五戦隊、第五航空戦隊、第一水雷戦隊に無電で指令を発したことから、あたらしい任務部隊の一部かもしれないと判断された。

これらの隊は、いずれもMO機動部隊に属していた。

ラバウルにある第四、第五、そして第六空襲部隊の作戦は、第五戦隊、第五航空戦隊および、たぶん「祥鳳」と第八戦隊（注：第六戦隊のことか）によって増強されている可能性がみとめられた。

「祥鳳」は、MO主隊の攻略支援隊に属していた。

貴重なヒントになる電文が、部分的に解読された。

「委任統治部隊は、次のごとく作戦する。（未解読部分）指揮官はトラックを出撃し、RX地域にある敵にたいする作戦のため（未解読部分）参加する（以上略）」

諜報班は、RX地区をソロモン諸島の東方と判断した。

このとき、日本海軍の潜水艦と空母の位置が、注意ぶかく調査された。第七と第八潜水戦隊は、ラバウルと関連していた。「瑞鶴」と「翔鶴」は、無電の発信として、トラック通信系を使用しているのが判明したので、第五航空戦隊はトラックに存在することが確認された。

諜報班が判断したように、第五航空戦隊は第二十七駆逐隊とともに二十五日、トラックに入港していた。

二十八日、第四艦隊司令長官が、第四艦隊、第五戦隊、第五航空戦隊、「祥鳳」「春日丸(?)」、元山と横浜航空隊および第五空襲部隊にあて緊急電報を発信した。諜報班は、これは南東方面戦域への攻撃作戦命令をくだしているものと判断した。

通信解析から、第五空襲部隊が、南東方面への可能性がある作戦のため、トラック地区の集結部隊のなかにふくまれていると認められた。

第四空襲部隊は、ナウル、オーシャン、ロウランドなどの偵察をおこなっていた。

二十九日、ラバウル地域で作戦中の第四艦隊へ「神川丸」が分派されたことは、航空戦隊の増強を意味していた。「神川丸」は第十八戦隊に属し、攻略部隊援護とサマライ攻略の役目をおっていた。

第四艦隊の旗艦と他の部隊は、トラックの南方海上にあると推測された。

第七艦隊は、分析から五月九日までドックにはいっている予定と判断されていたが、まだ通信は活発だった。戦隊の一部が、第四艦隊に派遣されているものと判断された。

聯合艦隊司令部が、第四艦隊にあてた電報が解読された。それは次のようなものであった。

「機密南洋部隊命令作第一三号によるMO機動部隊の作戦にかんし、同隊は敵機動部隊にたいする作戦を第一義とし、豪州要地の空襲については同隊の兵力ならびに豪州北方海域の状況等にかんがみ、とくに慎重を期せられたし。当該基地航空兵力の撃滅には、所要の基地航空隊を集中使用するよう取りはからわれたし」

この機密電をみごとに全文解読した諜報班は、聯合艦隊が開始される作戦の直前に、作戦部隊に全力をつくし、任務を達成させるため、その基本目標をくりかえし確認していることを知った。

この電報が発信された理由は、南洋部隊の作戦では、MO機動部隊がタウンスピル、クックタウンおよびポートモレスビーを空襲することになっていたので、あくまでもアメリカ空母部隊の来攻にそなえるように、聯合艦隊側が注意をうながしたものであった。

日本海軍は、複雑に組み立てられた暗号電文が、解読されるおそれはないと思いこみ、無造作に打電したのが、このように解読されていたのである。

そして、攻略部隊作戦命令第一号も、完全ではないが解読された。

「FUMI丸と（未解読部分）丸は、Xマイナス七日、ラバウルを出港し、Xマイナス五日に到着する予定のサイパン基地部隊とデボイネ諸島沖で集結する」

攻略部隊所属の第六水雷戦隊が発信したRZP攻略部隊作戦命令も解読された。

「準備を完了した当隊は、三十日午前六時ヤルートを出撃し、ラバウルにむかう。同地にて攻略部隊に参加する」

第四艦隊電がもらした情報

三十日になって諜報班は、緊急電報が増加し、一般の通信量もおおいことに気づいた。通信の大部分は、南洋海域で発信されていた。そして第四、第五空襲部隊が、この地区の電報の大部分の宛先にふくまれていた。

第五空襲部隊が、第四艦隊部隊とともに、同時発生する攻撃作戦を実施するため、予定されていたことはあきらかだった。

第四艦隊司令長官は、この三日間、おなじ着信者におおくの電報を打電していた。電報の優先準備、交信量、着信者は、この地区における切迫した作戦行動がおこることをしめしていた。

その電文のなかに、MO部隊に割りあてられた戦術呼出符号がふくまれていた。

「戦術呼出……。任務呼出……Z部隊。デボイネ支隊、ロドネイ支隊、サマライ支隊」

第五空襲部隊の通信士が、第五航空戦隊と第八潜水戦隊の通信士に送った「通常の航空任務でMO作戦に使用される通信命令を送る」よう要請した電文も解読された。

五月一日、委任統治領部隊の作戦命令第一六号の通信計画をあきらかにする長文の電文が解読された。それは、三部に分割されて打電されていた。

第一部と第二部ののこりの部分には、編成の周波数計画が記載されていた。第三部は、指定した参照の要点部分の変更をしめしていた。

「(イ)…RRE。(ロ)…RXE。(ハ)…RXB。(ニ)…デボイネ。(ホ)…南ケイプ(?)。(ヘ)…ロドネイ。(ト)…PZP。(チ)…RXM(以上略)」

こうして、日本軍の使用する略語の形式が判明していったのである。このとき、RXEはその同一性を確認できなかったが、ソロモン地区にあたると想定された。のちに判明したことだが、これはショートランドをしめす地点略語だった。

興味あることに、一年後の山本五十六巡視の電文が解読されたときも、このRXEは解読されていない。

この電文で、第四艦隊がしめした一四におよぶ着信者は、MO攻略部隊参加部隊の全貌を把握するのに役立った。

こうして珊瑚海海戦がはじまる前に、通信解析はひじょうに価値ある結果を生みだしたのだった。このとき、日本海軍は作戦の秘密保全をより強化するため、通信呼出の欺瞞をこころみたことが認められた。

この暗号の変更は、次期作戦のためのもう一つの前兆だった。

発信者を秘匿した通信局呼出しの使用が、日ごとに増加していった。

第五航空戦隊指揮官と「翔鶴」は、三十日にはトラック通信系を使用していた。これに関連する第五戦隊は、ラバウル通信系を使用していた。

第四艦隊の通信領域は、高い優先順位に値いする通信活動の中心であった。

通信量の増大は、カナ・数字・カナの呼出符号を使用するカナ四つの戦術システムの活用にあった。カナ二つの呼出符号は、真夜中に変更された。

このとき、ヤルート局の呼出符号は、RISOからHOHIにシフトした。

通信諜報は、これまでに入手した情報にもとづいて、南西太平洋戦域でおこりうる綿密な評価をおこなった。

「MO作戦は、南東ニューギニアとルイジアード諸島をまきこんで現在進行中である。実行部隊は、第五航空戦隊と『那智』をのぞく第五戦隊で編成されている。第十八戦隊、第六水雷戦隊そして台南航空隊、第四航空隊と横浜航空隊によって編成されている第五空襲部隊を使用する。

（以上略）」

諜報班は、日本海軍のMO機動部隊、モレスビー攻略隊、掩護隊の編成を正確に把握していたのだった。

二日になり、日本軍の作戦開始の日時が、急速に近づいてきた。それは、次にしめす電文の解読から証明されたものである。

「第五空襲部隊は、明日三日現在の消耗から判定して、使用する戦闘機一〇機を入手する。MO作戦のため（未解読部分）によって供給予定の零戦九機のあらたな補充を要求する」

三日の通信解析は、よりおおくの部隊が、攻撃隊の戦力にくわえられることが認められた。

第四艦隊司令長官は、MO作戦のためにニューブリテン島―ラバウル―トラック地区に司令部をおいていると思われる。

そして、ラバウル通信表には、何隻かの商船、第八十二砲艦隊、第三十四駆逐隊、第五空襲部隊、台南航空隊と、未確認の部隊を意味するおおくの呼出符号がふくまれていた。これらの隊は、ニューブリテン島に位置する第四艦隊司令部に所属する部隊で、ＭＯ作戦に参加する予定になっていると判断された。

そして海戦ははじまった

次の電文が、日本軍の命令を暴露した。

「もし敵攻撃部隊が（未解読部分）内にあることを決定したならば、ＭＯ攻撃部隊は次のごとく行動をとる。（未解読部分）に到着したのち、五月五日午前六時、ＲＸの（北北東？）を通過、そこから南へ、さらに命令に従って進出する。それでも命令が受信されない場合、ＲＸＢに進出する。南と（未解読部分）扇形哨区の空中哨戒の要請がなければ、第五航空戦隊は、夜明けとともにＲＸＢに艦爆を発進させる。（未解読部分）は必需品を補充したのち、ＲＸＥにむかう」

諜報班は、ＲＸがブーゲルビル、ＲＸＢがツラギであると判定した。

四日、第五航空戦隊はラバウル通信系の呼出符号を使用していた。四月二十七日いらい、第五航空戦隊はトラック通信系を使用していたので、これら空母がニューブリテン島地区に移動したことを意味していた。

ふたたび第四艦隊司令長官の発信した暗号電報が、貴重な情報をもたらしたのだった。

「ＲＺＰ地区内の敵航空基地を全滅させるため、ＭＯ攻撃部隊はＸマイナス三日とＸマイナス二日にモレスビー基地を南東よりの方向から攻撃隊を発進させる（確実な方向ではないが、他の通信にある東寄りまたは南東寄りのように思える）。この命令は、その攻撃成功の完遂まで実施される。準備を開始せよ」

この電文から、諜報班は次のような解説をおこなった。

――X日のもっとも適した評価は、五月十日である。その理由は、第十九駆逐隊がXマイナス七日にマーシャルを出発して、Xマイナス五日にデボイネへおもむくという電文にもとづいて判断される。

こうして諜報班は、断片情報をつなぎあわせて、日本海軍の最高機密をさぐりあてたのである。五日に珊瑚海で戦闘がおこなわれているあいだも、傍受と解読作業はつづけられていた。

五日付の第五空襲部隊の戦闘詳報第二六号が解読され、六時から一一時まで、零戦九機がRZP攻略部隊の船団上空をパトロールしていたことが明らかにされた。

MO攻略部隊指揮官が第五航空戦隊にあてた電文の意味は、船団の位置を暴露するものだった。

「五月六日午前六時、MO攻略部隊はつぎにしめす位置にいる。南緯八度、東経一五五度（未解読部分）、速力二三ノット、針路三〇〇度。

駆逐艦と『翔鶴』は、RZP攻略部隊と接触してなにかをおこなう。第五航空戦隊は、五日午前一〇時に指定の位置をとる」

そして、ラバウル通信系でMO攻略部隊が、第六戦隊にあてた電文も解読された。

「作戦命令第九号。RZP攻略部隊は（未解読部分）にむけて、七日一六時にエメラルド（誤記と思われる）を出発する。ＭＯ攻略部隊は六日一四時に南緯九度三〇分、東経一五四度一五分、速力一六ノットで、（未解読部分）部隊に集結する。七日一八時（未解読部分）はエメラルドの南に移動する」

そして諜報班は、日本軍が空中からアメリカ海軍の空母を視認した電文を解読し、すぐに珊瑚海で攻撃体勢にある自軍に通報したのだった。こうして日米両軍の空母は、敏速な作戦行動をとったのである。

通信解析は、ＭＯ作戦において日本軍が、期待したような奇襲とならなかった事実に、完全に気づいたことをしめしていた。

アメリカ海軍通信諜報班の活躍は、自軍に敵の正しい地点と時間を伝えることによって、空母を充分に活用することができたことにある。その結果、日本海軍が米豪遮断をもくろんだポートモレスビー攻略作戦は延期されることになった。

珊瑚海海戦は、ツラギ・ポートモレスビー作戦に出撃した日本空母部隊と、これを迎え撃つアメリカ空母部隊とのあいだに戦われた、史上はじめての空母艦載機のみによる戦いだった。日本側は小型空母「祥鳳」をうしない、「翔鶴」は大破した。アメリカ側は「レキシントン」を沈没させられ、「ヨークタウン」大破という損害をうけた。

この海戦が、その後にあたえた影響を考えると、戦術面では日本が勝利したが、戦略的な面を考慮すれば、その後のミッドウェーをはじめとする敗北の大きな原因となったといえよう。

（「丸」一九九二年六月号　潮書房）

太平洋地域の地図で珊瑚海方面を指さすローズヴェルト大統領。真珠湾奇襲攻撃後、米海軍は生き残った航空母艦を中心とした任務部隊を編成、日本海軍の無線交信量と方位測定から隙をつき攻撃を繰り返した。山本五十六司令長官は米空母の行動に頭を悩ませた。

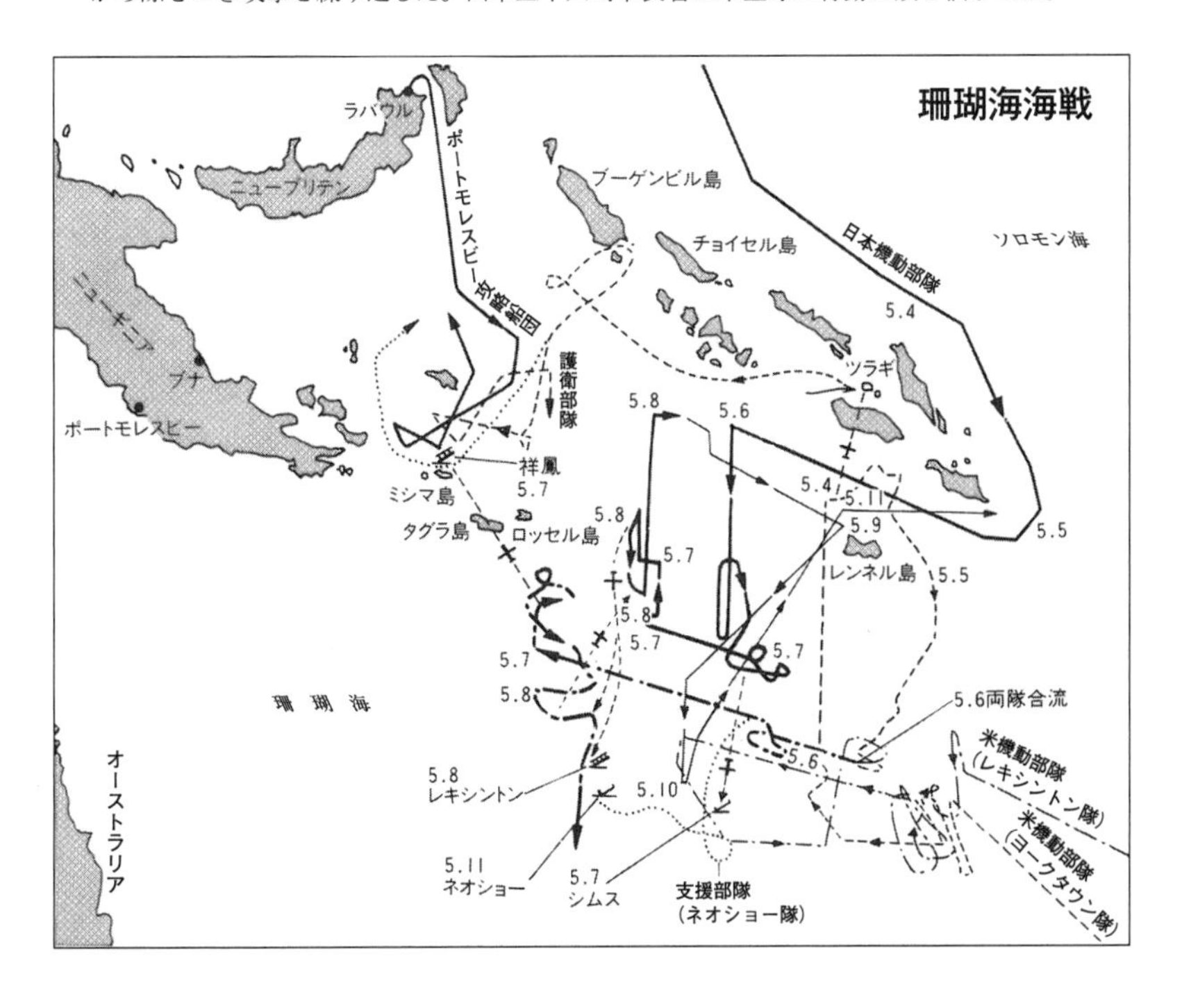

NAVAL MESSAGE　　NAVY DEPARTMENT

DRAFTER　EXTENSION NUMBER　ADDRESSEES　PRECEDENCE

FROM BELLBONNEN

RELEASED BY

DATE April 17,1942

TOR CODEROOM

DECODED BY

PARAPHRASED BY

FOR ACTION: COMINCH / OPNAV / ~~XXXXX~~ COM14 / COM16 / CINCPAC — PRIORITY / ROUTINE / DEFERRED

INFORMATION: — PRIORITY / ROUTINE / DEFERRED

INDICATE BY ASTERISK ADDRESSEES FOR WHICH MAIL DELIVERY IS SATISFACTORY.

171215　　408 0

UNLESS OTHERWISE INDICATED THIS DISPATCH WILL BE TRANSMITTED WITH DEFERRED PRECEDENCE

ORIGINATOR FILL IN DATE AND TIME　DATE　TIME　GCT

TEXT

XXXXX

DI-COMMENT ADDED BY RI CENTER OP-20-G.

1.RIU 3 serial 521 states" As we expect to attack DP (Darwin) very soon (several blanks) have up to 6 type-97 heavy bombers proceed to Base ____. Inform us of the number of planes and the date they can be expected at th base."　17 April, 1942

RIC COMMENT:RIU 3 is unidentified.DP may possibly be Darwin but to date no confirmation has been made- the D designators appear to be for the Indian Ocean area. GI COMMENT: RI U 3 - Flagship AIRFLOT 23 DP - Darwin Harbor

2.HOO Ø serial 094 reported arrival AMBON escorting the ____ Maru.　17 April, 1942

RIC COMMENT: HOO Ø is unidentified. Ambon is in the Celebes.
GI COMMENT: HOO Ø - AKIKAZE DD
MARU - unidentified

3.TUKA 2 serial 330 reports departure 4 number 1 heavy bombers for Takao.　10 April, 1942

RIC COMMENT: TUKA 2 is ~~unidentified~~ Kanoya Air Gropp.

4.EKU 8 serial 542 reports arrival Rabaul.　14 April, 1942

RIC COMMENT: EKU 8 is Taichau Air Group. This unit has been indicated as moving from Yokosuka to New Britain- Marshall area.
G.I. COMMENT: E KU 8 - TAINAN AIR GROUP

5.EYUYA serial 164 reveals the construction of a "4th Fleet Rescue and seaplane Base" at Brown Atoll.　17 April, 1942

RIC COMMENT: EYUYA is not identified. Brown Atoll is in Marshall Is.
GI COMMENT: E YU YA - Tokyo Section ? of Naval General Staff
Brown Atoll - Eniwetok

6. Tuya 5 serial 541 says" at 1600 left GF communication zone entered that of flagship of AF"Any help on these designators.　16 April, 1945

SECRET

F-34..... OP-16-F2 ..... OP-20-GG..... OP-20-GZ

Make original only. Deliver to communication watch officer in person. (See Art. 76 (4) NAVREGS.)

Cont'd

DECLASSIFIED per E.O. 12065　SRNM NO. 0473

1942年（昭和17年）4月17日付けの米海軍省海軍電文綴りは、日本陸軍の九七式重爆撃機6機による地点略語ＤＰ（ダーウィン）攻撃を予測、Dで始まる地点略語はインド洋方面を示すと日本の通信の解析が行なわれていた。

May 5, 1942.

~~MOST SECRET~~

MEMORANDUM FOR: Comsowespacfor.

Subject: Digest for May 4, 1942.

A. "CI" INFORMATION

H A MA 5 (CinC Third Fleet (NEI Force)) message gives call assignment for "S" occupation force. (CinCpac)

NI RI 6 (New Britain Air) requests Cardiv 5 supply 9 "O" fighters for replenishments to be used in "MO" operations.(CinCpac)

NE NI 5 (32nd Base Force at Davao) message indicates a Maru soon to discharge 1150 tons gasoline at Ambon (CinCpac & CTF-51).

KI SE 1 (Desdiv 1) indicates departure Bako for Yokosuka to arrive 1000 6th. (CinCpac).

YO HI 7 (Comairron 23(at Koepang?)) message of 28 April states "in compliance with Combined Fleet serial 495 this force will prepare to proceed Kendari on 4 May, leaving behind in No.______ base the personnel/air equipment for ______ operation. I wish the KOBI MARU, after completing this transfer to start out for Rabaul advising me of her schedule. (CinCpac & CTF-51).

WI RI Ø (Kaga) "Kaga and (force) less ______ and ______ will depart Bungo Channel at _45 4 May and arrive Truk(?) on ________. (CinCpac)

NI WA Ø (?) sends following message for first air fleet "Truk anchorages assigned as follows:

Kaga - N-14
Hiryu(?) - N-54
Cardiv2(flag)(Soryu?) - 230° - 1000 meters from Kaga.
Kongo (?) - 330° - 1000 meters from Kaga.
Hiyei(or Kirishima) - 330° - 1000 meters from Kongo.
Crudiv 8 (flag) (Tone?) - 10° - 1500 meters from N-54.
______ - 330° - 800 meters from ______.
Shinkoku Maru - ?
______ Maru - ?

No date given. (CinCpac).

98

NI WA Ø (?) "in accordance with _____ serial 128 this

-1- 0098

1942年（昭和17年）5月4日のCI通信諜報は傍受した日本海軍の呼出符号から戦況を推測している。呼び出し符号から艦名（加賀）が5月4日豊後水道を出撃することを摑み、トラック泊地の第一航空艦隊「加賀」「飛龍」？ 二航戦（蒼龍）？ 比叡や第八戦隊の碇泊位置までつかんでいた。日本海軍は情報の漏洩に気づくことはなかった。

May 10, 1942.

~~MOST SECRET~~

MEMORANDUM FOR: Comsowespacfor.

Subject: Digest for May 9, 1942.

A. "CI" INFORMATION

NI RI 6 (New Britain Air Force) lists damage to "British" ships:

Warspite - destroyed
1 CV - left sinking
1 __ - left sinking

"There were no carriers in company. Two of our planes shot down, 2 crashed, and 2 had forced landings at Penito Island." (CinCpac)

RI YO 8 (Kamikawa Maru) says in part that at 0900 and 1245 the 8th Lockheed planes attacked Deboyne Base and damaged several planes. States that several planes of the RYUKAKU were at Deboyne. (CinCpac)

RA TE 3 (Kotoku Maru) states that she expects to be ready depart Rabaul about 16th. (CinCpac & CTF-42)

SO KA 3 (Rabaul Radio) sent message originated by Comcardiv 5 in which he lists planes damaged and those available for 9th. He then states that "Shokaku damages were 3 bombs and 8 other hits (the same word (DAN) was used after the 3 and 8. Honolulu suggests that the 3 may represent torpedo hits). He reports 30 men were killed. (CinCpac).

MO O 1 ("MO" Occupation Force) message of 8th lists planes and pilots from the Shokaku and Zuikaku available for use on 9th:

24 medium bombers - 28 pilots
9 dive bombers - 19 pilots
12(?) torpedo bombers - 15 pilots.

Then lists damaged planes which can be repaired as 10 fighters, 8 dive bombers, and 8 bombers. Indicates Shokaku will proceed Truk for emergency repairs in company with a (cruiser) and destroyer. Indications some emergency repairs made Rabaul. (CTF-42 & CinCpac)

RI SU 4 (?) message of 8th indicates the No. 2 ______ force was attacked while enroute Truk from Chichijima area by a submarine in position 9-25N, 151-15E., and the ______ was sunk. Crew of 4 officers and 19 men was saved. (CinCpac)

-1- 0123 123

1942年（昭和17年）5月8日のCI情報は、SO　KA　3（ラバウル無線）五航戦からの電文傍受から「翔鶴」の爆弾3発の被弾や、MO　O　1（MO攻略部隊）電文から「翔鶴」が緊急修理のためトラックに向かうとの情報も取得していた。日本海軍の行動は、こうして暴露されていったのである。

解読されていた「ミッドウェー攻略作戦」の秘密命令

■はじめに　諜報戦の能力が決した日米艦隊の明暗

ミッドウェー海戦は、アメリカ海軍が通信諜報の手段によって成功した作戦の古典的な例となっている。

一九四二年（昭和十七年）六月五日、ハワイから西へおよそ一一五〇海里にある直径約一一キロのミッドウェー環礁（サンド島、イースタン島と礁湖からなる）から約一八〇海里の海上で、日米両海軍が戦った。

この戦いは、アメリカ海軍の基地航空部隊の威力圏下における空母同士（日本空母四隻とアメリカ空母三隻）の決戦だった。結果は、ミッドウェーに侵攻する日本空母（赤城、加賀、蒼龍、飛龍）が、三隻のアメリカ空母（エンタープライズ、ホーネット、ヨークタウン）搭載機の奇襲にあって沈められ、攻略作戦は中止された。

日本海軍の敗因は、アメリカ空母群が攻略作戦実施中に出現しないとの思いこみにあった。しかし、アメリカ空母は出現した。

その理由は、アメリカ海軍作戦当局が、日本海軍の作戦意図をあらかじめ知って、手持ちの空母戦力を集中したことにあった。

なぜ、アメリカ海軍作戦当局は、日本海軍の作戦内容を知り得たのだろうか。

日本海軍のミッドウェー作戦は、四月二十八日までに第二段階第二期作戦計画案が作成され、五月五日に発令された。その後、一部の修正がおこなわれながら、最終的には五月二十六日に完成している。

アメリカ海軍はこの作戦計画内容を、スパイ活動からでなく、通信諜報（無線交信を傍受して得られた情報）により手に入れていた。

歴史家は、ミッドウェー海戦にかんして数多くの物語を書き、あらゆる角度から検討した。これら歴史家は、太平洋戦争のその後のなりゆきにかんする重要な戦いとして、戦略と戦術における空母群と海軍航空戦力の効果について、そして交戦中の両海軍によって活用された戦術にかんして詮索した。

さらに彼らは、作戦司令部の決断と指導者の性格を分析し、戦闘に参加した海軍、陸軍と海兵隊の勇気ある英雄的行為の物語を伝えた。

一方、少数の歴史家は、この戦闘への通信諜報の関連をほのめかし、明らかにしようとした。

しかし、これらの試みは、充分に成功しなかった。その理由は、これらの歴史家が通信諜報の記録に近づけなかったからである。

結果として、通信諜報がミッドウェー海戦の勝利に貢献したことが知られてはいたけれども、その貢献の度合いは実証されなかったばかりでなく、通信諜報という知的任務にかんする戦闘の効果についてさえ査定されなかった。

ここにしめす通信諜報の証拠書類は、当時おこなわれていた情報活動の断片であるが、太平洋艦隊司令長官ニミッツ提督に供給された、時機を得た、正確な結果を通信諜報がもたらしたことを証明している。

それは、ミッドウェー海戦にかんする覚書と報告の綴りで、作成『OP－20－G』と題する秘密文書（秘密解除日付一九八五年六月五日）の一部だった。当時アメリカ海軍の通信諜報班は三つあった。ワシントンのネガト局（OP－20－G）、オーストラリアのベルコネン局（前身はフィリピンのキャスト局）、そしてハワイのハイポ局である。

この覚書は、ミッドウェー海戦を考証するために作成され、図をまじえながら解説するように書かれている。

戦闘にまでいたる経過は、局面において区分されており、その局面は、おおよそ次の三つにわけられている。

局面1――前ぶれ情報

局面2――日本海軍の動き

局面3――戦闘

各局面における軍事行動は、一連番号でしめした覚書により、時間経過にしたがって配列されている。

24ある覚書の数字は、図（本書182ページ掲載）にしめされている数字に付合している。このうち「2」と「13」の二つは、二様に意味のとれる動きに関連している。

覚書は、二つの形式によって説明されている。最初に短いあらすじが、次に見解とともに翻訳された通信文が引用されている。

この覚書の作成日は、第二次大戦終結の一年後（一九四六年）の六月であった。

ＯＰ－20－Ｇが作成したこの覚書は、『無線諜報の役割り』と題する秘密文書にふくまれる「ミッドウェーの戦い」の一二〇項目（作成一九四二年九月一日）、「アリューシャン作戦の背景」の一二三項目（作成一九四三年四月五日）と「ミッドウェー海戦で例証された通信諜報の潜在的な価値」の八三項目（作成一九四三年四月五日）の要約と思われる。

■局面1　通信解析班がさぐり当てた最初の徴候

①――五月四日、五月の中旬ごろに開始される新しい日本軍の作戦にたいする最初の動きは、第三戦隊の入渠予定表のなかにあらわれた（五月一日の通信解析は、日本本土海域に第三戦隊を突きとめた）。

五月四日の通信文（四日に翻訳された）。

『発信＝戦艦霧島
宛＝聯合艦隊司令長官、第一艦隊・第三戦隊各司令官
本艦は、前述の期間中に修理をおこなう。作業は、すでに（空白部分）（技術情報）に着手されている。（五月二十一日頃）と思われる完成日時には、作戦に貴艦と随動できない』

見解：第三戦隊の入渠予定は、次の通りである。
金剛＝五月二日から十一日まで（訳注：攻略部隊本隊に参加するため、四月二十三日佐世保工廠入渠、五月二日出渠）。
比叡（？）＝四月二十二日から五月二日（訳注：おなじく攻略部隊本隊に参加、四月二十四日横須賀工廠入渠、五月二日出渠）。
霧島（？）＝五月十一日から二十一日まで（訳注：機動部隊支援部隊に参加、五月十一日佐世保工廠入渠、二十日出渠）。

②――作戦にかんする最初の言及は、第二次「K」作戦と考える。

三月五日の「K」作戦は、オアフ島上空にあらわれた数機の日本軍爆撃機（訳注：二式飛行艇二機）に関係していた。そして潜水艦が、これらの航空機の支援に使用されていた（「K」はパール・ハーバーをさし、その同一性を確認された表示「AK」の地点略語である）。

五月六日の通信文。

『発信＝第四空襲部隊

われわれは、第二次「K」作戦中に航空機に使用される周波数四九九〇と八九九〇キロサイクル無線用の水晶発振器一〇個の供給を要請する。十七日以前に当司令部（クェゼリン）に到着するのを優先』（訳注：第二次「K」作戦は、ミッドウェー攻略作戦に先立って、二式飛行艇でパール・ハーバーを偵察し、アメリカ艦隊、とくに空母の存否を確認するため、五月下旬から六月三日までに実施する作戦）。

五月九日の通信文。

『われわれは〔ソメカ〕のK作戦に関連して、イメージとマキンの哨戒機の補充と交替を要請する。当士官は、それをできるだけはやく実施すべきと考えている』

第十四海軍管区（訳注：ハワイのハイポ局を意味する）の見解。

三つのカナ文字〔ソメカ〕（訳注：日本海軍の暦日換字暗号）の意味は、明らかでない。〔ソメカ〕と類似の表現が、以前にもあらわれていたが、推測はできない。通信文は、K作戦がすすめられるのか、航空機の補充がおこなわれるのか明らかでない。

五月十日の通信文。

『発信＝第四空襲部隊

貴機密第六〇〇番電は、K作戦に使用される無線用発振器が、十二日に横須賀を飛びたつ航空機で送達されることを要請する（イメージでひき渡しがおこなわれる）』

（訳注：早くも五月六日には、通信文自体は取るに足りないが、この二通の電報が手がかりをアメリカ側にあたえ、日本軍がハワイ地域で諸作戦を考えていることをしめし、一週間後にミッドウェーが最初

の攻撃目標であると発見したのだった）
③――五月七日、重要な航空会議が、鹿児島で五月十六日に予定されている。空母の訓練も十二日に予定している。
五月七日の通信文（七日に翻訳された）。
『発信＝第一航空艦隊
五月十六日、鹿児島で開催される各指揮官の航空会議の計画は、次の通り改訂される。
1. 航空優先の戦闘
2. 急降下爆撃、雷撃、水平爆撃の使用と局地の抵抗を一掃する銃撃戦の編制の考察
3. 長距離偵察と基地偵察の方法
4. 作戦中の敵戦区への捜索の方法
5. 戦術上の方法
6. 航空艦隊の航空術と陸上の艦隊航空戦隊の編成と、それらの訓練
7. （補充交替？）
8. 航空機と装備は、各艦に配属される
9. （不明）
10. 一般の戦略
発信者の命令＝第十七駆逐隊、第八戦隊、第三戦隊、第三航空戦隊（訳注：解隊、第一艦隊付属〈瑞鳳、鳳翔、駆逐艦二隻〉に編入）、第二航空戦隊、ＳＴＳ（？）隊。

参謀の命令（または陸上基地航空隊）＝横須賀航空隊、航空技術廠、横須賀航空廠』
（訳注：十六日に鹿児島基地で次期艦上戦闘機、のちの試作機「烈風」の要求性能について一航艦の意見をもとめる研究会がひらかれ、十八日に第一機動部隊は作戦計画の説明と作戦打ち合わせをおこなった。この時点で、アメリカ空母の出現なしの判断）
五月三日の通信文。
『発信＝第一航空艦隊司令官
彼らの（空白部分）士官（各五名の士官の総計）とともに赤城、飛龍と蒼龍の部隊指揮官は、聯合艦隊司令長官電令作第十二号（訳注：第二段階作戦計画）によって下令された訓練に参加する（上陸訓練の演習？）。赤城には、五月六日に詳細を述べる。第二航空戦隊には、五月十二日に述べる』
見解：赤城、飛龍、蒼龍と二航戦のすべては、五月三日の通信文によって日本本土水域にあると考えられる。
（訳注：開戦いらいの長期間の作戦行動による技量の乱れと補充交替による戦力低下を回復するため、四月下旬から次のように訓練を開始した。赤城―鹿児島、加賀―鹿屋、飛龍―富高、蒼龍―笠ノ原）
④――五月九日。機動部隊作戦命令は、重要艦隊部隊に駆逐隊を所属させ、その集合地点は次期作戦をしめしている。
次の通信文は、五月九日より十四日のあいだに発信され、翻訳された。
『機動部隊命令作第六号

機動部隊駆逐隊指揮官は、（空白部分）の途中、下記の部隊を警戒する駆逐艦四隻（各隊のために）選定する。

A＝赤城。B＝飛龍、比叡、金剛。

蒼龍と霧島の警戒（命令）を変更。下記部隊の各艦は、海上への準備すべき事項がととのった日時を報告せよ』

機動部隊指揮官電令作第六号により、警戒駆逐隊は、次の通り指示された。

『赤城に（空白部分）駆逐隊。比叡、金剛と飛龍に（空白部分）駆逐隊。

赤城は、五月十五日に横須賀を出港する。比叡、金剛と飛龍は、五月二十一日に佐世保を出港する。

（空白部分）に随行する（空白部分）（おなじ駆逐隊が、飛龍等を警戒する）駆逐隊司令は、三隊に合同する五月十七日に横須賀を出港する。（横須賀付近に）集結し、十八日、途中の対潜攻撃作戦のため佐世保に進出する』

『発信＝未確認発信者

宛＝第二艦隊、第一航空艦隊各司令官

通報＝第三戦隊司令官

（第三戦隊の）洋上への準備に関連して、当隊は佐世保工廠の司令官と会議をもち、状況は次の通りである。

金剛と比叡は五月十九日に海上へ、そして霧島は五月二十二日か二十三日に海上に進出する。

これらの修理、調整に優先順位がしめされている。（空白部分）は、本日比叡が五月二十一日まで遅れるかもしれないことが発生した』（訳注：五月十六日、チェスター・ニミッツは南太平洋にある全空母部隊を真珠湾に戻すことを命令）。

⑤——五月十四日。サイパン地域の兵力の集中が下令された。

『発信＝第二艦隊司令長官

第二艦隊電令作第二二号

1．第二艦隊の（第二十二航空？）隊、（第二十三航空？）隊（訳注：この部分にあてはまる部隊は、ミッドウェー占領隊の第二連合特別陸戦隊の麾下兵力である横須賀鎮守府第五特別陸戦隊と呉鎮守府第五特別陸戦隊）、第二艦隊第一攻略部隊の第十一、第十二（航空隊もしくは上陸部隊）（訳注：実際は第十一、第十二設営隊を意味する）が、五月（空白部分）から（第二十二航空隊指揮官）の麾下にはいる（訳注：二連特、十一設と十二設は五月一日に編成された）。

当部隊は直接、サイパン、グアム地区に進出し、次期作戦にむけて待機する。

2．（第三艦隊の）第二航空指揮官は、サイパンと日本本土間の通信にかんして、おのおの第十一（上陸隊もしくは航空部隊）指揮官、第二連合陸戦隊、第二十六航空隊（第六空襲部隊）と陸軍一木支隊で協議する。

第二十三航空隊、第十一および第十二（陸戦または航空）部隊は（訳注：第十一設営隊はイースタン島を担当し、北陸丸、吾妻丸、明陽丸に、第十二設営隊はサンド島を担当し、霧島丸、第二東亜丸、鹿野丸、山福丸に便乗）明後日に（空白部分）に回航する。第二十六航空基地設備は、（空白部分）

船舶に乗せる。陸軍一木支隊は委任統治領にいる（訳注：支隊長一木清直大佐。この支隊は北海道の部隊で総兵力約二〇〇〇名、折畳舟約三〇、対戦車砲八門、その他を装備。広島の宇品で南海丸と善洋丸に乗船し、門司港に回航して船舶工兵を乗せ輸送船団に合同した）。

3．第二航空艦隊指揮官は、麾下の隊の艦船のための係留地をサイパンの第五根拠地隊とともに準備する。

第二十三航空隊は、これらの係留地にむけて第一航空隊と行動をともにする』

第十四海軍管区の見解：もしこれが現地訓練でなければ、一航戦と二航戦、そして第一と第二戦隊の不参加は重要と考えられる。

日本軍がこの時点で、サイパン地区で演習の実施を計画しているとは信じられない。

（訳注：前進部隊に編入された二連特は、サイパン、グアムでミッドウェー環礁のリーフを越えての上陸作戦の研究訓練を命じられていた）

⑥——五月十四日。五洲丸は「AF」と「K」作戦に関係する電報のなかで、サイパンにむけてイメージを出港する予定である。

海図は、ハワイ諸島地区を要請していた。

五月十三日の通信文（十四日翻訳された）。

『発信＝第四空襲部隊

1．五洲丸の行動予定は、次の通り。

イメージで艦上に全部の運送貨物（第一航空隊の魚雷、魚雷艇の部品などをふくむ）を揚陸し、イメージ（水上機隊）の航空基地装備と軍需物資を積み、「ソネカ」（訳注：五月二十四日をしめす暦日換字暗号）までにサイパンに進出する。その後、攻略部隊とともに意図した行動を通報せよ。

2．第三航空（隊）は、その基地装備と地上要員を積み、ＡＦに進出する。部品と軍需物資は、艦船が到着するや五洲丸に積みこまれるだろう。Ｋ作戦に必要となる基地物件と、軍需必需品の全部がふくまれる。

3．（空白部分）（油槽船）（訳注：神威）は、一、二項目をおろす任務を援助する』

第十四海軍管区の見解：上記にすこしの空白があるとは言え、通信文の要点がしめされている。イメージで装備を積みこんだ母艦が、なぜサイパンに行き、さらにサイパンの任務部隊（訳注：攻略部隊）に合流して、同地から指定地に直接進出する以外、ミッドウェーをめざすことにかんする説明はない。ＡＦの動きに関連するＫ作戦の言及を認める。

無線諜報の見解：第四空襲部隊は現在、ウェーキ、クェゼリン、ヤルート、マロエラップ、マキンのマーシャル諸島の基地で作戦中。ＡＦは、ミッドウェー島。

五洲丸は、第六空襲部隊とともに行動している航空機母艦である（訳注：第十一航空戦隊所属の航空機運搬艦「五洲丸」八五九トンは五月十三日ウオッゼ出港、十六日サイパン入港、十九日サイパン発）。

Ｋ作戦は、オアフ島を襲撃（二機）したのが最初だった。第二次Ｋ作戦は、五月十七日当日か、その直後に開始されるはずである。

ソネカは、意味をなさない。

覚書：早くも三月十日には、無線諜報局（訳注：ハワイのハイポ局）は、ＡＦがミッドウェーの指名地点と信じていた。しかしながら、これは五月二十二日まで明確に確認されなかった。

五月十三日の通信文。

『発信＝五洲丸

本艦は、次にしめす海図の供給を要請する。そして、われわれが所持するため、サイパンの第四艦隊に送って欲しい。

＃２００２（一覧表になし）

＃２０１１（ニイハウないしオアフ）

＃２０１２（オアフないしハワイ）

＃２０１３（ハワイ）

＃２０１５（真珠港）

＃２０１６（オアフ）

＃２０１８（シューアード泊地ないしウエルズ港）

＃２０２０（ハワイ西方諸島第二）』

覚書：海軍作戦部は、五月十五日に上記の海図を配布した（訳注：この海図は、作戦室そなえつけの普通水路図誌目録にふくまれており、第二十六、ハワイ諸島の海図をしめしている。このうち、抜けている＃２０１７はミッドウェー諸島だった）。

⑦――五月十八日。第一航空艦隊司令長官は、「Ｎマイナス二日」から「Ｎ日」に、「ＡＦ」の

北西から空母搭載機の攻撃を予定する電報を送信した。
五月十六日の通信文（十八日に翻訳された）。
『発信＝第一航空艦隊司令長官
第六通信隊機密第六二一番電に関連して、当隊はＮマイナス二日からＮ日までに、およそ（北西？）から空襲する計画である。前述した日の発艦時の三時間前に、天候報告を当隊に供給することを要請する。
敵の航空活動や、重要であると思われる他の事項についても通報してほしい。
空襲当日の連合艦隊第一号（訳注：命令作）に関連して、当隊はＡＦの北西五〇マイルの地点で（空白部分）そしてできるだけ素早く操縦士を発艦させる努力をする』
（訳注：第一機動部隊は、作戦要領によればＮマイナス二日黎明、ミッドウェーの北西二五〇海里ふきんに進出し、ミッドウェー攻撃隊を発進させて同島を奇襲し、情況により同日、再度攻撃することがある。Ｎマイナス一日、敵情に変化がなければ、敵艦隊の出現にそなえつつミッドウェーの攻撃を続行、そしてＮ日、敵艦隊の出現にそなえつつ、ミッドウェー上陸作戦に協力ののち、同島の北方約四〇〇海里ふきんに進出して、敵艦隊の出現にそなえることになっていた）
⑧――五月二十日。サイパンに集結している攻略部隊は、ＭＩにむけ二十七日に出港する予定である。
十三日の通信文（五月二十日判読）。

『ＭＩ（恐らくミッドウェー）の攻略に関係しているＰＳ（サイパン）（空白部分）部隊は、二十六日に作戦会議を開催し、二十七日に出港する予定である。それゆえに第五シマ（?）丸（訳注：五洲丸）と（空白部分）（訳注：空白部分は慶洋丸）は、二十六日一二時までにＰＳ（サイパン）に到着する』

⑨――五月二十二日。ＡＦがミッドウェーのための地点表示として確認された。また、ＭＩもミッドウェーのための暗号表示であることが判明した。

ミッドウェーをあらわすＡＦと同一性の意味の確認は、もっとも異例な手段で入手された。五月二十一日、東京の海軍情報部は、日本軍が以前にアメリカ海軍から傍受した通信文をふくむ、次の電報を送信した。

ＡＦ航空隊は、第十四海軍管区司令官へ次の無線電報を送信した。

十九日付の航空隊の報告に関連して、二十日の（ＡＫ）（訳注：真珠湾を意味する日本海軍の地点略語暗号）現時点で、われわれは二週間分の水しか持っていない。至急、われわれに供給されたし。

ベルコネン（在オーストラリアのアメリカ海軍通信諜報班、前身キャスト局）の見解：これは、ＡＦの同一性を確認するだろう。

ベルコネンへの返答で、第十四海軍管区はＡＦの水の状況にかんするメルボ班の電報に関連して、同島の動物のための食料事情の主題にかんしてミッドウェーから第十四海軍管区に平文で送信された。

以前に述べたように、ＡＦがここにおいて、ミッドウェーの意味を表示していることが確認された。

そしてまた二十二日に、二十日付で聯合艦隊司令長官によって打電された電報が翻訳された。それは、指示暗号の変更をしめしていた。

指名地点ＡＦ（ちょうどミッドウェーとして確認されたばかり）は、暗号名「ＭＩ」と指定された。
⑩——五月二十三日。東京の無線諜報は、ハワイとアラスカ地域にその総力を集中しており、航空機の動きがいちじるしいことを認めていた。
五月二十三日の通信文（二十四日に判読）。
『発信＝ヤルートの無線局
宛＝東京の無線諜報局
（二部ある通信文の第一部）
１．ＡＨ（オアフ地区）内で数（？）の航空機が昨日探知された。そしてＰＹ（ヤルート）から方位六一〇度に潜水艦の存在があると推測されている。また（空白部分）不明のあたりに探知された（航空機の周波数）。
２．三時二〇分のあとに航空機ＯＶ２２３（？）とＯＯＶ２２３（？）が探知された。この通信の状況から判断して、おなじ航空機がＡ一（？）からＡＥ（パルミラ）に移動したと推測される』
一般諜報の見解：この電報はＫＩＵ（緊急の次の順位）で、ハワイ地域にある航空機の動きにかんする、重要な日本軍の地点表示をしめしている。

（おなじ通信文の第二部）

『ＰＡＴＷＩＮＧ指揮官２（？）とＡＦ（ミッドウェー）、ＡＧ（ジョンストン）とＡＥ（パルミラ）とＡＦ、ＡＧの間、そして哨戒側部隊指揮官（？）のあいだに、おのおのに一つの触接あり。

これらの徴候と別の最近の無線観察から、太平洋の全基地への哨戒機の無視できない動きがあると思われる』

一般諜報の見解：この電報は、ＳＡＫＩ（緊急）である。

第十四海軍管区は、次の見解を送信した。全体的な日本軍の無線諜報組織は、ハワイとアラスカ地域に集中して成果を入手していると思われる。

■局面２　つきとめられたミッドウェー攻略の日

⑪──五月二十五日。「Ｎ日」は、六月七日（日本時間）であると信じられた。

この演繹法による推論は、二通の電報が解読されたあとおこなわれた。

一通は、六月四日までにウェーキからミッドウェーへ兵器を輸送する日付をしめしており、別の一通が「Ｎマイナス三日」をしめしている。

五月二十一日の通信文。

『発信＝第二艦隊

ウェーキで捕獲した八センチと一〇センチ型の砲二門を準備せよ。そして、第四艦隊によって横須賀連合陸戦隊にひき渡す。（空白部分）に所属させた。「ＡＦ」に輸送すべき六月四日までに（空白部分）母艦に搭載した』

五月二十五日の通信文。

『発信＝第二艦隊

（艦上に搭載したボートと捕獲した自動火器とともに）（空白部分）船舶は、ミッドウェーに向けＮマイナス三日にウェーキを出港する。船舶は、貴隊の動きを通報することを守れ』

一般諜報の見解：もしこれらの兵器がおなじものならば、（以前の通信文にあるように）Ｎマイナス三日は、もっとも早くて六月四日であり、Ｎ日を六月七日と理解する。

（訳注：「日進」への電報と思われる。「日進」は五月二十三日ごろ、内地を発してウオッゼ、ウェーキに回航、魚雷艇を搭載のうえ攻略部隊に続行してミッドウェーに回航する予定だった。Ｎ日は、上陸作戦のため環礁を越えなくてはならないため、前夜半に月がないことが絶対に必要で、六月七日が最適であった）

⑫――五月二十五日。二十五日とその後の通信諜報は、空母が無線封止していることをしめしている。この無線封止がおこなわれる前、日本本土海域で空母の交信量はひじょうに多かった。

五月二十二日の通信諜報。

徴候は、第三戦隊、一航戦と二航戦が、九州ふきんで訓練していることをしめしていた。

五月二十二日の通信文。

『発信＝第一航空艦隊
宛＝一航戦および二航戦指揮官。加賀、赤城、蒼龍、飛龍、第六空襲部隊、第十戦隊内の駆逐艦
五月二十六日八時三〇分、赤城艦上で機動部隊の航空作戦にかんする会議を開催する。
（空白部分）は参加する』
一般諜報の見解：上記の作戦行動受信人は、ＡＦ（ミッドウェー）攻撃機動部隊の一部であると予測した。
二十五日後の通信諜報は、「空母群の交信はない」「空母通信の欠除は通常、空母が洋上にいることを意味している」「空母群の消息はない」といったような類似の分析を伝えた。
⑬――五月二十五日。サイパンと同様に日本本土から出港した攻略部隊は、ミッドウェーを攻略する最終計画を立てていた（この作戦の成功への確信がひじょうに高かったので、すでにこの攻略は容認された事実として考慮されていた）。
二十五日の通信文（二十六日に翻訳された）。
『攻略部隊電令作第八号
第二（空白部分）の一部として利用する第一（空白部分）攻略部隊指揮官は、（空白部分）ミッドウェー、（空白部分）スタン島を攻略する』
見解：イースタン島を連想させる。これは典型的な作戦命令の形式で、この作戦にかんして傍受した最初の一つだった。

（訳注：原文は次の通りだった。『一木支隊長は攻略部隊占領隊指揮官の指揮下にはいり、二連特の一部兵力を併せ指揮し、ミッドウェーのイースタン島を攻略すべし』）

五月二十五日の通信文。

『発信＝第二艦隊司令官

攻略部隊電令作第四号

五月二十四日一二時以降、第四水雷戦隊指揮官は、（空白部分）カクに対し（空白部分）駆逐艦を割り当てる。

二十四日（空白部分）カクの作戦後、駆逐艦は、（空白部分）カクの命令により作戦行動をとる。

上記の日付ののち（第四水雷戦隊内の駆逐隊）は、呉で（サタ）の指揮下にはいる。そして、佐多と鶴見を警戒する任務を割り当てられる。（空白部分）の日、呉を出港する。Nマイナス五日、北緯二六度四八分、東経……度一五分に占位する予定。そこから攻略部隊の本隊に合同するため進出』

五月二十日の通信文（二十四日に翻訳された）。

『発信＝ヤルートの無線局（？）

ＡＦ（ミッドウェー）の攻略後…（残りの部分は判読できず）。

宛＝第一艦隊参謀長。東京の海軍人事局。全一級海軍鎮守府副官

公認図書班（？）（訳注：軍令部四部を意味すると思われる）編成表の中の「ＰＹＩ（イメージ）へ」を「ＡＦ（ミッドウェー）へ」に変更する（これは、十四空の次の宛先をＡＦにすべきことをし

めしているように思える）』

見解：ＰＹＩとＡＦへの「へ」は、「または」「に」「向ける」か「移す」である。

一般諜報の見解：第十四航空隊は、マーシャル諸島に配備されており、マーシャル諸島地域から航空機と潜水艦による統合作戦の主要任務を実施するものと予測されている。

それは、水上機の準備であり、ＡＦ（ミッドウェー）とＫ（ハワイ）作戦に関連する潜水艦に結びついている。この隊は、実際にミッドウェー攻略を意図する部隊のうちの一つである。

（訳注：十四空は四月一日、ヤルート島のイメージ水上基地で現地編成された。別の諜報文書は、十四空が当隊の郵便物をミッドウェーに転送するよう要請したと記録している）

二十七日に翻訳された通信文。

『発信＝第四空襲部隊

第十四航空哨戒水上機の補充は、サイパンに到着する。諸作戦のため、それらを六月三日までに要求する』

五月二十八日に翻訳された通信文

『現在ウェーキにある敵の機械装備に関連（ジョージにも少しある）、機械類と予備の建築工事士官をＡＦの航空基地建設のため配備するよう要請する。

これに関連して、敵の技術者（現在ウェーキにいる）約六〇名も送られたし』

⑭――五月二十八日。日本海軍の暗号が変更された。

通信諜報は、二十八日にこの分析をふくんでいた。

発信局から大量の通信があった。

一般諜報の見解：これは、おそらく新しい暗号の使用にたいする、最後のちょっとした指図である。

暗号Ｄ１と乱数表第九号が、五月一日に暗号Ｄと乱数表第五号から更新されるはずだったが、配布が完了するまで延期されていた。

そして五月二十八日現在、暗号は最終的に変更された。

（訳注：同時期の日本海軍の通信量は、一日の平均取扱通信量約六〇〇通、そのうち六〇パーセントの約三六〇通がＤ暗号として主要使用された。その他にミッドウェー作戦参加部隊の所属母港における整備補給、休養期間にかなり多量の強度の低い商船用暗号書「Ｓ」と補給造修用暗号「辛（しん）」による作戦関係暗号文が打電されている。しかし、一般には暗号係が使用に慣熟しているＤ暗号を、軍需および補給関係の常務にも使用していたのが実情との説もある）
⑮——五月二十八日。五月二十八日に出港した護衛隊は、六月六日一九時、ミッドウェーに到着する予定（これは日本時間ではない）。
五月二十六日の通信文（二十八日に翻訳）。
『発信＝第二水雷戦隊司令官
護衛隊の行動予定
1．五月二十八日十七時出港、（空白部分）速力一一ノットでＰＳＴ（テニアン）の南を通過。（空白部分）途中、（空白部分）六月一日一二時にＹＡＦＵＲＵに到着。（空白部分）六月六日一九時ごろAF（ミッドウェー）に到着。
2.（第六根拠地隊の「36755」の船）（空白部分）と五月二十六日一四時に出港する二隻の支援艦はAA（ウェーキ）で補給する。（空白部分）五月三十日か（空白部分）後の（空白部分）五月三十一日は、（空白部分）六月六日一二時に護衛隊と合同する。（空白部分）一九時出港。（空白部分）二十七日速力九ノット』
（訳注：サイパン、グアムに集結した攻略部隊兵力は、サイパンとミッドウェーの間を一一・五ノット、約九日間で航行する。そこでNマイナス一日の二〇時にミッドウェー泊地に到着するため、サイパンをNマイナス一〇日の一七時出港とした。低速の明陽丸と山福丸は、第十六掃海隊と第二十一駆逐隊に護衛させたが、この護衛の二隻は航続力が不足していたので、途中ウェーキで補給した。船団はNマイナス一日の二〇時にミッドウェー環礁の南方に二列で入泊する予定だった）
⑯——五月二十八日。（空白部分）丸は、佐世保から「C」地点（北緯二七度、西経一七〇度）に進出すべき。
五月二十七日の通信文は、二十八日に翻訳された。
『発信＝第二艦隊
準備できしだい（空白部分）丸は、当部隊とともに、作戦のため佐世保から「C」地点に進出する。「C」地点の到着時刻について通報せよ』
（訳注：「千歳」を護衛する「早潮」と「親潮」は佐世保からサイパンに進出。太平洋艦隊司令長官作戦計画第二九－四二号が発令された）

五月二十九日の通信文（六月二日翻訳）。

『発信＝商船・油槽船

六日五時に（C地点？）（空白部分）に到着する』

⑰——五月三十一日。通信諜報は、空母と主要な麾下部隊が異例の静けさであることを認めた（訳注：無線封止をして作戦行動中を意味する）。

太平洋艦隊司令長官は、日本軍の兵力の推定を発表した。

ミッドウェー部隊にたいする太平洋艦隊司令長官の推定は、次の通りだった。

1．機動部隊

空母四隻（「赤城」「加賀」「飛龍」「蒼龍」）

霧島型戦艦二隻

利根型重巡洋艦二隻

警戒駆逐艦一二隻と直俺航空機

2．支援部隊

空母もしくは軽空母一隻

霧島型戦艦二隻

最上型重巡洋艦四隻

警戒駆逐艦一〇隻

3．攻略部隊

高雄型重巡洋艦一隻
妙高型重巡洋艦一～二隻
千歳水上機母艦一隻
神川丸型特設水上機母艦二～四隻（訳注：主力部隊の「千代田」「日進」がふくまれている）
貨物船四～六隻
輸送船四～一二隻
偵察と哨戒任務の潜水艦およそ一六隻
（訳注：日本側記録では一五隻の潜水艦と軽巡「香取」、そしてアメリカ軍の通信諜報記録には主力部隊主隊の戦艦三隻〈「大和」をふくむ〉、軽空母「鳳翔」、軽巡一隻と駆逐艦一二隻、警戒隊戦艦四隻、軽巡二隻、鳴戸以下三隻の補給船が欠けている）

■局面3　かくて運命の戦いは洋上に展開された

この局面は、アメリカ海軍の報告と、海戦の数ヵ月後に翻訳された日本海軍の通信文で構成されている。日本海軍が五月二十八日に使用した暗号は、交戦中の助けになるべき時期にはアメリカ軍によって翻訳されていなかった。

しかしながら、通信文の翻訳の遅れが、日本軍の損失の評価に、そして海戦にかんする傍受された戦闘報告の解明において、その重要さを低下させることはなかった。

⑱――六月二日、一五時三〇分。
アメリカ海軍空母群の「ヨークタウン」、「エンタープライズ」と「ホーネット」（警戒隊とともに）は、北緯三二度四分、西経一七二度四五分（ミッドウェー北東三五〇海里）で会合した。

これらの空母群は、五月二十六～二十七日に南太平洋からパール・ハーバーに到着し、六月三～四日の夜のあいだに、空母群はミッドウェーから二〇〇海里内の南西方向に移動した。
⑲――六月三日九時四分。
ミッドウェーの航空機が、同島から距離四七〇海里、方位二四七度に日本軍の輸送船二隻を目撃した。
⑳――六月三日九時二五分。別のミッドウェー所属機は、単縦陣の大型艦船六隻の本隊を距離七〇〇海里、方位二六一度に目撃した。
一一時、ふたたび同じ艦船が目撃された。しかしながら、これは攻略部隊の本隊ではない（訳注：陸軍一木支隊の攻略部隊だった）。
㉑――六月四日六時三〇分。日本海軍の空母搭載機によって、ミッドウェーが爆撃された。
五時五〇分、方位三二〇度、距離一五〇海里に、ミッドウェーにむかう多数の航空機がアメリカ海軍機によって報告された。

五時五二分、ミッドウェーから方位三二〇度、距離一八〇海里に、針路一三五度、速力二五ノットの空母二隻と空母前方の本隊が、アメリカ海軍機によって報告されていた。
㉒――六月四日。空母機の交戦。

七時～一〇時三〇分。日本海軍の空母群は最初、ミッドウェー所属機に攻撃されてから、アメリカ軍の空母機によって攻撃された。

一四時五五分。「ヨークタウン」は「飛龍」からの攻撃機によって激しく攻撃されたのち、放棄された。

一七時。アメリカ海軍機は「飛龍」を攻撃した。「飛龍」は、ひどく燃上したままだった。

六月五日の日本軍通信文（日本時間）。

『発＝機動部隊（戦闘詳報）

六月五日、予定どおりミッドウェーの空襲を実施した。敵機およそ三〇機を撃墜した。施設に相当の損害をあたえたものの、その詳細は明らかでない。攻撃後でも、敵は飛行場を使用できると思われる（訳注：皮肉にもニミッツの戦闘報告は、滑走路にほとんど被害のないのは、日本軍がミッドウェーを占領するのがあたりまえで、自軍が使用するのを見越して手をつけなかったと判断している）。

四時～七時三〇分に一〇〇機以上の敵機が攻撃してきた。交戦により、そのうち五〇機以上が撃墜された。われわれはすべての航空魚雷攻撃を回避したが、艦上爆撃機の攻撃によって数多くの直撃弾をうけた。火災発生のため、戦闘の続行が不可能となったので、本官は避退を下命、駆逐艦六隻とともにある「長良」に旗艦を移した。当部隊の残存兵力（訳注：「飛龍」を意味する）は、敵機動部隊の方向に進出し、攻撃した。空母ホーネット型は、魚雷二本の命中で相当の被害をうけた。

一四時三〇分、敵の空母搭載の爆撃機による激しい攻撃のため、われわれは重大な損害をこうむった。それは、ものすごい戦闘だった。

空襲は一六時ごろまで、連続しておこなわれた。

北西方向へ避退したのち、われわれは攻撃に転じた。当部隊の一八時の位置は（北緯三〇度五〇分、西経一七九度五〇分）、針路三二〇度、速力二〇ノットである。

敵主力部隊は三隻のホーネット型空母（そのうちの一隻は傾斜し、燃上したまま漂流していた）、二隻の艦型不明の空母、六隻の重巡と多数の駆逐艦によって編成されていた。

一五時の一〇隻の艦船の位置は（北緯三〇度五五分、西経一七六度五分）、針路二八〇度、速力二四ノットである。

「飛龍」の火災はおさまってきたが、敵の進路に接している。火災を鎮火することができない。もし火災を消すことができるならば、「飛龍」は航行できるかもしれない。「飛龍」は二隻の駆逐艦の護衛のもと、北西に退避中である。

「蒼龍」は沈み、「加賀」も沈んだ。「赤城」は激しく炎上していて、鎮火できるとは思われない。航行することは不可能である。「赤城」は二隻の駆逐艦の護衛のもと、（北緯三〇度四〇分、西経一七八度五〇分）の位置にいる』

六月五日の通信文（日本時間）。

『発信＝機動部隊指揮官

「飛龍」は爆弾の直撃をうけ、炎上』

０６０８２０（六日八時二〇分）の通信文（日本時間、ミッドウェー時刻＝０５１１００＝五日一一時）

『「鳳翔」の航空機による偵察によれば、四時二〇分「飛龍」は（北緯三三度一〇分、西経一七八度五〇分）の位置で炎上中。数人の生存者が飛行甲板上にいる』

０８０４５０（八日四時四〇分）の通信文（日本時間、ミッドウェー時刻＝０７０７００＝七日七時）

『「鳳翔」の航空機によれば、「飛龍」は（北緯三三度五分、西経一七八度五〇分）の位置で漂流中。もし必要ならば、先遣隊の潜水艦で「飛龍」の処分を考慮しているので、その後の状況を知らせて欲しい』

㉓――六月五～六日。アメリカ軍の空母機が、日本軍の巡洋艦を攻撃した。

０５０２１７（五日二時一七分）のアメリカ海軍潜水艦「タンボア」の報告。

『ミッドウェーの西方九〇海里に多数の未確認艦船』

０５０４００（五日四時）／０６０１００（日本時間六日一時）の通信文。

『発信＝第七戦隊旗艦

宛＝最上、三隈

潜水艦が、「三隈」から距離八キロ、方位四五度に潜航した』

０５０５００（五日五時）／０６０２００（日本時間六日二時）の通信文。

『発信＝第二艦隊旗艦

宛＝攻略部隊
ミッドウェー攻略を中止する』
0500006（五日零時六分）、アメリカ海軍潜水艦タンボアが次の電報を打電した。
『ミッドウェーから方位二七二度、距離一一五海里に二隻の最上型巡洋艦。針路二七〇度』
050800（五日八時）／060500（日本時間六日五時）の通信文。
『発信＝三隈
八機の敵爆撃機攻撃中。われ対空戦中。位置（北緯二八度一〇分、西経一七九度五〇分）』
050905（五日九時五分）／060605（日本時間六日五時五分）の通信文。
『発信＝三隈
「最上」は、一連の爆撃を受けている。一機を撃墜、損害なし』
051900（五日一九時）／061610（日本時間六日一六時一〇分）の通信文。
『発信＝第二艦隊旗艦
（空白部分）護衛部隊と攻略部隊は、さらに命令があるまで西方へ避退中』
覚書：「三隈」は、この攻撃につづいて沈没した。
㉔——六月六〜七日。「ヨークタウン」と「ハンマン」の沈没。
六日十三時三十五分、空母「ヨークタウン」と駆逐艦「ハンマン」が、日本潜水艦に雷撃された。

「ハンマン」は、三〜四分以内に沈んだ。

七日三時三〇分、「ヨークタウン」沈没。

（訳注：キング提督は、全艦隊に次の電文を平文で伝えた。『ミッドウェーの戦いは、日本海軍がこうむった史上最初の決定的な敗北である。それはさらに、日本の長期間におよんだ攻勢をおわらせ、太平洋における海軍力の均衡を回復した』）

（「丸」一九九四年七月号　潮書房）

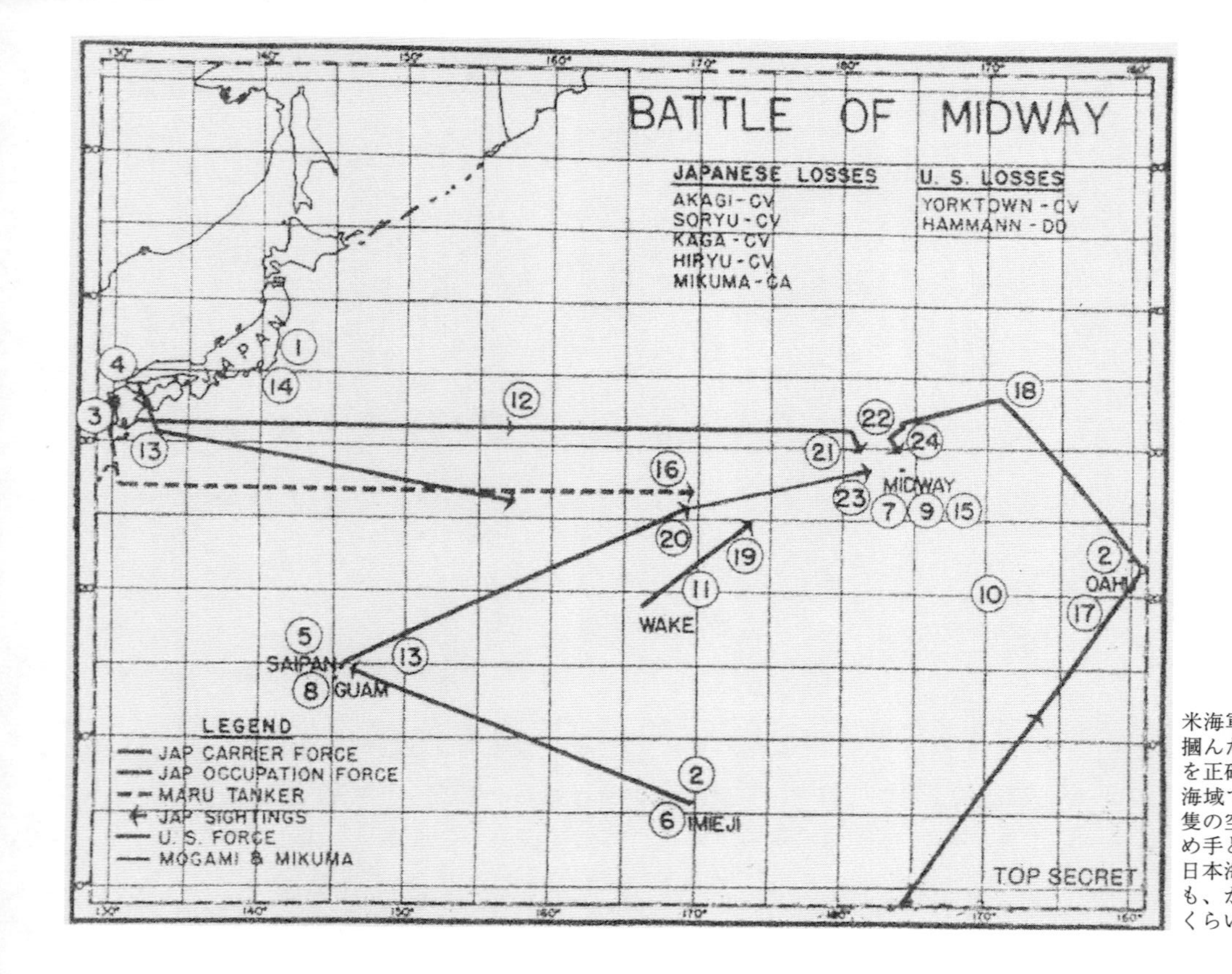

米海軍は日本海軍の交信を傍受して摑んだ情報で日本海軍の兵力と任務を正確に予測、ミッドウェー島北西海域で待ち伏せ、日本海軍が誇る4隻の空母を撃滅したのであった。決め手となったのが無線情報だった。日本海軍は米軍に出撃が探知されても、かえって獲物が多いと判断するくらいに慢心していた。

NAVAL MESSAGE　　NAVY DEPARTMENT

DRAFTER	EXTENSION NUMBER		ADDRESSEES	PRECEDENCE
FROM COM 14		FOR ACTION	COMINCH OPNAV CINCPAC BELLCONNEN COM 16	PRIORITY PPP ROUTINE DEFERRED
RELEASED BY				
DATE MAY 6, 1942				
TOR CODEROOM		INFORMATION		PRIORITY ROUTINE DEFERRED
DECODED BY				
PARAPHRASED BY				

INDICATE BY ASTERISK ADDRESSEES FOR WHICH MAIL DELIVERY IS SATISFACTORY.

060526　　700 0

UNLESS OTHERWISE INDICATED THIS DISPATCH WILL BE TRANSMITTED WITH DEFERRED PRECEDENCE.

ORIGINATOR FILL IN DATE AND TIME　DATE　TIME　GCT

TEXT　JAPANESE NAVY - D.I　1001

D.I. COMMENT ADDED BY R.I. CENTER OP-20-G,　6 May 1942

1. MORO 2 serial 333 request we be supplied 10 crystals for frequencies 4990 and 8990 kilocycles for use in aircraft in the 2nd "K" Campaign. Above to reach this headquarters (Kwajalein) prior to 17th.

COMMENT: The K Campaign concerned offensive operations March 5 against Oahu and possibly other points. Com-14 021120 March 2 and Com-14 040919/March are concerned with this campaign or units that were involved in it. MORO 2 is 4TH AIR ATTACK FORCE.

F-34 (3)......Op-16-F2......Op-20-GZ......Op-20-GC........File.

RI-SECRET-RI

IMPORTANT - The information contained herein is not to be reproduced or referred to ... which may disclose ...

COM14（ハワイの無線諜報班）は1942年5月6日、呼出符号MOROの333番電（注：事務電）を第四空襲部隊と確認、第二次「K」作戦で航空機（二式大艇）の4990と8990の周波数に合わせたクリスタルを要請する電文を解読。3月5日にハワイを攻撃した作戦との関連を考慮した。

May 8, 1942.

~~MOST SECRET~~

MEMORANDUM FOR: Comsowespacfor.

Subject: Digest for May 7, 1942.

A. "CI" INFORMATION

U A 7 (CinC 1st Air Fleet) message "the program for the aviation conference of commanders to be held at KAGOSHIMA on 16 May is amended as follows:

(1) The battle for air superiority
(2) The study of organizations for use in dive bombing, torpedo attacks, bombing, and straffing in the battle for wiping out local resistance.
(3) The methods of long range reconnaissance and base reconnaissance.
(4) Methods of searching for the enemy areas of operations.
(5) Operational methods.
(6) Organization of air fleet aviation and fleet air units ashore and their training.
(7) Replacements.
(8) Aircraft and equipment on men-of-war.
(9) ---------------------------
(10) Strategy in general.

Order of speakers will be:

(1) Desron 17 (?)
(2) Crudiv 8
(3) Batdiv 3
(4) Cardiv 3
(5) Cardiv 2
(6) ? (sub unit)
(8) YokosukaAir
(9) Buaer
(10) Yokosuka aircraft factory.

Note: Undated anchorage assignments was made for parts of these units in Truk on 5 May. This probably indicates no departure from Empire until after 16 May.
(CinCpac)

Honolulu estimates that the "2nd King Campaign" (referred to in yesterday's report) refers to a second attack on Pearl Harbor (the "K" being an abbreviation of "AK" (Pearl)). (CinCpac)

-1- 0114

114

CI情報は、呼出符号U　A　7（第一航空艦隊司令長官）から5月16日に鹿児島で開催される指揮官会議を察知、その内容も暴露した。ハワイの諜報班は、前日報告された第二次K作戦は、「K」の簡略記号「AK（パール）」なので第2回目のパール・ハーバー攻撃かもしれないと推定していた。同じ乱数表を使用した暗号は解かれていく。結果、日本海軍の航空母艦の全滅に繋がるのである。

十三試大型飛行艇は、1942年（昭和17年）2月5日付で二式飛行艇として制式採用された。そして第二十四航空戦隊（横浜航空隊）に配属され、第一次K作戦でハワイ空襲、第二次K作戦でハワイの米空母の所在確認を予定していた。しかし「K」作戦がミッドウェーと地点略語「AF」とを結びつけることになる。それは飛行機無線用発振器を請求した事務電の解読で、そこからミッドウェー作戦が暴露されていくのである。

第二十四航空戦隊日誌に記載された5月13日の機密第422番電の原文。

「ミッドウェー海戦」暗号解読トリックの舞台裏

日本海軍を罠にかけた偽電

三年八ヵ月におよぶ太平洋戦争において、日本敗北の要因となる最初のつまずきがミッドウェー作戦にあったことは今では広く知れ渡っている。日本海軍が誇り、最強と確信していた主要航空母艦四隻と精鋭の艦上機二九九機（補用機と二式艦上偵察機一一型二機をふくむ）が失われ、大打撃となった。

その舞台となった太平洋に浮かぶミッドウェー環礁は、直径一一キロメートルの礁内南部西側にサンド島、東側にイースタン島そして礁湖からなっていた。

横須賀から直線距離で約四一七六キロメートル、ハワイ・オアフ島からは約二一二三キロメートルに位置していた。今でも飛行機定期便がない本環礁は米合衆国の領土ではあるが、いずれの州にも属さない連邦政府直轄の「離島領土」である。その切っ掛けとなったのが同環礁に生息するコアホウドリの価値ある羽根をとる日本人の密猟にあった。米政府が日本の実効支配を恐れ米海軍の管理下に置いたことを公表したのが明治三十六年（一九〇三年）一月二十五日であった。そして、現在では米国内務省の魚類野生生物局（ＦＷＳ）の管理下、ミッドウェー環礁国立野生生物保護区となっている。

この辺境の環礁が一般に注目を浴びたのは、終戦四年目の昭和二十四年三月二十六日付サタデー・イブニング・ポスト誌に掲載されたＪ・ブライアンⅢ世による記事「Never Battle like Midway」（ミッドウェーのような戦いはなかった）にあった。この記事によって、日米戦の勝敗を逆転させたミッドウェー海戦前、日本の攻撃目標を知るため日本海軍をトリックにかけ地点略語ＡＦがミッドウェーであることを確認した米暗号解読者の秘話が明らかにされた。

それは、日本軍への同環礁の真水不足に関する、やらせ電文「現在、われわれは二週間分の水しかない。至急送られたし」にあった。この逸話は、米海軍がミッドウェー海戦勝利の象徴「日本海軍を罠にかけた電文」としてこれまで歴史家に数え切れないほど引用されてきた。

しかし、当時の米太平洋艦隊司令部情報参謀エドウィン・Ｔ・レイトン中佐（執筆途中亡くなったので、ロジャー・ピノーとジョン・コステロの共著で完成）が昭和六十（一九八五）年に上梓した「AND I WAS THERE : Pearl Harbor and Midway-Breaking the Secrets」（ＴＢＳブリタニカ『太平洋戦争暗号作戦・アメリカ太平洋艦隊情報参謀の証言』邦訳毎日新聞外信グループ）のなかで、このやらせ電文が練り上げられた真相は、実は米海軍省内にある暗号解読班の誤りを正すことにあったことを四三年ぶりに暴露した。

「ミッドウェーに関して今までに記述した歴史家が誤って解釈してきた騙しの電文が発案された狙いは、ハワイ第十四海軍管区（一九二五年日本外交通信コピー操作員一名）戦闘諜報班指揮官ジョセフ・J・ロシュフォート中佐が、パール・ハーバー惨事の記憶が生ナマしく、その時に警告を出せなかった無線諜報班を信じないワシントンDCの懐疑的な提督（日本軍の攻撃目標を米本土西海岸と信ずる）たちを黙らせることにあり、また、この偽電の対象が、海軍省内の暗号解読者にあることを疑わせないことが最も重要なことであった」という。

ミッドウェー作戦を前にして米海軍内部で一体何が起こっていたのか、また日本海軍の主要暗号書Dと同乱数表はどうして破られ、暗号文はどこまで解読されていたのだろうか？

D暗号に挑んだ三つの解読班

日本海軍は、戦争二年半前の昭和十四年六月一日からミッドウェー海戦前の昭和十七年五月二十七日までに、二つの暗号書D（初版と昭和十五年度改版）と八個の乱数表を使用した。この暗号の解読に臨んだのが米海軍通信局内の暗号解読陣だった。日本海軍の暗号電報はどのようなものであったのか？　昭和十四年六月一日、最初にこのD暗号（海軍暗号書Dを意味する）を傍受したフィリピン・カビテ傍受所の記録が残されている。

この暗号文は、日本海軍モールス（六九符号）で電信部から送信されたものである。モールス

●フィリピン・カビテ傍受所が記録した日本海軍のD暗号
指呼・対手符号KEKA 0（呼出符号） DE（送信局）MINI 7（自己符号） －　－SU　U（数字符）W（語数）15　NR（電信番号）　TI（着信者）／／（続く呼出符号配布不要）TONO　YA（着信者符号）TUHO（受報者）KISO 66（受報者符号）　HA（発信者）YOHORU（発信者名符号）44100（最初の三字が発信者一連番号、00は区別符）　38785（暗号化された乱数開始符）　95323（本文・以下乱数10個略）38785（確認のため繰り返される乱数開始符）　01085（最初の二字が発令日、最後の三字が発令時刻を示す。（注：暗号文作成法によれば暗号文末尾に発令時刻を二四時間式に付記）―（本文）VE（終信符）。

符号は、次のように表現される。

例えば、トン・ツー・ツーは「ヤまたはW」、トン・トン・トン・トン・ツーは「数字の四」を意味した。米海軍暗号解読陣は、当時月平均七〇〇〇通のD暗号による日本海軍暗号電報を傍受していた。

その組織とは、米海軍通信局内OP－20－G（機密保全課）の暗号解読をふくむ通信諜報、行政、調整管理の中枢となる米本土ワシントンDC海軍省内のネガト班、ハワイの第二エシュロン・ハイポ班（日本艦船の追跡、もっぱらD暗号を除く気象暗号等の日本海軍電文の解読を行なっていた）、そしてフィリピン・マニラ湾内コレヒドール島モンキー・ポイントの空調設備の整った防弾地下壕内第一エシュロン・キャスト班（日本海軍主要暗号Dの他に中国、満州、蘭印と日本間の外交暗号を網羅していた）であった。

さらに、太平洋無線傍受網となるダッチ・ハーバー、グアム、ミッドウェー、サモアなどの前哨傍受・方位測定所が活動、傍受電を解読班に供給していた。班内部は暗号解読（GY）、翻訳と暗号探知（GZ）、傍受・方位測定（GX）、IBM処理（GS）の得意分野に区分されていた。日本海軍の無線暗号電報が米海軍暗号解読陣に解読されたのは、適切な想定に基づき電文型式の秘匿法が解析され、同じ乱数表による二重送信にあった。誰が、どのような方法でD暗号を解読したのだろうか？

暗号解読のための第一段階は、D暗号通信文を大量に集めることにあった。当時の太平洋のグアム、フィリピンのカビテ、ハワイのホノルルの三つの米海軍傍受所では、特別に日本海軍モールス符号・数字の訓練を受けた傍受員がこの通信文を傍受した。傍受された電文は、ドル海運会社のプレジデント汽船の一つを経由して一週間で西海岸に着くと、書留郵便でワシントンに送られた。また急ぎの場合はパン・アメリカン航空のクリッパー（大型四発飛行艇）の機体に取り付けられた収納箱に収められワシントンに運ばれた。

二ヵ月後の夏以降、ネガト班には乱数列の連続する暗号電文が相当量蓄積された。そこで最も経験豊かな暗号解読者がその系統的な学習を開始することになる。日本海軍の主要暗号Dを破ったのは、女性の暗号解読者、アグネス・メイヤー・ドリスコルであった。

解読のカギとなる乱数グループ

昭和十四年（一九三九年）夏以降、ドリスコル夫人をふくむ六名がD暗号への攻撃を開始した。傍受された暗号文は、ＩＢＭカードにパンチされ、どんな特徴をもつ暗号構成か、どんな暗号符字の組成並びに配列かを発見するため索引化された。そして同じ日に送信されたすべての傍受電に適用される日々の鍵となる算用数字を示す乱数グループがあるとの仮説に基づき、ＩＢＭ分類機でこのような配列の特質を示す乱数グループを探すため、傍受電文すべてが洗いざらい精査された。

最初の手がかりは、各電文の始めと終わりに繰り返される乱数は何かを分類する指示符、そして最後の乱数は発令日時グループとして識別され、日時を示す乱数の直前に繰り返される指示符は意味のあるものとみなされた。それは同じ日に送信されるすべての電文に適用できる日替りの鍵となる乱数表があるという仮説が正しいことが判明した。こうして昭和十四年早秋には、完全にD暗号方式は解析され、晩秋と冬にかけてゆっくりと確実に解読・翻訳される方向に向かっていたのである。

最初の手掛りは、昭和十四年六月一日に使用した最初の乱数が、三ヵ月後の同年九月一日に別の乱数によって取り替えられていることを発見した時だった。そこで、最初の乱数はＡｂｌｅ－１（D暗号同乱数表第一号）、そして二番目の乱数をＡｂｌｅ－２（D暗号同乱数表第二号）とした。ここで日本海軍D暗号に米国式名前でＡＮ暗号と呼称、後にＪＮ25と呼称され広く知られることになる。ＡＮ暗号（初版D暗号）の最初の一〇字の三数字は発信者の一連番号、四と五字目の00・区別符、二番目の五数字乱数は乱数開始符、そして結尾の一〇数字中最初の五数字乱数は乱数開始符の繰り返し、六と七番目は発令日、最後の三字は発令時刻とする暗号方式は、乱数表第四号の昭和十五年九月三十日までで完了した。

Ａｂｌｅ－１～４までの乱数開始位置を解読するには、乱数開始符と別に用意される日替り乱数鍵表（例：第一表の六月一日の鍵は２５６２の四数字）からの解析が必要だった。ＡＮ暗号（初版D）の乱数表はページ総数三〇〇、暗号化は、乱数開始位置から各ページの最初の横欄（〇～

九）から左から右、引き続き下方に、電文の同じ長さの乱数まで進むことになる。ネガト班でD暗号を破った後、その解読作業はコレヒドールのキャスト班で始められ、シンガポールの英軍解読チームも参加したが、どのチームもD暗号の解読に成功していなかった。同年十月一日Ａｂｌｅ－５・新乱数表第五号が開始されると、暗号文の新しい形式から暗号方式の変更が直ぐに明らかになった。電文最初の二〇字（乱数四個分）の最初のグループに一連番号（機密第〇〇〇番電）が残っていたが、二番目のグループに以前の指示符はなかった。代わりに最初の三字目は発信者の一連番号が繰り返され、最後の二字は常に11、33、55、77または99（注：分割符）となった。電文の最後のグループは、おなじみの五数字・発令日時であった。一連番号（実際は機密第〇〇〇番電）が繰り返された理由が注意深く調査され、同じ一連番号を持つすべての電文は、その三番と四番目のグループの剥ぎ取り差は同じであることを暴露した。以前に使用された日替り乱数鍵表の代わりに日本海軍は、乱数表全体の寿命を延ばすため一〇〇〇に及ぶ乱数を採用した。これが乱数加算符表で、〇〇一から九九九の機密第〇〇〇番電（電番号）に対応する乱数加算符一組で構成され、暗号化された乱数開始符となった。Ａｂｌｅ－５の乱数開始位置を求める例を示すと次のようになる。例：暗号文の冒頭の四グループ50600　50633　56703　29577の場合、別に用意された乱数加算符表から電番号５０６（機密第五〇六番電）用の欄に当たる対の乱数加算符97354と60128を暗号文第三グループ56703と第四グループ29577から非減算（削ぎ取る）するとその差が第三グループ69459と第四グループ69459と同じになる。そこで694＋2＝696÷2＝348（注：番電三字目が奇数の場合は＋1、偶数の場合は＋2）とし、乱数表第五号三四八ページ、横行五、縦列九との交差する欄内の乱数が乱数開始位置となるのである。以前に電文の結尾にあった再乱数開始符は放棄された。また、乱数表総ページが三〇〇から五〇〇に増加し、乱数開始位置を各ページの最初の横行欄から始める規程も廃止して各ページ欄（横行と縦列各〇～九）の横行と縦列の交差する開始位置にある乱数を採用することになる。

使い続けられた乱数表第五号

乱数加算符表を使用する秘匿方式は昭和十五年度改版D暗号同乱数表第五、第六、第七、第八号にも適用された。日本海軍暗号担当者は、それがあたかも唯一の秘匿法で、安全かつ確実と感じているようであった。しかも、最も重大な間違いは、昭和十五年十二月一日に日本海軍が導入した新海軍暗号書改版D（米軍はＢａｋｅｒ－５暗号と呼称、即ちＪＮ25Ｂ－５）に、昭和十五年十月一日より十一月三十日まで使用した初版D暗号（Ａｂｌｅ－５）の乱数表第五号をそのまま二ヵ月間も継続使用したことにあった。乱数表の重複使用は、改版Dの多くの暗語の意味を探知されることになった。さらに二月一日、乱数表第六号が実施されたが、米暗号解読者はすぐにＢａｋｅｒ－６（ＪＮ25Ｂ－６）にＡｂｌｅ－５（ＪＮ25Ａ－５）と同じ乱数加算符を使用していること、そして暗号書の収録語を増やす新たな付録辞典（帝國艦船などをふくむ第三部）を取入れたことも発見した。

米暗号解読陣が下した日本海軍の五数字式暗号の評価は、低いものであった。無線通信の機密保全に関し高度な技能が要求される熟練技術の欠如は信じられない。ＪＮ25暗号は非常に容易な鍵となる秘匿符方式（注：乱数加符表）を導入していたので、ひと握りの暗号解読者が数ヵ月の学習で秘匿方式を破った。未熟な学習法と不適切な教育が、日本海軍の暗号取扱者にＡｂｌｅ系列の二流の乱数表の上に弱点のある暗語自体と乱数表を作成させた。日本海軍は、米海軍に弱点を素早くつけ込まれたのであった。

しかし、ＪＮ25暗号の解読・翻訳を妨げていたのは、更新される乱数表の大量のデータ精査と解読要員の不足にあった。ＪＮ25の暗号方式は完全に解析されていたが情報として読むことができるまで越えなければならない多くの作業が残っていた。いかなる言語でも海軍用語にあまり変わりがないとはいえ、五数字符字自体（乱数）は算用数字を除いて、全て仮の暗号符字を本物の日本語（約五万語）の原文に当てはめねばならなかった。しかも、やり遂げねばならない乱数列の探知は、骨の折れる作業であった。乱数表五〇〇ページで五数字乱数が五万個、字数にすれば二五万個になる。解読の飛躍的な進展は、昭和十六年十二月に差分表を導入してからだった。ではどこまで解読していたのか？

フィリピン・キャスト班が現行のＢａｋｅｒ－7を読んでいたのは、数少ない、ある断片的な予定と一緒に、艦船の発着などの行動報告だった。日本海軍のハワイ奇襲作戦前のＤ改版・暗号文の解読は、条件つき成功と理解しなければならなかった。従って、パール・ハーバー攻撃予知への関与はなかった。どれだけの成果があったかを数字で示すと次のようになる。

昭和十七年一月一日現在、米海軍暗号解読班（ＯＰ－20－ＧＹ）の記録は、昭和十五年十二月

一日実施・日数一三二日間・改版Dの暗号書収録（第一部約二万語）の暗語約六一八〇語、昭和十六年八月一日実施の乱数加算符九〇〇個、乱数表第七号乱数二五〇〇個（注：最終的には五万個の内乱数三六六〇個）を探知・復元したことを示していた。

真珠湾の雪辱に燃えるハイポ班

昭和十六年十二月四日、日本海軍は改版D暗号同乱数表を七号から八号に変えた。フィリピンのキャスト班には活用できる傍受電が大量にあるというだけでなく、長い間JN25暗号にたずさわる暗号要員が活動していた。

ハワイのハイポ班には十分な量の傍受電があるが、今までに五数字暗号解読を行なってこなかった。この不利な条件にもかかわらず、ハイポ班は十二月十日解読作業を開始し、昭和十七年一月二十日には「二つの船団の編成、速度、目的地、予定到着時間」と成果を出すことができた。

ワシントンDCのネガト班は本土に到着する太平洋郵便の混乱から傍受電が届かないため、解読を開始するのに一ヵ月待たねばならなかった。しばらくすると、メリーランド州チェルトナムの傍受所は、ネガト班が秘匿符の探知を開始するに必要な傍受電を配達人の一日一回の供給で応じた。秘匿符の探知・復元が開始されるとすぐに、JN25B－8暗号方式はBaker－7の暗号化符字法の修正版であることが判明した。冒頭一語目の機密第〇〇〇番電（機密暗号文の一連番号）が鍵となる選択符として機能を続け、以前と同様一対の加算符が現われた。冒頭の三と四番目は、実際の乱数開始位置を示す暗号化された乱数開始符であり、暗号文結尾の前に現われた終了位置符だけが新手法であった。

改版D暗号同乱数表第八号は五月二十七日に廃止されるまで約六ヵ月間そのまま使用され、逆にミッドウェーの戦いにおいて日本海軍に災難を及ぼすことになる。

英国の暗号解読チームは、シンガポールが日本軍の手に墜ちるとセイロンとコロンボに撤退した。コレヒドールのキャスト班のアンテナが破損、一時的に機能不能に陥った。合衆国艦隊司令長官アーネスト・J・キング大将はコレヒドールが日本軍の手に落ちる危険が迫るとこれを正しく認識して日本海軍の暗号と乱数の解読の成功を危険にさらすことを避けるため、キャスト班の完全撤退を決定した。キャスト班からネガト班とハイポ班に暗号解読資料すべてを転送し撤退、キャスト班はメルボルンで活動を再開することになる。

二月十四日、海軍省内の無線諜報課では再編成が行なわれ、暗号解読班（GYP）はこの時点より現行の暗号解読に集中することになった。三日後の十七日、ワシントンDCからハイポ宛に「無線諜報活動の有効性と効率を高めるために、班は密接な共同をとることが今成すべきことである。ネガト班はハイポ班の支援を準備している」との電報が届いた。当時ハイポ班では、パール・ハーバーの惨事の衝撃から立ち直り雪辱に燃え、太平洋艦隊司令長官への独自の諜報提供を確立していた。この状況において、OP－20－Gによる統制の確立にハイポ班は強く反対した。通信傍受を中央で管理したい考えのジョゼフ・R・レッドマン大佐が通信部長となり、OP－20－Gの指揮官ローレンス・L・サフォード中佐は左遷された。代わりに、通信部長と同じ考えを持つ弟ジョン・R・レッドマン中佐がOP－20－Gの責任者となった。副部長ジョゼフ・N・ウェンガー中佐は「ハイポの態度は、我々に必要なものは与えよ。そしてほっといてくれ。貴殿が統制するには遠過ぎる」であったと記録している。

組織合理化指令をきっかけにOP－20－Gの権威を無理押しする中央とハワイの暗号解読班同士の能力と情報評価の確執に発展したのである。最終的にはキング大将が問題解決のため個人的に乗り出す所まで確執は表面化していた。このような関係にあるとき、AFの問題が生起したのだった。

AFは〝ミッドウェー〟

ことの始まりはミッドウェーの戦いが開始される三ヵ月前のK作戦のため、日本海軍が発した「大海機密八五四番電　天気豫察　三月四日乃至五日布哇方面両日共北東乃至東北東一五米半晴積雲又沿層雲五乃至積乱雲ノ発達ナキ見込『フレンチフリゲート』方面両日共東一〇米晴乃至曇雲量七以上『ミッドウェー』方面四日ハ東五日ハ南東乃至南南東共二〇米程度半晴」にあった。メルボルン班（コレヒドールを撤退、オーストラリアで活動）がこれを傍受した。

日本海軍はハワイ・ミッドウェー方面の天候情報を米軍の気象放送を聴取、また気象暗号を解読して利用していた。ハイポ班はそれに気づき逆に、この日本海軍の気象暗号を容易に解読していた。日本軍はこれに気づかなかったのである。

メルボルン班はこの電文をネガト班とハイポ班に鑑定を依頼した。ハイポ班はこの電文を正しく気象情報と解読した。

さらに三月十一日、ハイポはミッドウェー偵察の飛行艇への気象通報から、日本海軍の地点略語「AF」をミッドウェー、「AH」はハワイ諸島、「AG」はジョンストン島?と確認した。四月一七日、メルボルン班は「AF」はミッドウェーと断言した。

一方のネガト班指揮官補佐のC・H・マーフィー大佐が「ベルコネンの十七日一二時一五分情報をAF＝ミッドウェー、又はアメリカ?」とのメモをレッドマン大佐へ渡した。しかし、四月二十三日、先の情報に対しネガト班は「AFはミッドウェーと訂正された」と確認していたのであった。しかし、日本側の作戦意図を見きわめる大事なときに、ネガト班は一転「AFはジョンストン島」と豹変したのであった。このワシントンの誤った権威に対しハイポ班のロシュフォート中佐が打った手が、「ミッドウェーの水不足」のやらせ電にあった。

結局、ロシュフォートの正しさが証明され、キング大将の情報源としてのレッドマン大佐は面目丸つぶれとなった。

日本海軍の目標と兵力、攻撃日を知ったチェスター・ニミッツ大将は、南太平洋で作戦中の空母二隻を急きょ呼び戻し、またサンゴ海海戦で損傷したヨークタウンを大至急修理・出撃させ、ミッドウェー北東海面で日本空母群を待ち伏せさせた。

一方、日本海軍は米空母が出現するのはミッドウェー島攻略後と思いこみ、米空母の所在を確認できないまま油断した。低空で攻撃する米雷撃機を撃ち落とすために上空警戒の零戦が低空に舞い降りた隙をついて、高高度からの米爆撃機の急降下爆撃に日本空母四隻は撃破された。日本海軍の敗因は、鉄壁と信じた海軍暗号書D同乱数表第八号を六ヵ月も使用した結果であった。
米海軍がミッドウェー海戦で学んだ決して忘れてはならない教訓は、「暗号は主要作戦を開始する準備段階前に、煩雑に変更しなければならない」だった。

(「丸」二〇一二年八月号　潮書房)

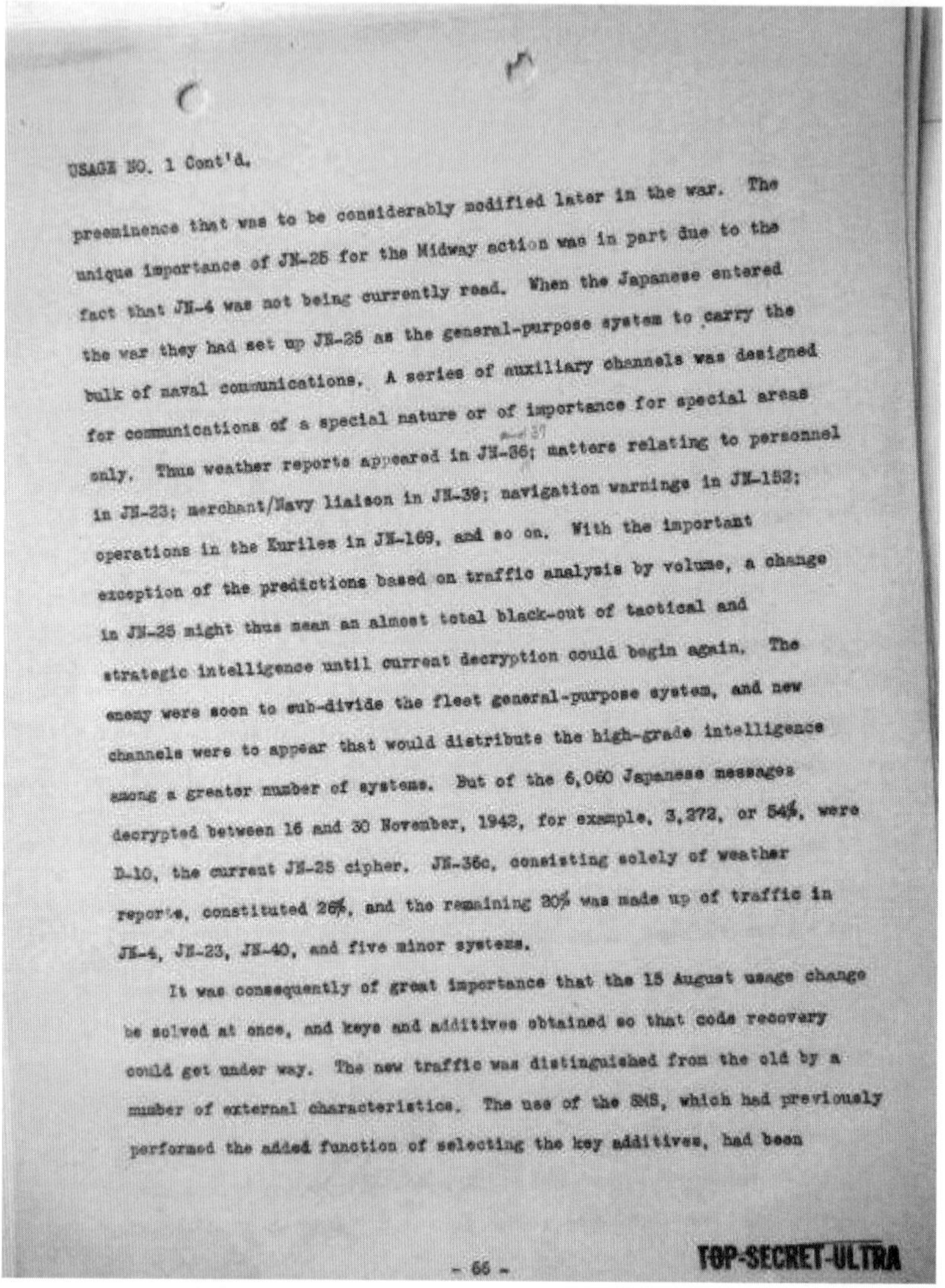

USAGE NO. 1 Cont'd.

preeminence that was to be considerably modified later in the war. The unique importance of JN-25 for the Midway action was in part due to the fact that JN-4 was not being currently read. When the Japanese entered the war they had set up JN-25 as the general-purpose system to carry the bulk of naval communications. A series of auxiliary channels was designed for communications of a special nature or of importance for special areas only. Thus weather reports appeared in JN-36; matters relating to personnel in JN-23; merchant/Navy liaison in JN-39; navigation warnings in JN-152; operations in the Kuriles in JN-169, and so on. With the important exception of the predictions based on traffic analysis by volume, a change in JN-25 might thus mean an almost total black-out of tactical and strategic intelligence until current decryption could begin again. The enemy were soon to sub-divide the fleet general-purpose system, and new channels were to appear that would distribute the high-grade intelligence among a greater number of systems. But of the 6,060 Japanese messages decrypted between 16 and 30 November, 1942, for example, 3,272, or 54%, were D-10, the current JN-25 cipher. JN-36c, consisting solely of weather reports, constituted 26%, and the remaining 20% was made up of traffic in JN-4, JN-23, JN-40, and five minor systems.

It was consequently of great importance that the 15 August usage change be solved at once, and keys and additives obtained so that code recovery could get under way. The new traffic was distinguished from the old by a number of external characteristics. The use of the SMS, which had previously performed the added function of selecting the key additives, had been

TOP-SECRET-ULTRA

ミッドウェーの戦闘で、JN-25（日本海軍D暗号）は重要な役割を果たした。気象報告用のJN-36も現われた。

SECRET
R.I.P. 74-2

ORIGINAL
1 December, 1942

JN 25B-8

Additive Cipher of JN 25B Code

IN EFFECT: 4 December 1941 to 27 May 1942.

TYPE: Additive Cipher of 5-numeral code.

USE: As a general purpose system by nearly all vessels, including submarine unit commanders; also used by the larger shore bases.

SAMPLE MESSAGE:

TOHE3 IMU3 DE OS1Ø

-SUU N15 NR429 NENENE

TI TUKO149 TUHO KEKO44 MORU249 HA NO849

4 2 2 0 0 4 2 2 5 5 4 8 2 8 2 7 1 3 4 0 1 0 7 9 6

2 4 7 1 8 4 8 3 9 9 5 6 0 9 9 7 7 8 7 7 1 2 4 2 7

4 8 6 4 6 0 5 6 1 3 9 5 0 6 5 0 2 6 5 8 0 6 1 4 5

Characters used: All numerals.

Blocks: Fifteen 5-numeral groups in each block. The unit of word count is the group - not individual numerals.

Legend:
- SMS.
- Part designation.
- SMS repeated.
- An odd number repeated (number is always odd).
- Enciphered starting point indicator.
- Enciphered ending point indicator.
- Date of origin.
- Time of origin (to tens of minutes).

ＲＩＰ（無線課報刊行物）74-4はJN25B-8暗号の乱数表の解析だった。これは1941年（昭和16年）12月4日から5月27日まで使用された。その機密第422番電のサンプル電文である。第422番電は、冒頭に「422　指定符00」次いで「番電の連続422　55（常に奇数字）」乱数表の乱数開始位置を決める422番電の加算符表422から対の48282と71340加算符、そこから本文が始まる。本文の最後に日付と時刻が来るのであった。

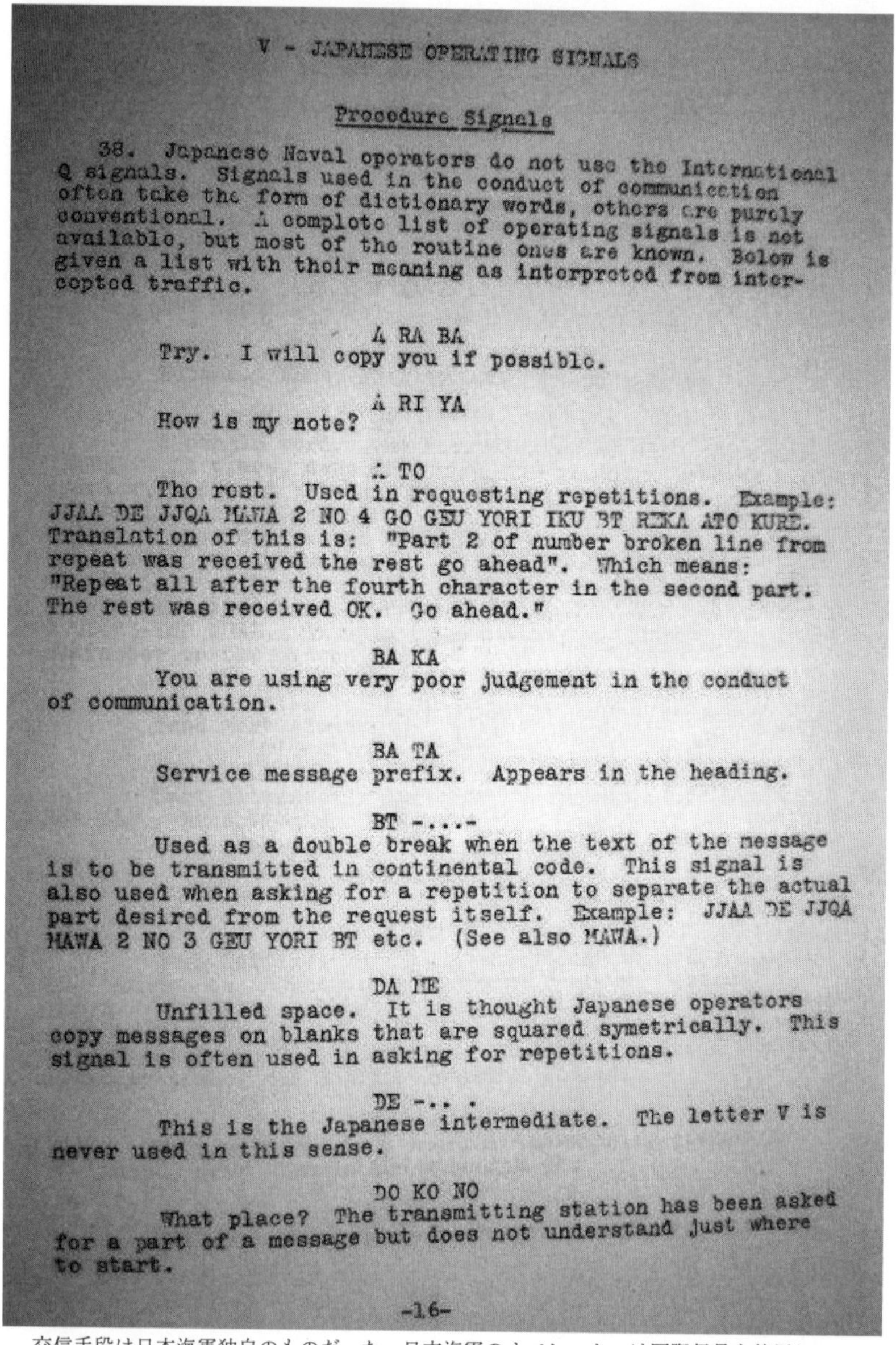

V - JAPANESE OPERATING SIGNALS

Procedure Signals

38. Japanese Naval operators do not use the International Q signals. Signals used in the conduct of communication often take the form of dictionary words, others are purely conventional. A complete list of operating signals is not available, but most of the routine ones are known. Below is given a list with their meaning as interpreted from intercepted traffic.

A RA BA

Try. I will copy you if possible.

A RI YA

How is my note?

A TO

The rest. Used in requesting repetitions. Example: JJAA DE JJQA MAWA 2 NO 4 GO GEU YORI IKU BT REKA ATO KURE. Translation of this is: "Part 2 of number broken line from repeat was received the rest go ahead". Which means: "Repeat all after the fourth character in the second part. The rest was received OK. Go ahead."

BA KA

You are using very poor judgement in the conduct of communication.

BA TA

Service message prefix. Appears in the heading.

BT -...-

Used as a double break when the text of the message is to be transmitted in continental code. This signal is also used when asking for a repetition to separate the actual part desired from the request itself. Example: JJAA DE JJQA MAWA 2 NO 3 GEU YORI BT etc. (See also MAWA.)

DA ME

Unfilled space. It is thought Japanese operators copy messages on blanks that are squared symetrically. This signal is often used in asking for repetitions.

DE -.. .

This is the Japanese intermediate. The letter V is never used in this sense.

DO KO NO

What place? The transmitting station has been asked for a part of a message but does not understand just where to start.

交信手段は日本海軍独自のものだった。日本海軍のオペレーターは国際信号を使用していなかった。独特の使用法であったので傍受通信から学ばねばならなかった。「A RA BA」とか「BT」が使用された。

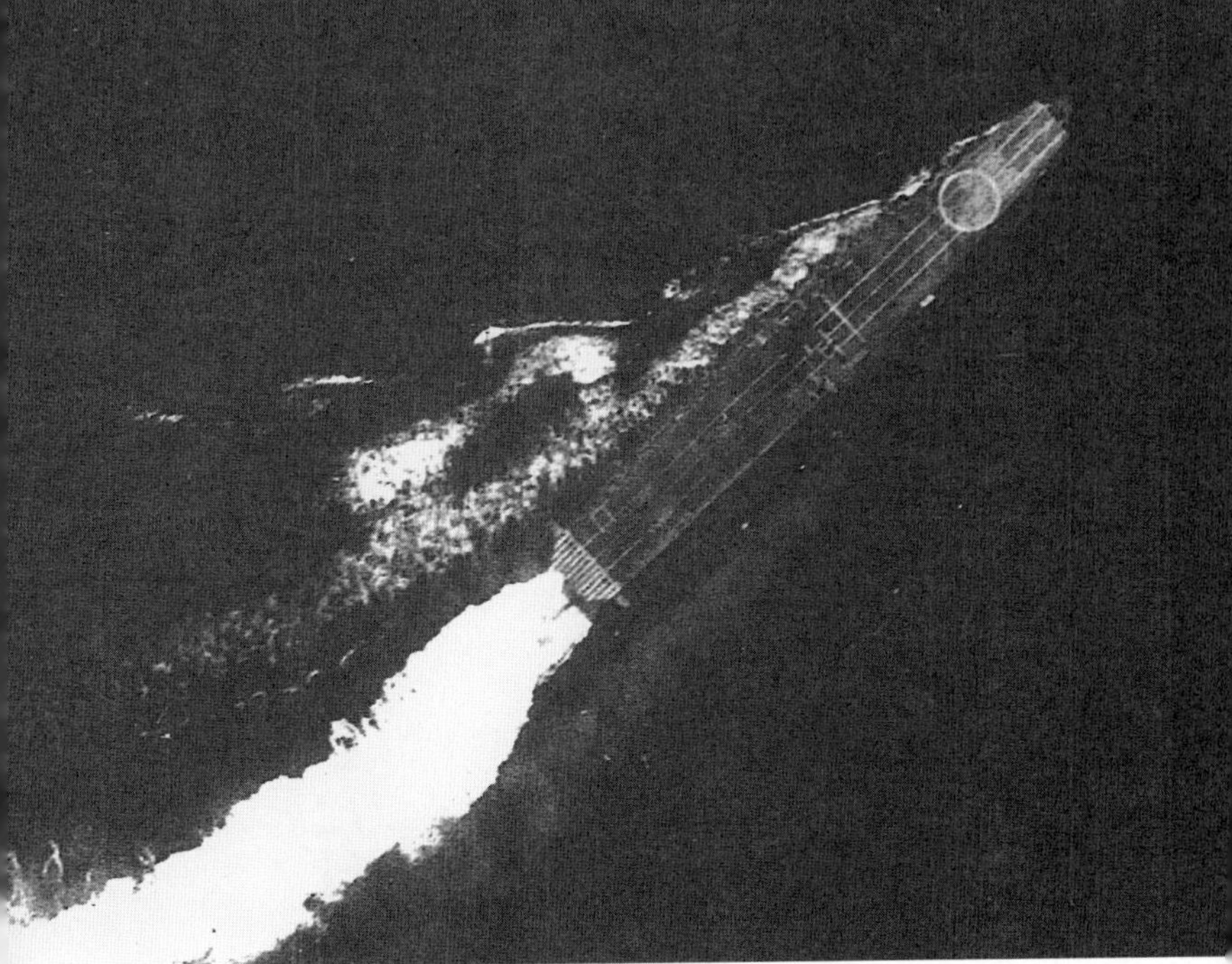

ミッドウェー海戦で米爆撃機の攻撃を受ける空母「飛龍」。取舵をとる本艦の飛行甲板前部に日の丸が描かれており、中部に零戦2機が待機している。全速力か艦尾のウエーキが凄まじい。艦尾に書かれた「ヒ」は「飛龍」示す識別文字。

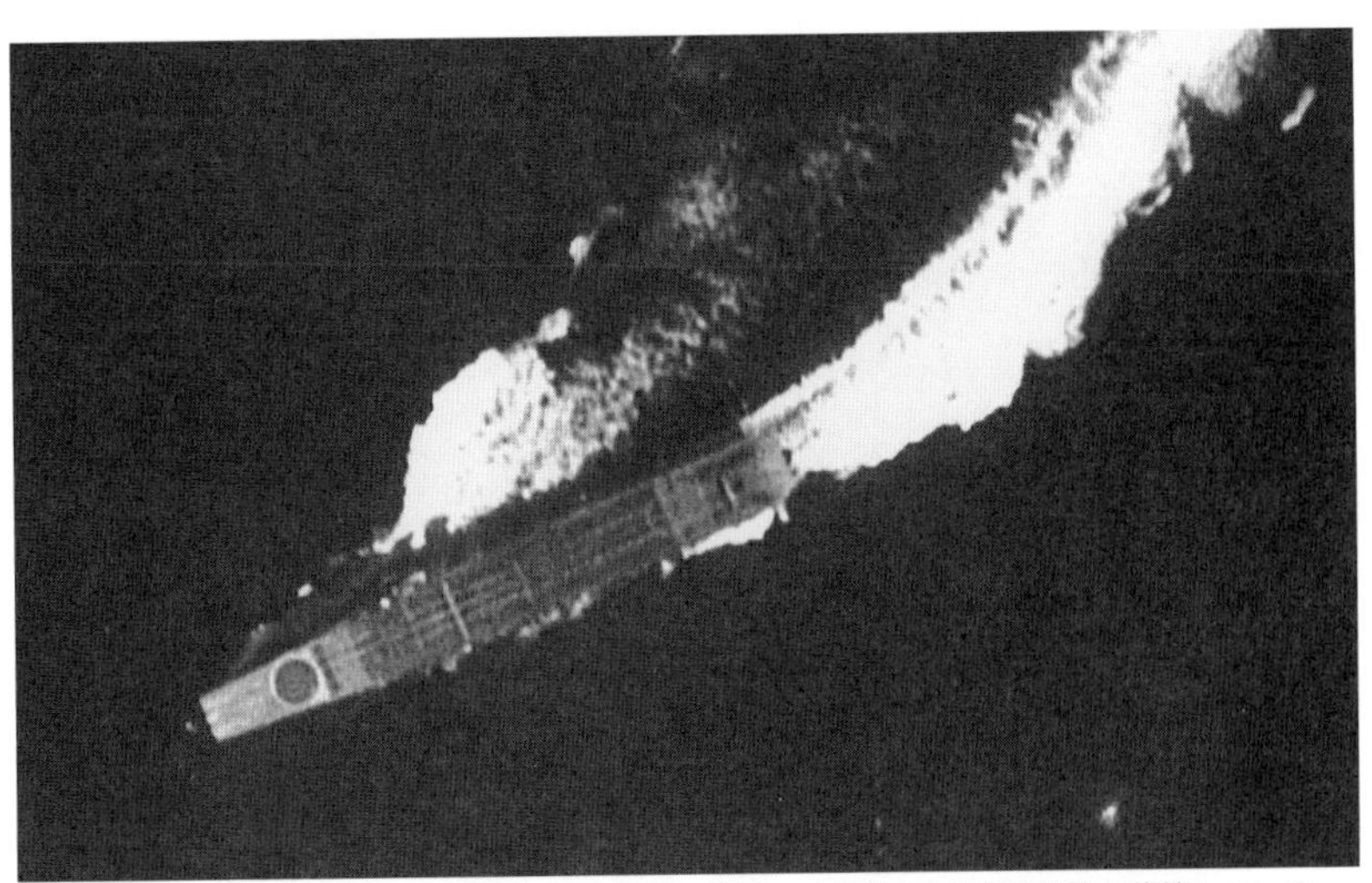

全速力で回避行動をとる「蒼龍」。飛行甲板の後部には零戦1機が発艦態勢で待機しているが、回避運動のため発艦でない模様である。

逆転劇を演出した日米情報戦能力の格差

ニミッツ提督からの重大警報

一九四二年（昭和十七年）五月十六日――ミッドウェー海戦が火ぶたを切るおよそ二〇日前――太平洋艦隊司令長官チェスター・ニミッツ海軍大将は、日本海軍のミッドウェー前哨基地への大規模な上陸作戦が予期されると、合衆国艦隊司令長官兼海軍作戦部長アーネスト・キング海軍大将に報告した。

しかし、ニミッツはこの二日前の十四日、キングに日本海軍による攻撃が、ハワイもしくは米本土西岸にたいしておこなわれる可能性ありと、警告したばかりだった。

なぜ、ニミッツは日本海軍の意図に関する考えを、突然に変えたのだろうか。

彼の活用した情報源は、ほとんどが無線諜報に裏付けられたものだった。無線諜報とは、無線傍受から得た通信文を、暗号解読と通信解析の方法で、相手の電文内容を知ることである。ニミッツ麾下の情報参謀エドウィン・レートン海軍少佐とハワイの戦闘諜報班ジョセフ・ロシュフォート海軍少佐は、はやくも五月六日に、日本海軍がハワイ方面への諸作戦を考慮していることをしめす無線交信を傍受・翻訳していた。

そして、およそ一週間後、ミッドウェーがハワイ方面のなかの最初の攻撃目標であることを、まったく取るにたりない二通の事務電――第二次K作戦に使用される航空機の無線用水晶の要求のやりとり――から明らかにした。

傍受した電文の周波数が例外的であることと、第二次K作戦への言及が深い関心をよんだ。最初のK作戦は三月五日、真珠湾上空から複数機が爆撃を計画したと理解されていた。

そこで、Kがハワイに関係しているなら、第二次K作戦はAF作戦につながると判断された。ロシュフォートのチームは、はやくも三月四日には、日本海軍の暗号のなかで、地点表示「AF」がミッドウェーと同一であることを確認していたのだった。

ニミッツが無線諜報にもとづいてくだした特別の決定は、日本の真珠湾奇襲のさいに、十分な警告の提供に失敗した無線諜報に不信をもつ者に、すぐに受けいれられることはなかった。

ミッドウェー海戦一五日前の五月二十日、米海軍戦争計画部長リッチモンド・ターナー海軍少将は、「われわれは、AF作戦と第二次K作戦をあやまって結びつけて考えている。AF作戦には比較的重装備の攻撃部隊をふくむが、第二次K作戦は潜水艦と航空機を使用したもので、これら二つの作戦は、それぞれ独立した作戦である」と強調した。

海軍通信部秘密保全課（OP－20－G）の諜報監視担当士官は、二つの諸作戦に関する、より明確な情報が入手されるまで、無線諜報要約書にコメントすることをさしひかえた。

そして、傍受・翻訳されたこれら諸作戦に関する電文を選別した。それは、単一作戦のことなった段階に実施される二つの部隊の、明確な協同行動をほのめかしていた。

一、第二艦隊＝五月十一日の機密第六一八番電。本電は、第二艦隊が第二攻略部隊と協同している。

二、第四空襲部隊＝五月十三日の機密第四二二番電。本電は、ある意味で攻略部隊と第四空襲部隊とを結びつけている。

三、第一航空艦隊司令長官＝五月十六日の機密第三八五番電。本電は、第一航空艦隊（空母群）がAFを攻撃するとき、当航空艦隊と潜水艦部隊とのあいだに協同があることを示している。

四、十四航空隊＝五月十七日の機密第二七七番電。本電（第四空襲部隊の小隊から）は、本隊とAF作戦間との緊密な関係を示している。

このことから、第二次K－AF作戦のなかでの第四空襲部隊と潜水艦部隊の役割りは、偵察活動、準備的な攻撃、および陽動作戦が考えられた。

日本海軍のD暗号を解読せよ

米諜報監視士官は、これらの行動が作戦の初期段階におこると信じていた。その結果において、主力部隊の作戦が実施されるかどうか決定されると、日本海軍の作戦意図を描写した。

日本海軍の主要無線システムは、暗号化された符字、略語や呼出符号、乱数を使用し、モールス符号で送信して相互の連絡をとっていた。

このとき、電文を暗号化するのに使用した暗号書が、総収容原語数約四万語以上の発受信をふくむ、二冊制の『戦略常務用海軍暗号書D』で、初版原本は一九三九年（昭和十四年）六月一日から使用された。

米海軍諜報班は、この時点からD暗号システムの通信傍受を開始し、この暗号書を「ABLE（エイブル）」、昭和十五年度改版を「BAKER（ベーカー）」と呼称していた。

日本海軍の暗号要員は、発信用暗号書から収容原語を五ケタの数字符字に換字した通信文の第一次暗号文を作成し、鍵となる乱数表（五数字の乱数が一ページ一〇〇語で五〇〇ページ）のなかの使用開始符をえらび、第一次暗号にその乱数を非算術的にくわえて、暗号文となったものを電信員が送信していた。

受信した側は、乱数表の開始符を判読して、その逆の手続きをとって暗号文を翻訳することにより、平文に直すのであった。

日本海軍の暗号関係者は、このD暗号の構成がきわめて複雑なため、敵に解読されないと思っていた。

しかし、米海軍の暗号解読者は、この五数字システムの暗号文を傍受すると、その通信量の増加ぐあいから日本海軍の主要暗号と判断し、ANシステム（管理用数字暗号）に分類して解読に着手した。

日米開戦後、日本海軍の通信チャンネルの数が増え、複雑になったため、恒久的な数字指定で分類することになり、ANシステムは「JN25」と命名しなおされた。

ワシントンDCにある通称メイン・ネービーと呼ばれる海軍省ビル内にあるOP－20－G（米海軍通信部秘密保全課）は、JN25の解読にとり組んでいた。傍受した五数字の電文は蓄積され、すべてIBMカードにパンチされて、どのような特徴をもつ暗号システムか分析された。

その結果、一九四〇年（昭和十五年）早秋にJN25のシステムは完全に解読されたが、諜報を判読するには、数字をのぞくすべての意味を復元しなくてはならなかった。

JN25はワシントンでシステムの解読がなされたのち、フィリピンのマニラ湾コレヒドール島フォートミルズのモンキーポイントにある空調設備のととのったトンネル内で、解読と乱数復元作業がつづけられた。

そこには、アジア艦隊第十六海軍区の通信諜報班CAST局があった。このC局は、日本軍のフィリピン進攻により、解読要員がオーストラリアのメルボルンに撤退し、オーストラリアの通信隊と合同して艦隊無線班（FRUMEL）となる。

また、一時的に撤退したC局の正確な場所を知らないワシントンの諜報班から、BELCONNEN・B局と呼ばれることもあった。

日本軍の真珠湾攻撃前後の時期、ワシントンで二、三名の暗号関係者がJN25の解読作業を継続するいがい、主要な解読作業はコレヒドールのC局でおこなわれていた。

ハワイの戦闘諜報班は、真珠湾の惨事の三日後に、JN25の解読に全力をつくすよう、ワシントンから命令をうけている。

日本軍の急速な進攻作戦は、コレヒドールC局の存在をあやうくした。その結果、C局はこれまで復元した乱数をふくむJN25の成果を、ハワイとワシントンに電子暗号機コペックを使用して送信したのち、メルボルンに撤退する。

ロシュフォートのひきいるハワイの諜報班は、それまでJN25の乱数復元作業をしていなかったが、今やその中心となり、要員不足にもかかわらず、一九四一年（昭和十六年）十二月から翌年六月までに、IBM装置を活用して大量の乱数復元に集中し、二万五〇〇〇を復元した。

一方、ワシントン局はJN25の解読鍵をすばやく復元する方法を発見し、三月中旬より五月下旬にかけての重大な時期に、一万六〇〇〇以上の乱数を復元し、コペック・チャンネルでハワイに成果を送信して、全面的支援をおこなった。

ロシュフォートのチームは、五月中に一日一五〇通以上の復元された日本海軍の電文を精査することになる。

結局、ハワイ、ワシントン、そしてメルボルンの諜報班は、コペック通信でたがいの成果を交換しあい、日本海軍のミッドウェー作戦の準備段階で、飛びかう無線交信から情報を入手していったのであった。

ついに特定されたミッドウェー

ミッドウェー海戦の公式研究覚書である無線課報文書87Z『無線諜報の役割』は、翻訳された日本海軍の主要電文一一〇通をリストアップしている。

これらの電文は、ほとんど同時に各諜報班で解読・翻訳しているが、六一通が最初に単独で判読されており、ワシントンがそのうち三五通、ハワイが二六通を解読したと記録されている。

こうした状況のなか、三つの無線諜報組織、すなわちワシントンのNEGATO局、オーストラリアのFRUMEL局、そしてハワイのHYPO局が、それぞれことなった情報分析をするのは避けられない事態が発生していた。

そのもっとも代表的なエピソードは、日本海軍地点略語「AF」解読の評価だった。AFの確認は、日本海軍の次期作戦目的を知るうえで、最重要な問題だった。

十三日の機密第四二二番電で示された、航空機運搬艦「五洲丸」の行動予定にある基地員および基地物件のAF進出とK作戦との関係、そして十六日の機密第三八五番電にあるAFの五〇海里地点からの空母機の攻撃に関するもので、日本海軍の作戦意図を断定するための鍵となるAFの評価で、ワシントンとハワイの諜報班は激突した。

JN25解読の本家にあたるワシントンOP－20－Gの権威は、AFをジョンストン島と判断、日本軍はジョンストン島にむかうと結論づけた。そして、ハワイで復元したJN25の乱数表は信頼できず、ＡＦと判断した箇所は、ただしくはＡＧと復元すべきと主張した。

論争は、ＡＦがミッドウェーであるかないかより、どちらの復元した乱数表が正しいかにあった。ニミッツは情報参謀レートンに、ＡＦの確認を最優先するよう命令した。

ロシュフォートのチームは、ミッドウェーでは真水が不足すると一大事で、これがつねに問題となっているとの会話から、ミッドウェーの真水不足を日本軍が知ったならば、ヤルートの無線局がただちに東京に報告するだろうと考えた。

それは、ワシントンのあやまりを示す偽電というかたちで実行された。ニミッツは、オアフ島とミッドウェー環礁間の海底電線の存在を知っており、「水不足」の平文での打電計画を実行にうつすべく下命した。

五月二十二日、メルボルンの通信諜報要約書は、五月二十日付の東京発の電文を記録した。

「ＡＦ（ミッドウェー）航空隊は次のような電文を二十日ＡＫ（　）第十四海軍区指揮官宛に打電した。十九日付の当隊の報告、現在、われわれは二週間分の水しかない。至急送られたし。覚書、本電の照合を第十四海軍区に要請する。もしこれが信頼できるならば、ＡＦがミッドウェーとおなじ意味であることを確認できるだろう」

こうして、ハワイの乱数復元とＡＦの評価の正しさが証明された。

ニミッツは、はるか南太平洋にある二隻の空母をハワイに呼びよせ、サンゴ海海戦で損傷した空母「ヨークタウン」を応急修理し、出撃がおくれる空母「レキシントン」の航空兵力を使用して、ミッドウェー北東海面に兵力を結集したのだった。

こうして、戦略的奇襲が可能と確信して出撃した日本海軍の精鋭空母四隻を、逆に打ち負かしたのだった。
こうして、米海軍はミッドウェーの戦いは情報の勝利であると断言したのである。

（「丸」二〇〇二年七月号　潮書房）

No. 2

FROM: COM16 #161423 March 1942
TO: OPNAV Copek
COMINCH
CINCPAC
COM14
COMSOWESPAC

... (2) Indications from Tokyo Communication Office despatch of 15th are that new calls for aircraft activities are to go into effect at midnight on date questionably recovered as 1 April or 31 March.

It was noted:

"In the past call changes have been placed in effect at ØØØØ on the 1st of the month."

As early as March 4, 1942, the area "AF" in Japanese codes was identified as Midway. Though no mention of a Midway campaign was seen till two months later, the early identification of this symbol was most valuable.

No. 4

FROM: OPNAV March 4, 1942
TO: COMINCH

Com14 040919

TOP SECRET CREAM

早くも1942年（昭和17年）3月4日、日本海軍の暗号電文に使用されている地点略語「AF」は「ミッドウェー」を意味することが確認された。一般にミッドウェー海戦に入る2ヵ月前に米海軍は「AF」の意味を理解していたのだ。その原因が「K」作戦でのハワイとミッドウェーの天気情報にあったことに、日本海軍が気づくことはなかった。

Melbourne, Australia,
May 22, 1942.

~~MOST SECRET~~

MEMORANDUM FOR: Comsowespacfor.

Subject: Digest for May 21, 1942.

A. "CI" INFORMATION

RI TE 2 (Second Fleet) - 20 May - "Imperial Headquarters Secret Radio Order" "Occupation Force Operation Order No. 1." "Ship or unit, mine sweep unit, ship or unit, 85th Guard Force, 85 Submarine Base Force, Maru, and No. 14 Special Landing Force will form this force. Under the direct orders of their commander (Comdr. 85th Guard Force) it will commence training and making preparations in the ____ area and will transfer to Truk by 2/3 June. There it will await next operations." (CinCpac)

KIMIHI (Naval Intelligence Tokyo) - 20 May - "The "AF" (Midway) air unit sent the following radio message to Comdt. 14th District "AK" ( ) on 20th. Refer this unit's report dated 19th, at the present time we have only enough water for 2 weeks. Please supply us immediately"
Note: Have requested 14th District check this message - if authentic it will confirm identity "AF" as midway. (CinCpac)

WI MA 6 (Airron 24) - 21 May - "In order carry out coming(?) operations please complete ferrying second period replacement planes during this month." (CinCpac)

NE RO 5 (Combined Fleet) - 20 May - to NO TA 4 (Combined Air Force) and U YO 4 (1st Air Fleet) "in accordance with Combined Fleet Serials ____ and 147 you will escort the 2nd Division." (CinCpac)

NU YU 3 ( ) - 21 May - "Departed Rabaul for Truk to arrive noon 24th." (CinCpac)

RI YO 8 (Kamikawa Maru) - 20 May - indicates unknown Maru will arrive Saipan morning of 24th with oil and provisions.(CinCpac)

SA A 7 (Second Fleet) - 19 May - "Crudiv 4 (3 ships), Batdiv 3 (3 ships) and Desron 4 (4 Desdivs) (less 1 DD) arrived ____." (CinCpac)
Note: Probably Shikoku (Empire)0176

-1- 176

1942年（昭和16年）5月22日に豪州メルボルンの無線通信班は、東京の5月20日付け大海情報番電が伝える「AF」航空隊からの「……現在、我々は二週間分の真水しか所持していない。至急送ってほしい……」を傍受解読して、日本海軍の使用する地点略語「AF」は「ミッドウェー」と確認されたと報告した。米海軍が「AF」を確認した歴史的電文である。

NAVAL MESSAGE — NAVY DEPARTMENT

DRAFTER	EXTENSION NUMBER	ADDRESSEES	PRECEDENCE
FROM BELLCONNEN	FOR ACTION	OPNAV COM 16 COMINCH CINCPAC COMFOURTEEN	PRIORITY PPPPPP ROUTINE DEFERRED
RELEASED BY			
DATE May 6, 1942			
TOR CODEROOM	INFORMATION		PRIORITY ROUTINE DEFERRED
DECODED BY			
PARAPHRASED BY			

INDICATE BY ASTERISK ADDRESSEES FOR WHICH MAIL DELIVERY IS SATISFACTORY.

060710 704 0 Page I of II

UNLESS OTHERWISE INDICATED THIS DISPATCH WILL BE TRANSMITTED WITH DEFERRED PRECEDENCE.

ORIGINATOR FILL IN DATE AND TIME DATE TIME GCT

TEXT

JAPANESE NAVY - D.
COMMENT ADDED BY R.I. CENTER OF OP-20-G,

1. Following are Area Designators with estimated identities:

AA	Wake	AOJ	Bay of Islands, Alaska
AB	Howland	AOK	Waterfall Bay, Alaska
ABB	Howland Island	AP	Unimak Pass/Aleutian Passes.
ADE	Tutuila	APA	Akutan Island, Alaska
AE	Palmyra	APC	Tanaga Island, Alaska
AF	Midway	APE	Amchitka Island, Alaska
AF	Used also to designate blank Fleet.	APF	Constantine, Alaska
		API	Semichi Island, Alaska
AG	Johnson	B	Borneo
AH	Oahu	BB	Balikpapan
AI	Oahu Area	BBA	Near Balikpapan
AIC	Lualualei	BD	Bandjermasin/Samarinda
AK	Pearl Harbor	BK	Pontianak
AKF	Ford Island	BR	Bandjermasin
AO	Alaska	BT	Tarakan
AOA	Chichagof, Alaska	CN	Christmas Island
AOC	Agattu Island, Alaska	CG	31st BASE FORCE
AOD	Unalaska	D	Indian Ocean Series.
AOE	Aleutians Area	DB	Associated with DG
AOF	Unmak, Alaska	DCM	Associated with DG
AOD	Atka, Alaska	DCU	Anchorage in 9-30 N., 79-50 E.
AOH	Nazan Bay, Alaska		
AOI	Adak, Alaska	DDC	Associated with DG

OF-34(3) Op-16-F-3 Op-20-GZ Op-20-GC File

RI-SECRET-RI

IMPORTANT: The information contained herein is not to be disclosed or referred to in any manner which may disclose its source

OF-34
?.15 A.M.
5/7/42

オーストラリア在の無線諜報班は、日本海軍の地点略語表をまとめた。「AF－ミッドウェー」を含む44ヵ所の地点略語表を作成していた。日本海軍は、暗号が盗まれていることに気づくこともなく、使用し続けたのである。

SECRET

Cryptanalysis of JN-25 1563

By: OP-20-GY-1
Prepared: July, 1943
This was the first edition of the GYP 1 "Bible".

RETURN TO ROOM 1121

SECRET

REVIEWED
07 MAY 1987
SECRET / CW

OP－20－GY－1班は「JN-25暗号解読」と題する、日本海軍暗号を解読する「バイブル」を完成させた。総ページ2000に及んでいる。米海軍暗号解読班は戦争を通じて絶えず日本海軍の通信文から貴重な諜報を得ていたのである。正午位置を報告する潜水艦7隻を含む輸送船はこのため米潜水艦の餌食になったのであった。

究極のエアパワー「空母機動部隊」の戦訓

机上でつくりあげた作戦計画

「……わが空母四隻ノ戦闘不能トナルコト判明セルガ、損傷及一部沈没ニシテ全部ガ沈没ノ憂目ニ遭フベシトハ予想セザリキ」

東京の南々東約二〇〇〇海里の洋上で行なわれる作戦の成功間違いなしと安心感をもっていた海軍軍令部第一課佐薙毅中佐は、日記にミッドウェー海戦で空母が全滅したことが確認された時のショックをこう記している。

ミッドウェー作戦は、米海軍との海上航空戦に敗れ、その戦域の制空権を失った日本海軍が作戦を中止とすることにより終結した。

日本海軍連合艦隊司令部は、ミッドウェー作戦失敗の原因に関する公式な事後研究会を開かなかった。

ミッドウェー作戦計画の作成者の一人、黒島亀人参謀は、その理由を戦後になって、次のように回想している。「皆、十分反省し、その非を十分認めている。今更突っついて屍に鞭うつ必要がない」

戦訓調査委員会は、六部限りのミッドウェー海戦に関する研究成果をまとめた謄写製本を作製したが、最高機密として秘蔵した。

いっぽう米海軍は、以前に学習し確定した教訓（珊瑚海海戦）を痛感し、相当数の新しい戦訓を明らかにし徹底した。

太平洋艦隊司令長官ニミッツ（日本海軍の山本五十六聯合艦隊司令長官に相当）は、二三項目の戦訓をふくむ戦闘経過報告を合衆国艦隊司令長官（日本海軍の軍令部総長に相当）に提出した。

その一つの戦訓、高射砲射撃諸元を算定する方位盤装置とリード・コンピューター（航空機の前方を狙って、弾が標的に届く時間を考慮に入れる）照準器の必要性は、マサチューセッツ工科大学ドレッパー博士の提案により二年後実用化され、多数の日本機を撃墜することになる。

ミッドウェー海戦は、組織としての成功または失敗の事例を蓄積し、それを組織内部に広くひろめ学習するシステムを持つ民族と持たない民族との戦い方の差の好例だった。

ミッドウェー海戦がはじまるおよそ一ヵ月前に生起した珊瑚海海戦は、日米両海軍が永年つちかってきた戦闘様相（戦艦同士による砲撃戦による勝敗の決着）とちがって急速に発達し、戦力の向上した航空機同士による空母を主隊とした初の海上航空決戦だった。

珊瑚海海戦で思わぬ損害をうけ、作戦目的（ポートモレスビー攻略）を達成できなかった日本海軍（南洋部隊――第四艦隊、五航空戦翔鶴、瑞鶴）は、九七ページからなる大東亜戦争戦訓（航空）珊瑚海海戦之部を編集した。

「大東亜戦争開始以来累次ノ戦闘ヲ観察綜合スル海上作戦ノ成敗ハ一ニ懸リテ航空戦ノ勝敗ニ在リ、本海戦ニ於テ敵ガ有力ナル海上兵力ヲ擁シツツ一度我航空兵力ノ威力圏内ニ入ルヤ忽チニシテ其ノ主力ヲ撃破セラレ敗戦ノ苦杯ヲ嘗メタル事実ハ今ヤ海上権力ノ主体ガ海上部隊ヨリ航空部隊ニ転移セルヲ実証セルモノト謂フベク海軍々備及海上用兵思想ニ一大転回ヲ要スル時機ニ遭遇セルヲ認ム」

珊瑚海海戦の九日前（四月二十八日）ミッドウェー作戦計画案は、すでに関係者に配布されていた。

その計画は、第一線の経験のない参謀によって机上で作成され、戦略的奇襲が成り立つとの前提で、詳細な作戦要領が決められていた。

その軍隊区分は、長年の日本海軍の戦艦主兵の思想のまま編成され、空母部隊の後方二〇〇海里に主力戦艦部隊（旗艦大和）を占位させるというものだった。

連合艦隊司令部は、史上初の空母対空母の貴重な経験をして帰投した珊瑚海海戦の体験者の意見を取り入れることはなかった。

しかし戦訓の記録は残った。

米軍側に見破られた秘匿行動

ミッドウェー作戦の主目的は、米空母の誘出撃滅にあったが、敵空母所在の不確定な確認のため実際の命令形式は、ミッドウェーの攻略、哨戒基地の前進を主目的として実行部隊にしめされた。

空母部隊（第一機動部隊——一航戦（注：第一航空戦隊の略）赤城・加賀。二航戦飛龍・蒼龍。珊瑚海で損害大のため翔鶴、瑞鶴不参加）の任務と行動を、つぎのよう決められていた。

N日（六月七日ミッドウェーを占領）の二日前の黎明、ミッドウェーの北西二五〇海里付近に進出し、攻撃隊を発進させミッドウェー環礁（イースタン島・滑走路ありとサンド島）を奇襲、所在の敵機、防備施設を撃滅する。情況によっては、再度攻撃することもある。

ミッドウェー攻撃の間、母艦搭載機の半数は敵艦隊の出撃（米空母は出撃していない。ミッドウェー基地が攻撃されたら出撃してくるだろう。それはむしろ望むところぐらいの判断）にそなえて艦上待機を行なう。

N日の前日、敵情に変化なければ、敵艦隊の出現にそなえ攻撃の続行。

N日敵艦隊の出現に備えつつ、ミッドウェー上陸作戦に協力、同島の北方約四〇〇海里付近に進出し敵艦隊の出現に備う。

爾後N日から一週間は、付近海面を機宜行動し敵艦隊の出現に備え、以後命令により同海面を離れトラックに向う。

珊瑚海の教訓は、空母用兵の原則を次のように伝えていた。

「母艦ヲ以テスル要地攻撃等ハ母艦ノ特質（爆弾一発の命中でも航空機の発着艦不能になる脆弱性）竝ニ攻撃効果（一艦を以て敵の数艦を屠るに足る攻撃力）ニ鑑ミ左ノ條件ヲ具備セザル限リ之ガ成功ノ算少ク母艦ノ攻撃目標ハ敵海上兵力ニ撰定スルヲ要ス。

（一）奇襲成功ノ算大ナルコト。我企図所在行動ヲ秘匿シ敵ノ意表ヲ衝キ得ベキコト。

（二）敵航空兵力ニ依ル反撃ノ顧慮少キコト。

（三）攻撃兵力優大ニシテ一撃克ク敵ノ反撃ヲ圧倒スルニ足ルコト。

（四）行動海面ニ制肘（自由な行動をさせないこと）ナキコト。

（五）敵海上兵力ノ所在行動明白ナルコト。

……布哇（ハワイ）海戦（完全な真珠湾奇襲）及印度洋作戦（セイロン島トリンコマリー港爆撃と英空母ハーミス撃沈）ニ於ケル如ク母艦々隊ヲ以テ敵航空基地ヲ撃破セル事例ナキニ非ルモ右ハ奇襲ニ成功シ而モ一撃克ク敵ノ反撃ヲ封殺シ得ルカ或ハ敵基地航空兵力微弱ナリシ特異ノ戦例ト謂フベク同海戦ノ赫々タル戦果ニ眩惑セラレ航空母艦ノ本質的欠陥ヲ軽視シ其ノ威力ヲ過大視セントスルハ大ナル誤謬ト謂フベシ」

ミッドウェー海戦において、日本海軍の作戦計画では奇襲がなりたつことを前提としていたが、実際は米海軍通信諜報班は、日本海軍の無線交信を傍受、暗号解読法により項目一の……我企図所在行動の秘匿……は米軍側に破られていたのだった。

貴重な経験を無視した空母部隊

その原因は、皮肉にも日本海軍が誘出目標の敵空母の所在を確認するための知敵手段として計画した第二「K」作戦（二式飛行艇を利用して、途中フレンチフリゲートの潜水艦から燃料を補給して真珠湾を偵察、米艦隊の動静を確認する。その予定は、米軍に先手を打たれ中止）の準備段階で発信した電報の解読をきっかけとして米軍側に作戦目的が暴露されていたことだった。

「発信＝第四空襲部隊。第二次『K』作戦中に航空機（二式大艇）に使用する周波数四九九〇と八九九〇キロサイクル無線用の水晶発振器一〇個の供給を要請する。……」

米海軍諜報班は、この電文の中に示された周波数と二ヵ月前（三月三日）真珠湾を爆撃して「K」と呼ばれていた作戦時に使用されたのと同じ周波数に着目し、ナゾを解いていったのだった。「K」は、真珠湾を示す暗号と推知されていた。

そして一週間後に解読された五州丸の「AF」（地点暗号）進出の行動予定電報と三月すでに解読されていた気象通報電の中の「AF」は「ミッドウェー」をキーワードとして結びつけ、諜報班は日本海軍の作戦目的を明らかにしていったのだった。

ここで米海軍通信諜報班が学習した決して忘れてはならない教訓は、暗号の秘密保持の目的のために、特に主要作戦のための準備の初期の段階以前に、頻雑に暗号は変更しなければならないということだった。

その結果項目二の……反撃ノ顧慮少キコト……は逆に米空母部隊に適用され、日本軍はミッドウェーの北東海面で待ち伏せさせられるハメになるのだった。

項目三の……攻撃兵力優大……について日米の航空兵力の差を比較すれば、日本海軍搭載機二八五機にたいし米海軍搭載機二三三機とミッドウェーの一二二機の合計三五五機となり、日本側の戦訓「海上航空戦ニ於テハ基地航空兵力ト航空母艦トノ緊密ナル協同連繋ニ依リ航空威力ノ全幅発揮ニ努ムルコト肝要ナリ」を実行した米海軍側に戦機が優勢にはたらいたことになる。

そして、「航空母艦ハ基地航空兵力ノ支援下ニ作戦スル場合ニ於テ其ノ全能ヲ発揮シ得ルヲ常トス」の通り、多数の基地航空機の損害をだしながらも米軍側は、四隻の日本空母を撃破することになるのだった。米軍側は、一隻の空母を損失した。

項目四の……行動海面ニ制肘ナキコト……に関し、日本空母部隊は、ミッドウェー攻略支援と敵空母撃滅の二つの任務にしばられていた。しかし当時の空母部隊の参謀長は、この二つの任務を同時に処理できるという自負をもっていたと回想している。が同時にただこのちょっとした驕慢心が総ての原因のまた原因をなしていると深く自責しているとも回想している。すべては、あとのまつりだった。

空母部隊の開戦いらいの活躍はむかうところ敵なしというありさまで、自己の戦力にたいするうぬぼれにつながっていた。しかし、珊瑚海の戦訓は「……航空母艦ヲ以テ基地航空兵力ト戦フハ恰モ水上艦艇ヲ以テ要塞ト戦フニ等シク」と警告し、「珊瑚海海戦ニ於テ空母祥鳳ハ輸送船団ノ防空ニ当リ、其ノ機動力ヲ制肘セラレ敵機動部隊ノ好餌トナレリ」と実例を示していた。

ミッドウェー作戦計画での空母部隊の行動は、珊瑚海の貴重な戦訓に反したことが多かったことに気づく。しかし最強の日本空母部隊の敗北の最も重要な要因は、空母部隊司令部が敵空母の企図所在に関する情報を欠いていたことだった。

日本軍は、四つの方法——第二次「K」作戦・先遣部隊（潜水艦）の甲、乙散開線配備・ウェークおよびウオッゼの基地航空部隊の哨戒そして無線諜報をあてにしていた。

基地航空部隊の哨戒は、零戦一二機、陸攻五〇機と飛行艇を活用したが、米空母の情報はえられなかった。

また潜水艦の散開線配備完了の二日の遅れが、米空母部隊をなんなく散開線を通過させる結果となり、敵空母のミッドウェーの北東海面での待ち伏せを許したのだった。

無線諜報は、ハワイに敵空母がいないと見ていた。

東京の情勢判断は、米空母がミッドウェーの味方空母の攻撃距離内に進出する可能性は考えていなかった。そして劣勢な敵がミッドウェーを救うため全力をかけてこないと観測していた。

索敵機がたよりの敵空母発見

敵空母に対する知敵手段は、結果として空母部隊自体による索敵にのみにかけられた。

空母部隊の後方三〇〇海里を進撃する戦艦大和（主力部隊）の敵信傍受班は、輸送船団の進路の前方にあたる方向から敵潜水艦がミッドウェー基地あてに緊急電を送信するのを傍受した。大和の司令部は、それを敵空母の誘出の目的が達せられ、むしろ望むところと感じていた。

六月四日夜大和の敵信班が、ミッドウェーの北方海面に敵空母らしい呼出符号を傍受したと報告。聯合艦隊司令長官は、どうだ（赤城に）すぐやれといわんでよいかといわれたが、通信参謀は無線封止中でもあり、敵に近い「赤城」もこれをとっているだろうから、とくに知らせる必要はないと述べ、黒島参謀も、搭載機の半数を艦船攻撃に待機させるよう、やかましく指導しているから、いまさら言わないでよいと思います。無線封止を破ってまで知らせる必要はないと申しあげ転電しなかった。そして終生忘れられない「私の大きな失敗の一つである」と黒島参謀は回想している。

戦訓は、主力部隊の配備に関し次のように指摘していた。

「……航空母艦ヲ敵方ニ前進配備シ海上部隊ガ其ノ後方ニ続行スルガ如キハ戦艦ヲ主力トスル在来ノ用兵思想ニ基ク謬見（あやまった考え）ニシテイタズラニ航空母艦ヲ敵襲ノ危険ニ曝露スルノミナラズ例ヘ航空部隊ノ戦闘有利ニ進展スルコトアルモ戦果ノ拡充困難ナル不利アリ。若シ夫レ航空母艦ヲ撃破セラルルガ如キコトアランカ海上部隊ハ直ニ決戦ニ転移シ得ルガ如キ特殊ノ情況ニ非ザル限リ只管（ヒタスラ）遁走ニ努ムル外ナキ愚ヲ演ズ……新戦闘方式ニ対スル認識ノ不足ニ起因セルモノト謂フベク厳ニ戒慎ノ要アルモノト認ム」

これは、ミッドウェー海戦で空母部隊が全滅させられた後の日本軍の姿をも暗示していた。

六月五日ミッドウェー攻撃隊を発進させる直前の空母部隊司令部の情況判断は、次の通りであった。

一、敵は戦意に乏しきも我が攻略作戦進捗すれば、出撃反撃の算がある。
二、敵は、わが企図を察知せず、少なくとも五日早朝迄は発見されていない。
三、敵空母を基幹とする有力部隊が付近海面に大挙行動中とは推定していない。
四、我はミッドウェーを空襲し、基地航空兵力を潰滅し上陸作戦に協力した後、敵機動部隊もし反撃せばこれを撃滅することは可能である。
五、敵基地航空機の反撃を上空直衛機ならびに防御砲火をもって撃墜可能である。

しかし一ヵ月前の戦訓は、「……多数ノ戦闘機ト警戒艦艇ノ防禦砲火ニヨリ防衛ニ努メタルモ母艦ノ安全ヲ確保シ得ザリシ事実ハ海上航空戦ノ常態ナリ。航空母艦ノ脆弱性ヲ補ハンガ為ニハ克ク企図ヲ秘匿シ奇襲ノ好機ヲ把握スルカ分散機動ニヨリ其ノ所在ヲ韜晦スルノ消極的防衛手段ヲ講ズルノ外ナク……」と指摘し、ミッドウェー作戦計画を机上で作成した参謀の「我企図を幾らか早く敵に察知させ、敵の誘出をはかる企図もふくまれていた」との言とは大きなギャップがある。

日本海軍の中に第一線からの個々の戦闘の体験から戦略戦術の策定に帰納的に反映させるシステムがあったならば、新しい事態や変化への積極的な対応策がとれたと思われる。

しかし、当時の空母部隊司令部は、米海軍と互角に戦っても敵を圧倒しうると信じていた。その結果は、日本海軍にとって思わぬ方向に展開していくのだった。

ミッドウェーの北西約二一〇海里に進出した空母部隊から、ミッドウェー攻撃隊一〇八機、上空警戒一二機そして索敵機七機（五番索敵線の筑摩一号機、第四索敵線の利根四号機の発進が遅れた）が飛び立った。

ミッドウェー攻撃隊は、計画通り攻撃を実施したが、多数（二五機）の戦闘機と熾烈な対空砲火を受け、効果不十分、第二撃の要があることを報告した。

空母指揮官は、索敵機が索敵線の限度に達する予定時刻になっても敵発見の報告がなかったので、予想通り付近に敵空母は存在しないと判断し、艦船攻撃用に待機中の艦攻の兵装を爆弾に代え、第二次攻撃隊をミッドウェーに向けることを決意した。

一三分後利根四号機から「敵らしきもの一〇隻」の発見報告が届いた。

そこで兵装転換（装備中の魚雷から八〇〇キロ爆弾）の下令の三〇分後、指揮官は、先の爆装への転換作業があまり進んでおらず、簡単に復旧できると判断して「艦攻の雷装そのまま」を命じた。

なぜ索敵機は飛ばなかったのか

そして先の報告に空母を含むものと判断し、艦種確認を急ぎながらも、この部隊を攻撃する決意をした。

このような状況は、セイロン作戦・珊瑚海の戦いの再現だった。

「戦訓、セイロン作戦。攻撃目標ニ応ジ最モ効果的ナル兵装ヲ選定スル要アルト雖モ重要戦機ニ於テハ徒ニ巧緻ヲ策シテ、時機ヲ逸スルコトナキヲ要ス。

第二次攻撃ヲ準備セル五航戦ノ艦攻隊ノ兵装転換ハ致命的支障ヲ生ゼザリシト雖モ結局本兵力ヲ徒労無為ニ終シメ攻撃兵装転換所要時間ハ迅速ナル兵装転換ヲ要スル機動戦ノ要求ヲ充タサザルコト甚シキヲ以テ、速カニ投下器ヲ改造、魚雷、通常爆弾、陸用爆弾、徹甲爆弾共ニ同一投下器ヲ其ノ儘使用シ得ルト共ニ同一投下器ノ調整ニ依リ直ニ之ニ應ジ得ルヲ要ス。

現有魚雷投下器及運搬車魚雷用具等ヲ至急改善シ、爆雷転換ヲ容易ナラシムルガ如キ方策ヲ講ズルヲ緊要トス。

九七式三号艦上攻撃機ノ魚雷抱締装置中弧上片ハ三個ヲ二個ニ改ムル要アリ。現状ハ魚雷抱締ニ際シ調整ニ苦心ヲ要ス。弧上片ヲ二個トシ強度ヲ十分トセバ魚雷装備、極メテ容易トナルべシ」

平常航行中の飛龍（動揺は横動最大一一度縦動最大四度）の兵装転換実験は、魚雷から八〇〇キロ通常爆弾へ、所要時間一時間三〇分。八〇〇キロ通常爆弾から魚雷へ、二時間という成績だった。

指揮官は、兵装転換に長時間を要することを知っていたのだった。

兵装作業は、ミッドウェーからの小兵力ずつの敵機の逐次攻撃による回避のため、艦の傾斜で一時停止せざるを得なかった。

このような状況の時、索敵機は、敵兵力が巡洋艦・駆逐艦各五隻と報告してきた。

そして一一分後「敵ハ其ノ後方ニ空母ラシキモノヲ伴フ」と空母に関する報告があった。

海上機動戦において迅速確実な策定が先制攻撃の第一要件であるが、第一報より空母所在報告まで五二分を要していた。

戦訓、偵察の項は、次のことを指摘していた。
「偵察能力ノ不足ハ大東亜戦争開始以来ニ認メラルルトコロニシテ、艦型誤認ノ例多ク作戦ニ重大ナル影響ヲ及ボセルコト一再ナラズ。珊瑚海ニ於テ五航戦飛行機ガ大型油槽船ヲ航空母艦ニ誤認スルノ錯誤ナカリセバ、先制攻撃ノ好機ニ乗ジ得タルモノト認メラル」

偵察における誤認の最大の原因は、触接距離が大きく、（偵察機の性能が低劣なことが原因）搭乗員の艦型識別の重要性に対する認識不足があげられた。

さらに偵察報告の現行暗号書の信文が戦艦を基幹とする部隊の戦闘方式をタテマエとしているので航空戦に適する方式に暗号書を改正する必要があった。

いっぽう米海軍の教訓は、「敵の早期、正確そして連続的な情報は、空母群の攻撃を成功させるため重要である。追跡は、適切な基地の進出距離内の時、基地航空隊によって行なわれるべきである。水上機母艦に搭載された水上機を偵察に使用した日本海軍のやり方は、十分な学習の根拠となる。

しかしたとえこれが索敵と追跡にどんなに適切であったとしても、空母はより重要な秘密保持のため、攻撃力の低下を甘受しながらも空母自身の航空機を用いて従来通り、油断のない緊急索敵を維持すべきである。日本軍は、空母機でない索敵機を用いて非常に成功していた。しかし珊瑚海とミッドウェーにおいて彼らは、偵察機を甲板に固定していた」というものだった。

航空母艦の所在を知った二航戦（飛龍・蒼龍）司令官は、艦爆隊の発進を意見具申した。

しかし、空母部隊指揮官は、ミッドウェー攻撃隊を収容し、十分な護衛戦闘機を付け大兵力を集中し一挙に敵空母部隊を撃滅する方針をとった。

理由は、一航戦（赤城・加賀）の艦攻の雷装転換が終わっていないことと敵機の来襲は艦戦で防御できると判断したことにあった。

米軍の記録はこの状況を次のように伝えている。

珊瑚海において非常に成功した急降下爆撃と雷撃機のすばらしい協同は、ミッドウェーの戦いでうまくいかなかった。

協同攻撃を防げている主な要因は、わが雷撃機にたいし戦闘機群を集中させた日本軍の戦術にある。わが雷撃機の大多数が犠牲になった。

日本軍は、およそ高度六〇〇〇メートルから雷撃機の雷撃高度まで降下する空母上空の戦闘機防御をもっていた。その結果これが、わが急降下爆撃機の奇襲攻撃を巻き込むことにより、日本軍の空母を沈めることができた。

わが軍は、空母上空に少なくとも戦闘機による二段戦闘哨戒を配備しなければならないと空母戦闘の多くを学んだ。日本軍は、敵空母を発見した時、どのような判断をすべきだったのだろうか。

問題があった空母の用兵思想

空母部隊参謀長は、「艦爆隊だけなら、すぐ発進させられることができた。しかし、艦爆隊と艦攻隊だけで進攻して失敗した珊瑚海海戦の例もあるので、どうしても艦戦隊を付けないで艦爆隊を出す決心がつかなかった」と回想している。

しかし戦訓珊瑚海海戦の戦闘諸方策は、「航空母艦ノ戦闘ハ先制敵ヲ奇襲スルヲ要訣トシ、敵ニ先チテ敵情ヲ審（ツマビラカ）ニシ母艦ノ機動ニヨリテ敵ノ不意ニ乗ズルヲ最善ノ策トスルモ情況ニ依リ一部飛行隊ヲ以テ挺身隊ヲ編成片道攻撃ヲ決行シ（米軍がこの戦法を用いた）或ハ一部ノ空母ヲ挺身進出セシメ極力多数ノ敵空母ト相殺シ、他ヲ以テ戦果ノ拡充ヲ図ルヲ有利トスル。航空母艦ノ脆弱性ニ鑑ミ詭（キ）計――艦型誤認シ易キ囮空母等ノ利用――ノ価値意想外ニ大ナルヲ予想セシムルモノアリ」と教えている。

ミッドウェー海戦において空母を一挙に撃滅せられた原因の一つは、第一機動部隊司令部が伎倆の格段に劣る五航戦であったから「翔鶴」が被弾するような損害を受けたが、精鋭な一、二航戦ならばあのような被害は受けなかったであろうと判断し、珊瑚海で初めて空母同士の航空戦を行ないえた五航戦の戦訓を真剣に研究しなかったことと、そして空母を集団使用し、上空警戒機を多数集中し、見張さえ十分にすれば敵の攻撃は防止できると断言した用兵思想にあった。

そして平時の日本海軍は、訓練用燃料に大きな制約を受けており、航空戦の訓練は攻撃だけが演練され、攻撃力発揮の前提である索敵・偵察、報告などの戦務をおろそかにし、航空戦の様相を現出する広場面の訓練を行なわなかった点にもあった。

その結果、戦訓は、「上級幹部ノ偵察ニ関スル認識ヲ更ニ深ムルヲ要ス。現状ニ於ケル指導的立場ニ在ル幹部ハ母艦々長、航空司令其ノ他ヲ問ハズ偵察ニ関シ極メテ関心薄キ槃アリ、華々シキ攻撃ニ眩惑セラレ偵察ノ重要性ヲ認識シ攻撃ニ対スルト同様ノ熱意ヲ、上級幹部ハ偵察ニモ払フ要アリ」と何度も偵察を強調することになった。

次期作戦に対応するため日本海軍は、ミッドウェー海戦で失った主力空母四隻とその搭載機の補充のため航空優先の「改⑤（まるご）計画案」をまとめ航空の増産をはかった。

開戦当初、空母機は、戦闘の機会がすくなくその消耗が小さいと予想され生産要求も少なかった。しかし珊瑚海の海上航空戦では、敵空母への第一次攻撃隊の総数六九機中健全なもの九機のみという実態が明らかになった。

海戦のおよそ一ヵ月後日本海軍は、従来の空母二隻の編成を大型空母二隻と小型一隻の三隻編成の航空戦隊（第三艦隊）を新編した。

搭載機は、艦爆と艦戦を増加し、航空決戦を目的としたものとなり、情報と戦務（偵察、通信等）を重視して情報参謀（米海軍にはすでにあった）を新設した。

米海軍は、ミッドウェー海戦で日本空母を全滅し、同島を守り抜いたのがハワイ〜ミッドウェー方面における増援、B－17の飛行編隊と連絡船による運搬にあることを認めながらも、ミッドウェー方面の地上基地航空機の戦力は、数・機種において必要条件を満しておらず、自力で日本海軍の進撃を撃退もしくは確認することさえできなかっただろう。

もし諜報による日本軍の動きに関する早期の情報がなかったならば、はるか彼方に分散し、損傷した空母を間に合わせることがなかったならば、ミッドウェーの戦いは、まったく異った結末をむかえただろうと断言した。

そして広大な海域で展開される複数の同時に起こる戦闘において、戦闘状態に入った指揮官が正しい情報を選定することの困難さの中にあって、空母部隊指揮官とミッドウェー海軍航空基地の指揮官は、作戦に生じた多くの混乱の状況を間違いなく解釈しながら、確実な根拠ある判断と決断を示したことを認めたのであった。

（「丸」一九九五年七月号　潮書房）

航空母艦「飛龍」の最期。ミッドウェー海戦で被弾により破壊され、大海のうねりに身をゆだねて漂流している。味方偵察機により撮影された。数ヵ月前の戦いの戦訓は、基地航空兵力と空母との緊密な共同連繋が航空威力を発揮することを示していた。それを実践したのは米軍だった。日本海軍はこの後、海上航空機動力に勝る米海軍力に立ち打ちできなかった。超大戦艦や巡洋艦の空母化を計画するも、成功することはなかった。

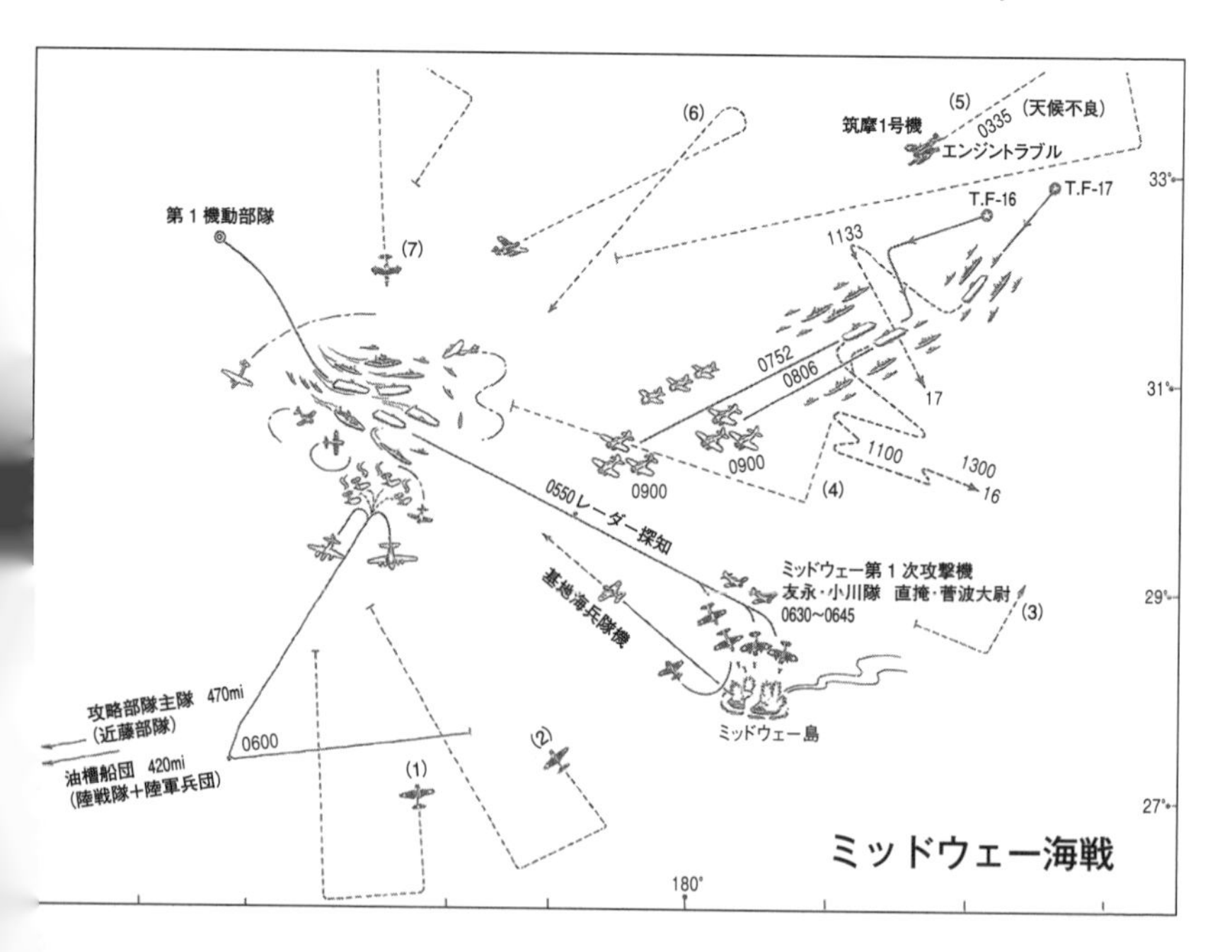

ミッドウェー情報戦 負けっ放しの日本

ミッドウェーに学ぶ暗号解読

インターネットをはじめとする通信のデジタル化時代を迎え「暗号ビジネス」が花盛りだ。米国の暗号ソフト会社RSAを相手に日本の電子機器メーカーも〝世界最強の暗号〟の開発に挑んでいる。

株の売買など電子取引をめぐる情報ガードはもとより、個人・企業情報から国家機密に至るまで保守を要する情報は山ほどある。だが、「暗号化しさえすればもう安心」というのではあまりにも安易すぎる。

なぜか――一つには、暗号はいつの日にか必ず破られるという宿命がつきまとって離れないからだ。もう一つ大切なことは、暗号解読とは、たんにシステム化された乱数や記号を読み解くという技術的側面以外に、暗号化されていない〝さりげない日常〟、いわばハダカの情報集積によって知られる部分の方が多いということである。「隠すより現わる」――隠そうとすればするほど現われてしまうことをわきまえておく必要がある。

いま私の手元に一片の新聞の切り抜きがある。一九八六年五月三十一日付読売新聞夕刊とあるから、一一年間この紙片を大切にファイルしていたことになる。

「功績の故米大佐に勲章――ミッドウェー海戦で暗号解読」

こんなミダシで始まる記事は、日米戦の勝敗を分けたミッドウェー海戦で日本側の暗号電報を解読した海軍大佐の遺族に死後一〇年にして勲章が授与されたという内容を伝えていた。

ホワイトハウスで行なわれた授与式は、第二次大戦中の功績に関する検討期間がすでに終了していたため、本国でも人々の注目を集めたようだ。

「合衆国大統領は、強い責任感で政府に奉仕した功績に対し、故ジョセフ・J・ロシュフォート海軍大佐に対しその死後傑出功労勲章を授与することを誇りに思う……」

ロナルド・レーガン大統領は、感状を読みあげ二人の遺児兄妹ジョセフ・J・ロシュフォート・ジュニアーとジャネット・フェイ・ロシュフォート、そして孫三人に勲章を授与した。

実はこの四日前、レーガン大統領はメリーランド州フォートミードにある国家安全保障局――国防総省の情報機関で世界の暗号学の頂点にある――で次のような演説をしている。

「……私は、もう一つ別の物語をしたい。危急の諜報がミッドウェーの戦いを史上、最もドラマチックで決定的な海戦にした。ほとんどのアメリカ国民が、ロシュフォートと彼の同僚の物語を知らない。我々全ての者は彼らに恩義がある。

しかし、第二次大戦の勝利に大きく貢献したグループのことを考えると誠につらいものがある。あなたがた国家安全保障局の職員も彼ら同様に誇るべき伝統的役割を担っている。重大な瞬間に気づき、偉大な勝利に導いたとしても、それが公けにされるのは幾年かの世代を経てからのことである。あなたがたが沈黙のうちに任務に服している間、あなたがたの成功は公式に評価されることはないのだから……」

レーガン大統領の演説からは、諜報にたずさわる〝隠密部隊〟の仕事ぶりがどのようなものかが窺い知れる。そして、ロシュフォート大佐への謝辞が何故「死後」になってしまったのかということも――。

暗号原本まで見られていた

第二次大戦に関する暗号文書が本格的に公開されはじめたのは戦後五二年たった一九九七年春のことだった。

アメリカ・メリーランド州カレッジパークにある国立公文書館Ⅱは、一四七九個のボックスに含まれる第二次大戦中のドイツ、ロシア、フランス、イタリア、ギリシャなど世界の暗号に関する秘密文書を公開した。

その中には、日本陸海軍の暗号書の原本及びそのコピーが大量に含まれていた。米側が入手していた原本の中には日本軍が撤退する前に土中に埋めたものを掘り出したものがあったりする。内訳は海軍暗号書D壹（発・受信用）、船舶司令部乱数表（な）十号、海軍暗号書天、海軍暗号書波貳、第十七師団部隊乱数表一号、参謀本部通信暗号書二号などである。

この公開に先立つ一九七九年、大統領行政命令一二〇六五号により日本海軍に関する傍受、翻訳電文の秘密解除が行われたが、暗号書の原本などが公開されることはなかった。

こうした状況下でこれまでベールに包まれていたミッドウェー海戦に関する通信諜報の実体が明らかになってきた。

さらに幸運なことは、今夏の訪米取材でロシュフォートによる口述記録「海軍退役ジョセフ・J・ロシュフォート大佐の回想」が米海軍協会歴史部局、ポール・スティルウェル氏の好意によって入手できたことだった。

この口述記録は、米海軍協会口述歴史士官が一九六九年八月十四日から同年十二月六日までのおよそ四ヵ月かけてインタビューしたものだが、これまで国家安全保障局から秘密指定を受けていた。

日本とのかね合いで重要と思われる通信諜報に関する文書は『通信諜報概史』（ローレンス・サフォード著）、『第二次大戦の海軍秘密保全グループ史』（J・S・ホルトウィッツJr.著）の他にミッドウェーに関しては『両刃の秘密』（邦題『太平洋暗号戦史』ウィルフリド・J・ホルムズ著）、『私はそこにいた』（邦題『太平洋戦争暗号作戦』エドウィン・T・レイトン著）などが先行しているが、ロシュフォートの口述記録が加わったことにより、その全貌が明らかになったといっていい。

関東大震災当時から暗号解読

ロシュフォートは、一九一八年（大正七年）、ロスアンゼルスのポリテクニク高等学校に四年間通った後、海軍に志願した。アメリカは前年の四月六日、ドイツに宣戦し第一次大戦に参戦した。当時志願兵募集に効を奏したのが有名なジェームズ・モンゴメリー・フラッグの「君は求められている」というポスターだった。

米海軍は当時はやくも最大の仮想敵国である日本海軍の動静に注目、一九二二年（大正十一年）に海軍情報部が資金提供して同部、ＦＢＩ（連邦捜査局）、ニューヨーク市警から成る特別工作班を編成し、ニューヨークの日本総領事館に侵入し、金庫にあった日本海軍の暗号表の全てを写真に撮るというスパイ映画を地でいくような挙に出た。

その暗号書は、クェーカー宣教師で東京大学でも教鞭をとったエマーソン・Ｊ・ホワース博士夫妻により四年近い歳月をかけ翻訳された。完成した暗号書は、上・下二巻の赤い布表紙だったことから「赤暗号」と呼ばれた。海軍省ビルの一六二一号室に調査部暗号課があり、二五年十月にロシュフォートもこのスタッフの一員に加えられた。ロシュフォートのブリッジの手腕からして「向いている」とみられたからだった。

ロシュフォートは口述記録の中で、

「日本の暗号電文解読に成功したのは一九二三年（大正十二年）、関東大震災に関するものであった」

と証言している。この証言録によってもいまだに伏字があり、必ずしも明らかではないが、地震発生とともに無数の軍用電波が発せられ、多量の兵員、食糧、物資の輸送が行なわれ、米海軍がその動静を探っていたことは想像に難くない。伏字は解読のきっかけとなった具体的な用語だろう。

暗号は解読できても、ある程度日本語がわからなければ相手の意図まで読みとることはできない。これを痛感した先輩から日本への語学留学をすすめられたロシュフォートは一九二九年秋夫人を伴って日本に向った。諜報関係者に独身者が多い中で珍しいケースとも思われるが、不信の眼差しを避けるためにはかえって良かったのかも知れない。身分は、表向き在日アメリカ大使館・海軍武官付ということになっていた。

日本に着くと先任の海軍武官から「大事な話がある以外、大使館に立ち寄るな」と告げられ、自分の任務を改めて知ったロシュフォートは、日本人の中に進んで入り、日本語と日本人について学んだ。

月額手当て五〇ドルをはたいて、まず大卒の日本語教師二人を雇った。一人の日本語教師とは一日二時間をとり会話と筆記の学習に重点を置き、もう一人とはもっぱら街に出て散歩したり人々との会話に費した。一計を案じたロシュフォートは日本語を教わるかわりに英語を教える交換教授を申し出て経費を節減、その上、自ら六カ月のチェック期間を設け、どれだけ学べたか厳しく自己診断していたという。

最初に覚えたのは片仮名で、次に平仮名の順にマスターしていった。三年間でおよそ三五〇〇語を暗記したといっている。さらに大切なことは、日本人の風俗習慣、事件などに対するものの考え方を知ることであった。

あるときロシュフォートはパーティーの席で三井系企業の人物から日本人の「メンツ」（体面・面目）について聞かされたといっている。このことを特に証言しているところをみると、必敗を覚悟しても挙に出る、英米人の合理的思考を越えた民族性を学んだのだ、と言いたかったのかもしれない。また、在日中にワシントン軍縮会議にからんで日本の暗号が解読されていたことを暴露したヤードレーの『ブラック・チェンバー』が日本人の間で評判になっていたことを印象にとどめている。

一九三九年四月ロシュフォートは、ハワイ分遣隊・偵察部隊の諜報参謀の任についていた。そして二年後の五月彼は、第十四海軍管区司令官クラウデ・C・ブロック提督から個人的な書簡により、パール・ハーバーの通信諜報班の指揮官になることを知らされた。

ロシュフォートは着任早々その任務を秘匿するため自ら「戦闘諜報班」と命名した。オアフ島にはアイエアに主要な傍受班があり、それとは別にもう一つヒーイアにも無線局があった。このヒーイアの頭文字「H」をとって戦闘諜報班は暗号名「ハイポ」と呼ばれていた。

ロシュフォートを長とするハイポ局は軍隊にしては異例といえるほどに各人のポストは階級よりもそれぞれに課せられた任務によって決っていた。

一日約一四〇通の傍受電を呼出符号、発信日と時刻、そして周波数を記入したカードを参照しながらチェックし、それまで蓄積した類似の電文と突き合わせながら通信文の空白を埋めていた。緊張感が漲っているとはいえ仕事柄静穏な日々がつづく。

そんな折も折、一九四一年十二月七日未明ハイポ局のある地下室は、地上の数回にわたる大爆発で振動した。地上で何が起っているか、誰も見ることは出来なかった。

室内の電灯が一斉に消え、数分間真っ暗闇になり点滅した。

ロシュフォートは、真珠湾が攻撃されたことに驚いた、というより虚を突かれる思いがした。「計算」がはずれたことに対するショックである。彼の予測では、攻撃が行なわれるとしたら中国沿岸の東南アジアか、フィリピンだったからだ。

真珠湾攻撃の三日後ロシュフォートは、ワシントンから別命を受けた。以前から解読作業を進めていた高級士官用の暗号解読を中止し、日本海軍の五桁数字の暗号解読に全力を集中するよう命令されたのだ。

米側からAN暗号と呼称された日本海軍の暗号は、一九三九年（昭和十四年）四月にJN25A－1の整理番号が付けられていた。

翌年十二月一日、日本海軍は乱数表を改版。日本の呼称は「海軍暗号書D」で、米軍呼称JN25B－5であった。

日本海軍は、対米戦開始に備えて一九四一年（昭和十六年）十二月四日、さらに更新した。ワシントンからの命令にもとづきハイポ局はこれに新たに整理番号を付し、JN25B－8とした。

この乱数表の更新、無線呼出符号の頻繁な変更、内地海域における偽電交信そして空母部隊の無線封止が、米海軍通信諜報班の方位測定網、通信解析による空母位置の見積りを誤らせ真珠湾奇襲を成功に導く要因となった。

しかしその後日本軍は、緒戦の成功に酔いすぎたのか、急速な戦線の拡大、短期決戦を求め積極作戦を連続させなければならないという焦燥感から、使用暗号書の更新を計画しながらもその機会を失い、同じ暗号を長期的に使用することになる。

米側秘密文書「通信諜報の役割」は、ミッドウェー海戦における米海軍の成功の大部分は、日本海軍のエラーからもたらされたと明記している。

KとAFを捜せ

ロシュフォートは、まず真珠湾攻撃の際に撃墜された日本機（注：第五航空戦隊所属）から回収された文書に注目した。

それは部分的に焼け焦げていたが、日本海軍部隊の無線呼出符号の記号法と周波数等を明らかにしてくれた。

通常、暗号解読家は一定量の通信文を前にまず、その冒頭部分に何かヒントがあるのではないか、と仮定する。なぜなら、送信される数字式モールス符号が最初から崩れていては、たとえ味方の受信者でもどこから手をつけてよいのか、暗号を復元する手掛かりを失うからだ。

D暗号に使用された乱数表は、ヴィジュネル型の多表形式で十六世紀後半から三〇〇年間も不解読性暗号と呼ばれていたものだった。

　それほど難解と思われていたD暗号がなぜ解読されてしまったのだろうか。日本海軍の暗号の専門家が、自分たちの暗号は破られるはずがないと信じ込んだことが命取りになった。その解読理論は既に開発されていたからだ。しかも、さして重要でないと日本側が考えた「日常性」から足元をすくわれる結果になろうとは……。

　日本海軍は、開戦劈頭の真珠湾奇襲攻撃で討ちもらした敵空母をミッドウェーに誘出、その壊滅をはかり、さらに要地占領をも企み空母四隻を含む攻略部隊の出撃計画を立てた。作戦計画の変更、修正の連絡は、無線で行われた。

　米海軍首脳陣は、日本軍が次にどこに現われるか、その意図と地点の特定に神経をとがらせていた。

　米海軍情報組織は、ワシントンDCにある海軍省を中枢とするネガト局、オーストラリアのベルコネン局、ハワイのハイポ局の三つで構成されていた。

　これら三局は、傍受、方位測定、通信解析を基本に日本海軍の発信する電波に二十四時間体制で注目していた。

　日本海軍は、高級司令部用に海軍暗号書「甲」、軍需補給用「辛」、一般用「D」、航空通信用「F」、商船用「S」、海上部隊戦術用「乙」など多種類の暗号を使用していた。その中でも戦略常務用の海軍暗号書Dは、重要な通信文のほとんどに使用されていた。

　米海軍は、戦争の勃発する二年前一九三九年六月一日に日本海軍が使用を開始した海軍暗号書

D一般乱数表一号の解読、翻訳に全力を尽していた。

そのため一九七六年に公開された資料によると、太平洋戦争勃発前、米海軍は日本のD暗号をほぼ復元していたことが判明した。なんと五万の乱数のうち四万七五九〇を復元していたのだ。日本側にはその資料がないために「そこまで読まれていたか」と驚かされるのだが、これは紛れもない事実である。前述のように日本海軍は真珠湾攻撃の三日前に乱数表使用規定を更新したため米側は改めて解読に集中した。

真珠湾の惨劇から三ヵ月たった一九四二年三月二日、オーストラリアのベルコネン局は日本海軍が暗号電報の中で使用する地点符号「AA」はウェーキ、「AK」が真珠湾であることを突き止めた。さらに進行中の諸作戦に「K」の文字が多用されていることに気づいた。

二日後同じベルコネン局は、東京から洋上に展開中の第四艦隊参謀長、潜水艦部隊、第二四航空戦隊に宛てた第八五四番の電文を傍受した。

そこには、AH・AFHとAF地区にある配属部隊に関する指令と判読できる内容が含まれていた。それら諸部隊に関する具体的な手がかりはなかったが、米軍の配備を予測したものかあるいは日本軍の諸作戦が三月五日これらの地区で行なわれるのではないかと思われた。そこでベルコネン局は、ネガト局とハイポ局に問題の第八五四番電の解読と評価を依頼した。

日本海軍の横浜航空隊が、マーシャル諸島ウオッゼにいると考えられており、二十四航空戦隊には飛行艇が配備されていることは通信解析によってすでに知られていた。

ネガト局は〈具体的内容は不明だが、AFとAFHはハワイ諸島付近の地域を示しているように思う〉という返事をよこした。

ハイポ局は〈内容不明の作戦が潜水艦部隊と関連している。マーシャル諸島から北方に巡航する潜水艦はミッドウェーとジョンストン海域付近で行動している。その任務はおそらく、その海域の気象情報の入手であろう。ウェーキとオアフ間で作戦中の飛行艇への給油作戦かもしれない〉と分析した。

日本海軍は、真珠湾の奇襲で米太平洋艦隊に壊滅的な打撃を与えた、とみていた。しかし、その真珠湾で灯火管制も行わず昼夜兼行で復旧を行なっていることを潜水艦（搭載機）の偵察情報により把握していた。

丁度その頃、日本側は川西航空機で作製中の二式大型飛行艇を完成させていた。

海軍部は、高度四〇〇〇メートルで航続距離三八六二海里、二五〇キロ爆弾八個搭載可能という飛行艇の性能に目をつけた。途中潜水艦による燃料補給をすれば、これを利用して再び真珠湾に奇襲を加えることができると考えた。三三時間に及ぶ長距離攻撃ながら米側の復旧作業を妨害すれば、さぞかし精神的打撃になることだろうと考えたのだ。

そして、これを「K」作戦と名づけた。三月二日、二機の二式大艇はマーシャル諸島ウオッゼを発進、途中洋上に浮上する伊号第九潜水艦から長波の輻射をキャッチし、飛行コースを確認、一三時間後フレンチフリゲート環礁に当時着水限度をこえるといれた風速一四メートル、波高二メートルの中を強行着水した。そこで約一時間の補給をうけた後離水、高度四二〇〇メートルで一路ハワイを目指して出撃した。爆撃はしたものの、山中に被害を与えただけで目的を達することはできなかった。

米側は、機影をレーダーで探知、まさか二機の飛行艇とは思わず魚雷を搭載した迎撃機を発進させた。〝来襲する飛行機〟を発進させた〝航空母艦〟を攻撃するためだった。

盗んだつもりが盗み返されて

K作戦に関わる日米の情報戦と軍事行動のギャップはこれまでみてきたとおりだが、ロシュフォート率いるハイポ局の報告をもう一度見直してみよう。ハイポ局の報告で注目すべきは二式大艇の任務を「気象情報入手」と推察し、かつ地点を「ウェーキとオアフの間」と特定している点である。ネガト局の分析より一歩も二歩も「確実性」の至近距離にいることがわかる。実をいうと、ハイポ局は三月四日に一連番号八五四とよばれる日本側の暗号電を解読していたのだ。だが、米側で公表された資料の中にはこのファイルがない。それなら対応する日本側の八五四番電に関する資料はないのだろうか。

東京・恵比寿にある防衛研究所戦史部の史料室を訪ねた。索引から第二十四航空戦隊戦闘詳報第十一号を選び出した。

私は、戦闘詳報の令達報告等の電報の項目に目を走らせた。

そして二八ページ目に米軍が五五年前に傍受した通信文に含まれる三月三日の一連番号八五四に合致する電報を見つけた。

「三月三日二〇時三〇分、大海一部長（注：大本営海軍参謀部第一部長）発信。三月四日〇七時一〇分受信。第二十四航空戦隊司令官、第四、第六艦隊各長官。（聯合艦隊長官、浜空司令）。大海機密八五四番電。天気予察、三月四日及五日、布哇方面両日共北東乃至東……『フレンチフリゲート』方面両日共……『ミッドウェー』方面四日ハ東五日ハ南東乃至南々東共二十米程度半晴」

ロシュフォートのチームは、正しく機密八五四番電を翻訳していたのだった。

実際、二式大艇のハワイ爆撃の後、ロシュフォートは情報参謀エドウィン・レイトンと共に、太平洋艦隊司令長官チェスター・ニミッツに〈ウオッゼを発進した飛行艇がフレンチフリゲート環礁で潜水艦より給油されたのだろう〉と彼の判断を伝えた。これによって、ハイポ局は日本側の地点を示す暗号——AHはハワイ、AFHはフレンチフリゲート、AFはミッドウェーを示していることをほぼ見破っていたことがわかる。

この報告を受けたニミッツが、無線封止を厳重に守ったうえで、水上機母艦バラードを派遣、フレンチフリゲート環礁一帯で日本軍が二度と同じような作戦をとれなくするよう命令したのはいうまでもない。

それにしても遠慮がちな報告のうちに潜んでいるロシュフォートの自信はどこからきたのだろうか。

その理由は、日本海軍が作戦目標付近の天候状況を米海軍の気象暗号を解読して利用した事実を米軍が逆探知していたからだった。

もう一度、日本側資料からそれを証明してみよう。「浜空機密第七一号別紙の『K作戦経過概要竝所見』」を見ると「……天候偵察機の報告を受け、一方AK、AF、AGの敵側実況報を判読した天候は……」と記してある。

もう一つの証拠は、第二十四航空戦隊の戦闘詳報にあった。

〈米国は三月一日より気象暗号を変更し目下解読に努力中に付き実況通り……〉

この二つの記録は、日本海軍が当時米海軍の気象暗号を解読していたことを示していた。

そこで開戦前から日本海軍の気象暗号を解読していたロシュフォートのチームは、自軍の気象情報が日本海軍の気象暗号と照合することを暗号解読によって知っていたのだった。

悲劇的だったのは、まんまと盗んだつもりの日本側が、実は盗み返されていたことに気づかなかったことだった。

客観的にはこのような状況下であったにもかかわらず、日本海軍は「第二次K作戦」を実行に移す。しかもその過程で再び大きなミスを犯すことになった。

ミッドウェー作戦を実施するにあたり、第一次K作戦の首尾に気をよくした日本海軍は再び二式大艇を発進させ、真珠湾に碇泊する空母を含む艦船の偵察飛行を試みようとした。だが、前述のようにフレンチフリゲート環礁にはニミッツの命を受けた機雷敷設艦が配備につき、日本の補給用潜水艦を近付けさせなかったのだ。

この作戦の準備段階にあった五月六日、日本海軍は次のような暗号電を発信する。〈第四空襲部隊、機密第三三三番電、第二次K作戦の航空機に使用する周波数四九九〇と八九九〇キロサイクルの水晶の供給を依頼する。五月十七日以前に司令部（クェゼリン）に到着すること〉

日本海軍は二式大艇の通信能力向上をはかるために発信機にとりつける水晶部品を急送するよう D暗号によって要請した。水晶に電流を通すと安定性の高い高周波が得られるという性質を利用したもので、長距離飛行作戦を実施する現地としては必要不可欠と判断したのだろう。

日本海軍は規則上、こうした事務電報の打電をも出来る限り規制するよう指示を出していた。だが、第二十四航空戦隊戦時日誌には、この第三三三番〜三三九番電までの七通の電文は記載されていない。それ以外の第三三二番電と第三四〇番電はいずれも、戦闘概報として哨戒に関する内容のため記録に残っていることからみて、単なる事務電とみたのではないかと考えられる。

第二次K作戦に関する電文は、その後二通傍受された。

五月十四日、第四空襲部隊が発信した航空機運搬艦五洲丸の行動予定を知らせる電文がそれである。

「……第三航空（隊）はその基地装備と地上要員を積み、AFに進出する。その後、攻略部隊とともに意図した行動を通報せよ」

この電文を解読したロシュフォートたちは、次のように判断した。

「K作戦は、オアフ島を爆撃したのが最初だった。第二次作戦は五月十七日当日かその後に開始されるはずである」

そして、この瞬間、ロシュフォートの頭の中には電光の如きひらめきが生じた。

〈「AF」と「K作戦」は結びついている！〉

日頃は感情を露わにしないロシュフォートにしては珍しく昂揚した気持ちを抑え切れずニミッ

ツの情報参謀レイトンに自ら電話器をとって言った。

「何かとてつもないものをつかんだ。来ればわかるよ、とにかくすごいんだ」

ロシュフォートの証言録によると、このときのことを回顧し、こんな証言を残している。

「ふつうの暗号家は作戦に関する目的や結果について無関心なものだ。しかし、このときばかりは作戦内容に興奮した……」

それはそうだろう。過ぐる真珠湾攻撃につづく珊瑚海海戦で傷ついた米艦隊と南雲機動部隊を中心とする日本艦隊との決戦を目前に〝敵〟の出撃拠点を焙り出したのだからロシュフォートの昂ぶりはうなずけよう。

ところが、ワシントンのネガト局のジョン・レッドマン中佐はＡＦはジョンストン島であり、日本軍はここに向っていると主張して譲らない。

日本は今も「読まれている」

こうなってくると、ＡＦがミッドウェーであるかどうかではなく、暗号論争——すなわち同じ日本海軍の暗号を解読しながら解釈論になってしまったのだ。ニミッツはレイトンを通じて「ＡＦ地点」のダメ押しを最優先するよう命令した。

そこでロシュフォートとその部下たちフィネガン、ホルムズたちが話し合っているうちに、ハワイ大学工学部在学中にミッドウェーに建設技術指導に行ったことのあるホルムズが「ミッドウェーでは真水が不足すると一大事でね、この問題がつきまとって離れないんだ……」と言い出した。

するとフィネガンが、

「ミッドウェーで真水が不足していることを日本軍が知ったら、ウェーキ島の無線局は直ちに東京に報告するだろうな」

といたずらっぽく笑った。

このやりとりを聞いていたロシュフォートは「それでいこう」と身を乗り出した。ミッドウェーの米守備隊が真水不足で困っている、と打電すれば日本側が傍受、いつも通りに東京に連絡するに違いない――そうすればAF=ミッドウェーであることをワシントンの連中も納得するだろう、というのがロシュフォートたちの計略だった。

ニミッツは早速これを実行に移すべくミッドウェー守備隊長に「水不足」の通信文を平文で打電するよう命じた。オアフ島とミッドウェー環礁は海底電線で結ばれており、仲間内の交信は日本側に知られることなく進められた。

五月二十一日二二時四五分「ベルコネン」局は、他の二つの諜報班に日本海軍の交信傍受の情報を流した。

「……KIMIHIの二十一日の五三六番電、『AF』航空隊が次の電文を第十四海軍管区司令官に送った。十九日付のこの航空隊の報告に関する二十日のAK。現在我々は、二週間分の水しか持っていない。至急供給されたし。見解。これは、『AF』を確認することになるだろう」

「ハイポ」局も、諜報班間の秘密の通信回路で次のように伝えた。

「AFの水の情報に関するメルボルンの電報に関連。ミッドウェーは、平文でそこにいる動物の食糧事情の話題について第十四海軍管区に送信した。以前述べたように、AFはここにミッドウェーとしてその同一性が確認された」

「ネガト」局は、この結果二十二日「AF」が「ミッドウェー」であることを受け入れ、「MI」が同じくミッドウェーを意味していることを付加した。

ロシュフォートは、こうして来るべきミッドウェー海戦の鍵となる「AF」の問題のキー・パースンとなったのだった。

このトリックの挿話はすでに明らかにされているが、ロシュフォート証言録によってもそのことが裏付けられている。既知の事実とはいえ現場責任者のコンファームはそれなりに大きい意味がある。

米海軍のシャーマン提督は、「この海戦によって、日本は太平洋の支配権も失ってしまったが、それは結局、戦争そのものを失ってしまうことに大きくつながった」と指摘している。

ミッドウェー海戦は、第二次大戦のヤマ場となったドイツのイギリス侵攻を食いとめた英本土攻防戦、独ソ戦の決定版だったスターリングラード戦と並び称される太平洋戦域の転回点となった。

太平洋艦隊司令長官ニミッツは、「この士官こそ、ミッドウェーの勝利の名誉の多くを担うに値する」とロシュフォートを激賞した。

そしてミッドウェー海戦から数えて四四年、強いアメリカを標榜する大統領レーガンは、世界戦略上諜報の重要性を充分理解し、米海軍の諜報史上、特筆すべき功績をあげたロシュフォートを正しく評価し、傑出功労勲章を授与したのだった。

日本のハイテク技術のめざましい発展に警戒心を抱いた米国はＣＩＡに対して日本の企業情報を集めるよう指示したことは記憶に新しい。日米半導体交渉では盗聴までしていた事実が明らかになった。

そのＣＩＡの内部文書によると、「暗号はロシュフォートによって注意深く見つめられ、常に解かれるのである」と記されている。

今日のアメリカ経済の好調を支えているのはインターネットの普及に代表される情報ハイウェイの成功にあるといわれている。ブッシュ政権下、ゴア副大統領の提唱による大胆な経済政策を支えた背景には、情報大国アメリカの底知れない強味があることだけは記憶に止めておきたい。

（「諸君！」一九九八年一月号　文藝春秋）

エドウィン・トーマス・レイトン。太平洋艦隊情報主任参謀としてキンメル大将を補佐、その後、ニミッツ大将をも喜ばせた。彼は1回だけミスをした。1941年11月30日、真珠湾攻撃前、空母「赤城」が商船と交信したとの通信諜報を認めたが、その時の「赤城」の呼出符号「8 YUNA」は、演習用符号だった。

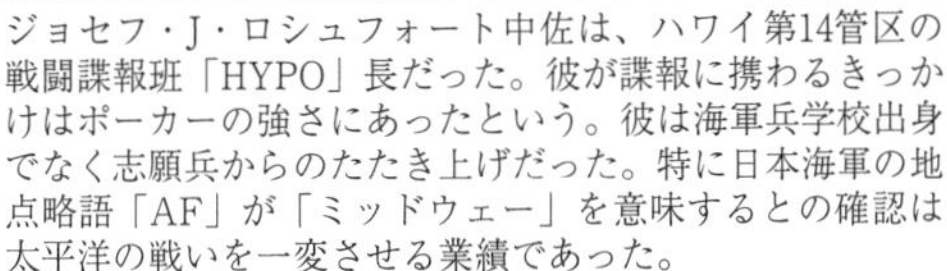

ジョセフ・J・ロシュフォート中佐は、ハワイ第14管区の戦闘諜報班「HYPO」長だった。彼が諜報に携わるきっかけはポーカーの強さにあったという。彼は海軍兵学校出身でなく志願兵からのたたき上げだった。特に日本海軍の地点略語「AF」が「ミッドウェー」を意味するとの確認は太平洋の戦いを一変させる業績であった。

ミッドウェー環礁は北太平洋ハワイ諸島の北西にある。環礁内にはサンド島と飛行場のあるイースタン島がある。日本は水無月島と呼んで、アホウドリ捕獲で進出していた。１９０３年１月20日、米海軍の管理下になった。サンフランシスコとマニラ間の海底ケーブルが敷設されており、太平洋の一大決戦でこれを活用した作戦が日本海軍を出し抜くのに考えられた

米海軍通信諜報班が解読した日本のガダルカナル作戦計画！

五〇年前、東京から六〇〇〇キロはなれた赤道以南のソロモン諸島は、日本軍と連合国軍（とくにアメリカ軍）の激戦地だった。この地域における両軍の消耗戦は、太平洋戦域の戦局を左右する重要な戦闘となった。

ソロモン作戦は、主要な六つの海戦と散発的をおおくの交戦をふくんでいた。結果として、日本軍はこの戦いに敗北した。

そして、連合国軍の勝利の影に、単調な骨の折れる作業を日々処理していた、沈黙の戦士の存在は知られていない。この記録は、日本軍がブナとガダルカナルの放棄を公表した一九四三年（昭和十八年）二月九日から四ヵ月後の六月二十二日付で、アメリカ海軍通信諜報班が作成したソロモン戦域の活動をあきらかにしている。

読者の興味をひくような、ミッドウェー海戦前のはなばなしい暗号解読の記録ではないが、積み重ねられた諜報（一九四二年七月一日から八月九日の期間に九〇三項目）が、日本軍の作戦意図を解明し、重要な情報として形成される過程がしめされており、戦いにおける諜報の重要さを理解するための好資料であると信ずる。

ここでは、戦後に明らかになった日米両軍の戦闘報告の照合はおこなっておらず、あくまでも生の資料をそのまま紹介している。それは、当時のアメリカ海軍通信諜報班の情報のとらえ方を具体的にしめし、他民族間の戦争中における知恵の戦いの証拠でもあった。

キャッチされた日本軍情報

一九四二年（昭和十七年）八月七―八日、合衆国海軍の支援により、海兵隊はソロモン諸島に上陸した。その報復のため、日本海軍の巡洋艦隊が八―九日の夜、サボ島にそっとしのび込んだ。そして、この「なぐり込み」艦隊は、連合国側の部隊に重大な損害をあたえた。この交戦が、ソロモン諸島作戦の最初の海上戦闘だった。

おおくの戦記は、ガダルカナル島における米上陸部隊の英雄的な貢献について書いているし、その賞賛は当然のものである。ソロモン諸島の運命が、最終的にアメリカ海軍の手にゆだねられたことは、彼らの栄光をそこなうものではない。

もし米海軍任務部隊が、守備隊の増強をもくろむ日本軍の試みを、たえず撃退していなかったならば、そして、火力と数にまさる日本海軍部隊をしばしば撃破していなかったならば、ソロモン諸島はながく日本軍の制圧下にあったであろう。

しかし物事は、すべての好機に順調にいったわけではなかった。混乱と災難が、その戦域にある米海軍部隊のすばらしい業績を曖昧にもした。

おおくの批判は、米軍がガダルカナル島ともう一つの島（ツラギ）に上陸した直後、サボ島で発生した敗戦のために起こったものだった。通信諜報班がソロモン海域における日本軍巡洋艦戦隊の存在を警告したにもかかわらず、日本軍は奇襲をおこなうことができた。

そして、攻撃完了までに、何隻かの連合国側の巡洋艦を撃破したのである。

七月一日、米海軍通信諜報班は早くもこの日、ソロモン諸島における日本軍のめだった行動を報告した。それは、六月二十九日の一六時二〇分、第四艦隊司令長官あてに発信された一通の電報の傍受がきっかけとなった。その電報の通報先は、文字暗号化された地名「ＲＯ」のノムラ指揮官、「ＲＯ」の商船と連合艦隊司令長官だった。

電文に記載された掩護隊と〈――〉（削除部分、東京）は、カビエンへむかう、またはカビエンからの輸送船団の動きに関連しているかもしれなかった。

諜報班は、電報の冒頭にある「ＲＯ」がカナ文字の「ロ」でなく、アルファベットの「Ｒ」と「Ｏ」であると判読した。そして、これは場所の名称をしめす略語で、ソロモン諸島のカビエンを表わすのではと推測したのだった。

これまでソロモン諸島は、あまり知られていなかった。世界の注目は、他のより重要な戦線に集中していた。

連合国側の陸海軍司令部の要員は、日本軍はずっと以前からもっていた、オーストラリアにたいする戦略攻撃の重要性に充分な評価をあたえていた。

日本軍がソロモン諸島を制圧し、強力な航空基地を確立することができたならば、オーストラリアにたいするアメリカの補給線が断ち切られる危険におちいるだろうことを認めていた。

そのうえ、日本軍の飛行場が、オーストラリア本土侵攻のための前進基地として使用されるならば、危険なことと思われる。

ソロモン海域の新たな動静

七月二日、受領された追加報告がラバウル―ツラギ戦域にすくなくとも一五隻の日本軍艦と、一ダースの輸送船の存在をしめしたことは、重大な関心ごとだった。

七月三日、重要な敵の諸作戦が開始されようとしていることは明らかだった。そして、日本軍特別陸戦隊のラバウルへの進出命令がだされたことが、この事実を証明した。第八根拠地隊と第五空襲部隊は、佐世保第五特別陸戦隊とともにラバウルで結びついていた。

この戦域に認められた別の日本部隊は、カビエンにある航空隊指揮官、ラバウルへの陸軍分遣隊、第六および十八戦隊、何隻かの補給艦船、二隻の水上機母艦、そして未確認の軍艦だった。

七月六日、このころ作戦当局に供給されていた通信情報のすべては、暗号の翻訳というよりも、むしろ通信解析から推論されていた。

ミッドウェー海戦直前の数日前、五月二十八日にアメリカ海軍の暗号解読家がもっとも重要な諜報の推論をくだした暗号を、日本軍が変更したことをしめしている。

このような状況は、はるかに以前より予知されていた。適切に計画された通信解析システムが、敵部隊の位置の推定と、敵の通信手段の形式上の特質にたいする注意深い研究によって、日本軍の諸計画をひきだしていた。

通信解析とよばれるこの方法は、暗号解読によるのと同じような正確さで、敵の計画を予測するとは期待されてなかった。しかし専門家は、それが戦時における潜在的価値をもつことを望んでいた。

通信諜報班の専門家は、七月と八月のあいだ、日本軍の電文のうち数パーセントの例外をのぞいて、日本軍の実情と計画を作戦当局に通報することができた。

第二艦隊司令長官から商船へ発信された電報の規則正しい流れが、はるか彼方の海域における作戦のための兵站補給業務の準備を暴露した。

マーシャル諸島内での大量の航空機からの交信は、その戦域の将来の諸作戦をしめしていた。また、ジャルトの第六根拠地隊とマーシャル諸島の第六防備隊の通信は、ひじょうに活発だった。

中国諜報部からの特別報告は、ラバウル、ラエそしてクーパンの日本軍兵力は減少していると明示していたが、米海軍通信諜報班自身の観測の見解は、敵の活動がこの戦域で減少するより、むしろ増加していると指摘した。

日本軍が南太平洋における諸作戦をはじめようとする疑いは、この戦域からの交信が、重要な部隊のおおくとむすびついてることから確認できた。ダバオからラバウルへの日本軍増強の動きが、予知されたことはあきらかだった。

七月七日、ニューブリテン島にあるおおくの掩護隊の活動は、作戦のための諸準備と、予備的偵察を実施しているマーシャル諸島近くの何隻かの潜水艦の存在を暗示していた。

七月八日、第六と十八戦隊にくわえて、第六水雷戦隊がラバウルにいるか、進出中かのどちらかであることをしめす多くの徴候があった。そして、横浜飛行艇戦隊（横浜航空隊）が、ソロモン諸島のツラギ基地部隊を支援するために到着した。

航空部隊の増加は、これまでの戦いを通して、重要な日本軍の行動が大量の航空機の掩護なしには開始されなかったことから、敵の意図を知る貴重な糸口となった。

陸軍の第十七軍参謀長と同様に、第四艦隊麾下の第一九〇〇がラバウルまたはその近くにみとめられた。

この戦域において日本軍が発した誤った何通かの触接報告は、敵が新作戦の成功を切望していることを思わせた。この事実は、日本軍がこの重要な任務をはたすには不充分な部隊を送ったこと、そして結果を疑ったことを確信させた。

七月九日、ダバオとラバウルの陸軍当局間の大量の交信が、一日中つづいた。また、南方洋上に艦隊用油槽船の存在も認められた。

七月十日、第三艦隊司令長官は、オランダ領東インドで旗艦に移乗した。そして、ソロモン諸島のより活発な戦域に、二つの駆逐隊と水上機母艦、何隻かの商船が観測された。

日本設営隊の行方を追え

七月十一日、この時期、日本軍がニューギニア、ビスマルク諸島とソロモン戦区で、新作戦を計画していることに疑いはなかった。さらに、ニューギニアの日本軍から捕獲した文書は、いっそうの確証をあたえた。

その捕獲文書類のなかに見つけられた作戦命令では、第十二設営隊の掩護隊が十日ごろ、PT（トラック）からRO（カビエン）にむけて出港する。第十一設営隊の一部と第十三設営隊は、個別命令でガダルカナルに向けPTを出港する。第十四設営隊は、第五特別陸戦隊に随伴し、ニューギニア（おそらくサラモア）の東岸に進出する。アドミラリティ島とマダン東部の空中偵察を実施すべきである、と発令している。

文書は、「R」地域における無視できない活動をしめし、最新の電報で送信するとしていた。第四艦隊司令長官は、トラックからラバウルに移動していた。そして、この戦域に定期的にはいってくる軍隊の動きと、海軍の高級士官の存在は、敵の危険な潜在力をしめすものだった。

軽巡洋艦「龍田」は第十八戦隊に再合同し、「衣笠」と「古鷹」は第六戦隊に合流した。このように、ソロモン諸島にある日本の巡洋艦兵力は増加していた。第六水雷戦隊と商船二隻が、ラバウルとツラギのあいだの地区にいると考えられた。そして、第三潜水戦隊がおなじ戦域で活発に作戦中であった。

消耗していた航空隊は交替し、増援部隊は、新作戦の開始前に日本から到着した。

七月十二日、通信諜報班によって提供されていたソロモン諸島における日本軍の計画の詳細のおおくは、ニューギニアで捕獲した敵の文書を徹底的に研究して確認された。ソロモン戦域における敵の諸部隊の名称、到着予定、編成表、航空機の支援任務、発見されたすべての部隊の職務が、捕獲文書のなかに個条書きにしてあった。

ラバウル、ツラギ、ニューブリテンは、敵の活動の焦点になっているように思えた。日本軍の通信諜報活動は活発で、かれらの新作戦を開始する前に、連合国側の配置にかんする情報を捜しもとめているように思えた。

東京の軍令部からの一通の電文は、潜水艦によって使用されている暗号書の訂正、もしくは無線の呼出符号の変更の先触れと考えられた。

ここで日本海軍指揮官の所在推定がおこなわれた。この地域における高級士官の存在は、さしせまった行動の徴候となるものだった。

異常な交信量のおおさは、ラバウル戦域の第四艦隊司令長官と参謀長によって発信されていた。ラバウルの第八根拠地隊指揮官は、カジオカ提督（徳永栄少将）と思われる。

七月十三日、敵の補充航空機がラバウル地域に到着したが、空母の徴候はなかった。

横須賀の陸戦隊は、この状況のなかで注目された。しかし、この日の主要な活動は、戦闘機の輸送によって増強され、おおくの交替をおこなっているラバウル、トラック、ニューブリテンとマーシャル各地の航空隊だった。

航空支援にくわえて、敵は巡洋艦と駆逐艦の兵力を増強していた。

通信解析は、ソロモン戦域でなにが起きているか、正確な描写が可能なことを実証した。「日本の上陸部隊と設営隊は、ガナルカナル島のルンガふきんの森林内の開墾地にいる。明らかに飛行場設営のためである。サンタ・イサベル島のレカタ湾に敵は上陸した」

確認されたガ島の新飛行場

七月十四日、ニューギニア地区で作戦中の空母搭載機の徴候があった。さらに、第八艦隊がこの戦域に使用される可能性があった。

第八艦隊の評価は、航空隊を編成することを暗示していた。それは、混成航空隊か水上機母艦の編成のどちらかだった。支援艦艇は、混成航空隊をささえるよう指示された。

以前から認められていた日本軍の通信手段変更のための準備は、まだ進行中だった。

ラバウルとウェーキの日本軍諸部隊の確認は、役にたつ情報を提供した。とくに有効だったのは、第六と十八戦隊が分離して作戦中である事実だった。

このときの敵空母の位置の推定により、ソロモンにいないことを確認できた。また、日本軍の潜水艦は、ニューブリテン戦域でまもなく作戦することが予測された。

東京の人事局、艦隊司令部の主要指揮官と個々の艦船からの大量の交信は、いくつかの任務部隊への編成のやり直しをしめしていた。北方方面で作戦中の多数の艦船が、新作戦前に短時間での修理をおこなうため、日本本土に帰投していた。

　七月十五日、通信解析は、ガダルカナル戦域にある日本軍の輪郭をえがくことができた。そして、敵がソロモン諸島、ニューブリテン、ニューギニア、オーシャン諸島、サモア諸島の戦域をしめす地点略語「R」を使用していることを指摘した。

　ガダルカナルの敵の航空基地が、現在準備されている証拠が入手できた。すでにガスマタで航空隊の増援の集結がおこなわれており、カビエンの航空機組立て工場の設立は、日本軍の主要作戦の計画をいっそうしめすものだった。

　七月十六日、敵の無線通信量はラバウル戦域でおおかったが、巡洋艦と駆逐艦はツラギふきんにとどまっていた。これまで、この戦域は第四艦隊司令長官によって管轄されていたが、第八艦隊司令長官の指揮下におかれることも予想された。

　日本の工兵隊と支援艦の増加は、主要作戦を予告していた。そして、ニューブリテン─ソロモン戦域のおおくの軍艦と支援艦船の位置は、敵の攻勢がそこからはじまるという結論に帰着した。日本の高級海軍指揮官の関心が、南洋にのみ集まっていることが、これらの情報は強調している。

　潜水艦の位置の推定は、そのおおくが南太平洋にあるが、移動中であることをしめしていた。このような作戦行動は、一般に敵の作戦の進行中におこり、日本軍は戦闘の初期の段階において、潜水艦をこのんで索敵任務に使用していた。

　七月十七日、多数の支援艦が南太平洋へむかう途中にあった。さらに、未確認の軍隊もラバウルへむかっていた。

ミッドウェーを死守したアメリカ艦隊に打撃をうけた巡洋艦が、通信解析のなかで、ふたたび出現してトラックにいた。

第八艦隊司令長官は、ラバウル戦区に飛びかう電文のなかで、ひじょうにおおく関係していた。そして、以前に報告されていたように、第四艦隊司令長官は、第八艦隊司令長官がソロモン―ニューギニア―ニューブリテン戦域に独自の指揮権を確立するまで、トラックに司令部をおくことをしめしていた。

七月十八日、今日も第八艦隊司令長官は、南太平洋で交信される電報のなかでめだっていた。捕獲文書が、ラバウル地域における日本軍の哨戒と補給経路の推察を、あらたに証明した。また通信解析は、ラバウルの南方戦域にあるいくつかの諸部隊の存在と同様に、日本軍の作業の拡張をあらわした。

七月十九日、日本軍の通信が南洋方面で活発となった。電文の重点が、行政的なものから、作戦準備的なものにシフトしていた。

ソロモン諸島にむかう第八艦隊司令長官が、その途中でおこなっていた監視は、諸作戦がはじまろうとしていることを意味していた。

「外」と「内」にわかれた南洋戦域の管轄区分の部隊が、通信に出現した。しかし、なにが起こっているのか、そこにどんな部隊がふくまれているかはわからなかった。

ラバウルへの輸送と、支援艦船の存在をしめす徴候が認められた。同様に、重要な日本軍の艦と人員と軍需品の南洋への動きがふくまれていた。

日本本土から南方への航空隊補充の定期的な積みだしと航空機の輸送は、日本軍の将来の戦闘をしめしているように思えた。他の空母群は、日本本土を出港していないが、「瑞鶴」はシンガポールへの途上にあると考えられた。

七月二十日、日本軍の交信量はあいかわらずおおかった。とくにめだったのは、ラバウル、シンガポールと横須賀の通信だった。

すべての商船と軍隊が、日本本土からフィリピン、オランダ領東インド、トラックを通り抜けて、最後はラバウルに到着する補給線にそって行動していた。その場所は、日本陸軍が海軍と同様に活躍していた。

日本のスパイは、アメリカ国内の諜報員がもたらしたオーストラリア防衛のアメリカの準備にかんして、マドリッド経由で東京へ報告していた。一連の報告のなかでは、護衛船団にたいする連合国側艦船による防衛策と、ニューオリンズにおける魚雷艇の建造について述べていた。

日本側が通信偽瞞をこころみていることが推測された。しかし、アメリカ軍の通信解析者は、その陰謀をあばき、多数の重要な日本軍部隊を確認した。日本軍の通信諜報班がラバウル戦域で作戦中であることは、疑いなかった。

七月二十一日、最大の関心は、日本軍が攻撃部隊を編成していらい、航空機と空中支援の動きをあきらかにしたことだった。同様のことが、南方洋上の途中にある巡洋艦と駆逐艦の航路にみられた。というのは、これによって日本軍の船団の針路の推定が可能となった。

アメリカ軍のラエにたいする空襲の日本軍の報告が傍受された。他の報告は、船団一二隻がサラモアふきんで、連合国側の航空機に目撃されたというものだった。

入手された貴重な極秘文書

七月二十二日、ニューギニアのガアイラで撃墜した日本海軍爆撃機から投げ出された帆布のカバンにはいっていた文書が、気象暗号と連合国部隊との接触を報告する方法にかんして知られていた情報を確認した。

駆逐艦と巡洋艦は、ソロモン諸島へむかう日本陸軍部隊の掩護を継続していた。そして、第六と十八戦隊は、無線通信のなかでめだっていたが、たがいに独立して作戦していた。第十八戦隊はラエ―サラモエふきんに、第六戦隊はカビエンいると思われた。

第六水雷戦隊は、ツラギちかくの第二十九駆逐隊とラバウル方面の第三十四駆逐隊の二隻と一緒に第三十駆逐隊を、この戦域にもっていた。

南洋遠征艦隊が、オランダ領東インドにいると報告された。

第七戦隊の編成についての特別分析が、アメリカ海軍通信諜報班の作戦当局者のためにおこなわれた。「三隈」沈没後の第七戦隊は、「鈴谷」と「最上」で編成されているという通信解析による仮説の理由をしめした。

旗艦を変更したばかりの第四艦隊司令長官は、第八艦隊司令長官に南方の管轄をゆずりわたしたと思われるおおくの徴候があった。

多数の新部隊が、ラバウル―ガダルカナル戦域にあることを通信解析はしめしていた。また、敵潜水艦戦隊の存在も認められた。

七月二十三日、日本軍の無線通信は、ラバウル戦区でもっとも活発だった。その電文は、行政的形式が主要のように思えたが、数通は作戦上の電報もあった。

日本の輸送船団にたいする連合国軍側の空襲が、日本軍によって報告されていた。短時間の電文は、わが方の戦果の情報をあたえなかった。

敵の無線諜報組織が、「日本軍の艦艇を目撃した」と知らせる連合国側の報告を傍受し、そのことを警告していた。

呉第三特別陸戦隊がガダルカナルに分遣隊として派遣され、第十八戦隊の一部が委任統治領のダバオから南洋へむかう陸軍を護衛していることと、第六戦隊指揮官がまだカピエンにいることを、通信解析によって知った。

新しい陸軍部隊が、ラバウルで発見された。重装備部隊の増援は、フィリピンからおこなわれた。ツラギのいくつかの部隊は、あきらかに重要だったが、これらの部隊の確認は、このときはまだ成功していなかった。

日本本土からラバウルに、何隻かの駆逐艦と輸送船団が進出したことが報告された。

また、いくつかの重要な日本軍の無線呼出符号の同一性が証明された。

敵航空戦力がラバウルからニューギニアのラエふきんに移行したのにくわえて、トラック―ラバウル航路にそった潜水艦の集中は、危険なきざしだった。ソロモン諸島の各種敵部隊の位置について、ふたたび調べることの重要さが生じた。

七月二十四日、日本軍は無線呼出符号が乱数表の更新をしようとしていると考えられ、事実この日、主要の沿岸無線と高級司令部の呼出符号の更新がおこなわれた。また日本軍の無線諜報は、ポートモレスビーから作戦中のアメリカ軍機の方位測定をしていた。

南太平洋へむかう多数の商船は、管轄区域に強力な基地を設営する日本軍の意図をしめしていた。また、第八艦隊司令長官が「鳥海」に乗艦して、この海域に進出していた。

第四と第八艦隊に結びつける部隊の存在があきらかにされた。重巡洋艦八隻と軽巡洋艦二隻が、おそらくラバウル海域に作戦していた。

第六、第八および第十八戦隊をふくむ部隊は、「鳥海」「鈴谷」に、おそらくは「摩耶」をくわえていた。ところが、充分な空母支援が、この重装備部隊の大規模な集中にあたえられていないことには、興味をひかれた。

第十八戦隊指揮官は、この日の通信のなかでかなりめだっていた。連合国側の攻撃が進行中で、第十八戦隊がこれに関連していることが通信にあらわれた。

第六戦隊は、ラバウル海域の艦隊油槽船の集結地点で第十八戦隊と合同していた。

巡洋艦「神通」と第七艦隊が、南方洋上の途中にあり、その後の経過が注意ぶかく見守られた。それは、増援の駆逐艦と一緒に、空母部隊がこの隊に参加すると思われるいくつかの徴候があったからだ。

南洋における日本軍全指揮官のあいだで、連絡活動が認められた。この海域にある全部隊への直接通信は、まだいきわたっていなかった。

第八艦隊司令長官は、駆逐艦二隻にくわえ呉第三特別陸戦隊と連合していた。日本軍によって通常的に使用されていた無線呼出符号は、第四艦隊から分派されたのち、第八艦隊司令長官の管轄下におかれた部隊の同一性を証明すると考えられた。

あらたに任命された未確認艦が、南方を航行していた。その目的地はラバウルと報告された。

陸上基地の航空機が、連合国側艦船の索敵のため、ガダルカナルとツラギの日本軍基地から作戦中だった。

多数の日本軍潜水艦が、ラバウル海域と、その途中にあった。この潜水艦群の活動が、南東オーストラリア海面で増加していることが認められた。日本海軍の総潜水艦数の推定は、五〇隻から六〇隻のあいだであることをしめしていた。

注目を集める旗艦「鳥海」

七月二十五日、日本軍の無線活動の中心は南太平洋にあった。そこには、第八艦隊司令長官が「鳥海」に座乗して航行していた。また、台南航空隊はラエでいそがしく活動していた。

第十八戦隊は、大量の作戦上の通信を送信していたが、カビエンにいると思われる第六戦隊の徴候はない。ラバウルとともに、ダバオの日本陸軍部隊のつながりが、より目につくようになった。

潜水艦は無線封止を維持していたが、命令は彼らに送られていた。何隻かの潜水艦は、オーストラリア海域で作戦中だった。

無線諜報活動の重要な再始動が、このとき生じた。それは、日本軍の沿岸無線局が、傍受した連合国軍側の送信の報告をはじめたことによる。ばく大な量の通信は、これらの報告のためのものだった。そして、アメリカ軍の航空機の無線送信の方向、主として呼出符号と、そこからの推論をふくんでいると思えた。アメリカ軍の暗号システムが、日本軍による翻訳や捕獲で危うくなったような前兆はなかった。

七月二十九日、第一航空艦隊の編成にかんする重要な仮の概要が発令された。日本軍諸部隊の位置も報告された。通信解析は、この情報源となった。暗号解読がすすまぬさいにおける通信解析の価値が証明された。日本軍諸部隊の位置の推定は、アメリカ海軍作戦当局にとって重要な意味があった。

ついに第八艦隊司令長官が、ラバウルに到着した。このとき、トラックからの航路の新しい要所がカビエンであることが認められた。

このときまでに、南洋の担当地域の管轄権が、第四と第八艦隊で分割されたことが明らかになった。先任士官としての第四艦隊司令長官に、マリアナ、カロリンそしてマーシャル地区をのこし、ニューギニア―ソロモン地区をふくんで、ラバウルを中心とする新しい予備司令部をもうける日本軍の計画が推測された。

これが「外南洋部隊」とよばれるものと思われた。この部隊は先週中、南洋戦域でしばしば通信のなかにあらわれた。

アメリカ海軍通信諜報班がかねてから認めていた、日本軍の作戦前におけるめだった行動の前兆があった。すなわち、航空の強化がラバウルで継続していた。「翔鶴」「瑞鶴」の空母群の位置を推定する要請がもたらされたが、両空母は九州沖の日本本土海域にいると信じられた。

暗号解読が、ラバウル地区の攻略部隊の存在と、作戦における攻撃的な動きを暴露した。

このようにして七月いっぱい、通信諜報班は日本軍の意図と実際の動きを、作戦当局へ報告しつづけたのであった。その報告の正確さは、戦後の日米両軍の戦闘記録を照合してソロモン作戦を再構成してみればわかるとおりである。

発動されたガ島上陸作戦

八月四日の日本軍の位置にかんするアメリカ海軍の報告書は、第六戦隊がニューブリテン―ソロモン地区にいると考えられていた。同様に第十八戦隊の「龍田」と「天龍」も、同海域にいることをしめしていた。この情報はアメリカ海軍当局に報告された。

これは作戦当局が、八月八日―九日の夜間に生起したサボ島沖海戦で、連合国側の巡洋艦四隻を撃破した敵巡洋艦群がソロモンに存在したことに気づいていたことを明らかにしていた。

八月四日、太平洋艦隊司令官によって麾下の任務部隊指揮官に公表した戦時日報は、通信諜報にもとづいていた。

四日の第十八戦隊がニューブリテン―ニューギニアの洋上に、五日にもたらされた「鳥海」と「青葉」がラバウル海域にいるという知らせは、重要な日本海軍の作戦がおこなわれようとする徴候だった。

八月六日、警告がふたたび発せられた。これは第八艦隊司令長官の旗艦「鳥海」と第六戦隊が、ラバウル海域にいることにもとづいていた。

八月七日、通信諜報班は、アメリカ軍部隊によるガダルカナル島進攻に先だって、ソロモン諸島戦域に存在する日本海軍部隊の推定を詳細に報告した。特別の照合が、この戦域にある日本第五空襲部隊の指令にもとづいて作戦している航空隊にたいしておこなわれた。同様に、第三潜水戦隊指揮下の潜水艦にも実行された。

通信諜報班はずっと以前から、この戦域の敵巡洋艦と駆逐艦戦力について評価をおこなっていた。早くも七月には、トラックとラバウルからソロモン諸島への油槽船と航空機運搬船の動きにかんするおおくの報告をおこなっている。

このとき、敵の電文がすこしだけ翻訳された。それにもかかわらず、アメリカ海軍の通信解析により、日本軍の行動をほとんど知ることができた。

「進攻するアメリカ軍部隊は、通信諜報の成功のために、この領域で交戦する日本軍のおおくの計画を知っていた」

と、ツラギとカダルカナルの作戦で攻撃的任務を負っていた空母ワスプの指揮官フォレスト・シャーマン海軍大佐は、十四日の公式報告で述べている。

二日の無線諜報の補充と写真偵察の結果が、日本軍の配置の実情を予想させた。そして、アメリカ軍の上陸船団が、ガダルカナルの日本軍を奇襲したのは明らかだった。

ガダルカナルとツラギで実際の攻撃がはじまるまで、日本軍による触接報告はなかった。その後、ツラギの無線局は、ソロモン作戦のはじまりを告げる至急の作戦電文を送信した。それはのちに、ある決定的な海戦を誘うことになった。

通信諜報班は、幸運にも作戦の後半の段階で、電報を傍受することができた。それによって、戦闘にかんする事実を、作戦当局に通報することができた。

かくて奇襲作戦は成功した

ツラギの日本軍による警報の最初の徴候は、七日四時三五分（マイナス九時）だった。電文の着実な流出がツラギからもたらされ、数時間後、地上から消えるまでつづいた。

日本軍は、ソロモンで攻撃をおこした連合国側部隊について推定をおこなった。戦艦一隻、軽巡または重巡三隻、駆逐艦一五隻と、上陸部隊に任命された多数の商船群と評価していた。

連合国部隊が攻撃しているとの警告が、マーシャル諸島と日本本土に急報された。敵の通信諜報班は、連合国側の無線呼出を傍受する監視をつづけていた。

多数の航空機による触接報告が、ツラギ戦区を防御する航空戦力を出動させた日本軍によっておこなわれていた。連合国部隊を監視するための空中哨戒が計画された。

七日朝に、何波かの空襲が伝えられた。この日の無線通信のなかに敵空母群の徴候がなかったにもかかわらず、合衆国陸軍の航空機は空母らしきものを見たと知らせてきた。この艦は攻撃型空母でなく、飛行甲板をもった改造商船で、航空機運搬に使用されていた。

七日、ターナー海軍少尉指揮下の第六十二任務部隊は、六日の夜にツラギ地区の南と西方向から接近した。これに先だち、フィジー諸島で上陸訓練が実施されていた。大規模な艦船と上陸要員が任務を実行するための訓練だった。

日本軍は、レーダーを装備していたにもかかわらず、アメリカ軍がその戦域へ接近したことと、フィジーでの準備を知らなかった。

日本軍は完全な奇襲をうけた。ルッセルとガダルカナルのあいだを進撃するアメリカ軍部隊は、側面と背面から日本軍を攻撃した。

ツラギ―ガダルカナル戦区にたいする爆撃と機銃掃射が、夜明け前までにアメリカ空母機によって完了した。小型縦帆式帆船一隻の沈没と、海上で発見された一八機の水上機が戦果のすべてだった。

六時一〇分（マイナス一一時）、支援部隊が日本軍の沿岸防御の大部分を沈黙させる激しい砲撃をはじめた。機雷掃海により浅海面の安全を確保した。

七時二〇分、ツラギ戦区の上陸がはじまった。九時一〇分、ルンガ岬の東五マイルで、ガダルカナルへの上陸を開始した。

ガダルカナルの抵抗はなかった。この日の終わりまでに、およそ一万九〇〇〇名が沿岸に送りこまれ、海岸正面三マイルにわたり、島の奥一マイル半まで侵攻した。

ツラギで最初にひじょうに軽い抵抗があった。日本軍は、ときがたつにつれ、猛烈に抵抗した。日暮れには、日本軍はまだ島の一部を保持していた。ハルアボとフロリダ島、ガブツは、この日のうちに攻略できたが、タナンボコは激しい損害ののち、やっと次の朝に攻略がおわった。

幾度かの交戦が、米空母機と日本軍の爆撃機のあいだでおこなわれ、日本機の損害とおなじように、米戦闘機も数機がそこなわれた。こうしてガ島戦最初の日は、目標の大部分を奪いとった連合国軍側に味方しておわった。アメリカ軍の損害は中程度だったが、敵の航空機、人員、地の利の損失は無視できないほどであった。

八日、もう一つの警告が送信された。それは、敵の巡洋艦軍がラバウル洋上にいて、推察された第八艦隊司令長官が「鳥海」に座乗したことを確認した。この日、合衆国艦隊司令長官に伝えられた艦隊諜報の要約書は、次のようであった。

「オレンジ（日本軍）のほんらいの関心は、ビスマークとキスカ戦区にある諸部隊である。その活動は、これら二つの戦域にある諸部隊の戦術的貢献に関連していた。両方の戦域で、第六と十八戦隊をのぞき、日本軍は全般的に航空機と潜水艦に依存している。また、連合艦隊司令長官は、南太平洋にある主要な指揮官すべてと常時通信中だった」

ツラギ戦区における無線通信の大部分は、敵の諜報報告からなっていて、ひじょうに活発だった。

軽巡「龍田」が、連合国側の航空機に攻撃されていると報告し、その進路上にある日本本土海域の哨戒艇に警報が伝えられた。日本軍は、連合国攻撃部隊の日本本土への攻撃を懸念していた。敵空母群は、八日の時点で北方と南方方面部隊のどちらにも関係していなかったが、空母が第十七駆逐隊を随伴して日本本土からラバウルへむかっていると警告が発せられた。

この日傍受された電文一通は、八月二十三日まで翻訳されなかった。もしこの入手した情報が、アメリカ軍の作戦当局に間にあうように報告されていたならば、八日―九日のサボ島沖の惨事は避けられたかもしれなかった。

それはこの日の一三時、「鳥海」と第十八戦隊、および未確認部隊が、ブーゲンビルふきんの第六戦隊と集結するため、ラバウルから出撃するだろうというものだった。

しかし敵の巡洋艦群は、もはやラバウルにおらず、おそらくニューブリテン戦区の洋上のどこかにいるといういくつかの警告は、これ以前に発表されていた。

八日、ガダルカナルでは、連合国軍の荷おろしが夜通しつづけられていた。海岸は、朝までひじょうに混雑していたが、日本軍が混乱につけこむ位置にいなかったので、悪い結果にはならなかった。

その後、敵の空襲により、限定された絶対に必要な量の貯蔵物質と装備のみが海岸にとどいた。上陸部隊は、必要な物資のありかを見つけるのにおおくの困難を体験した。もし日本軍の抵抗がより強力であったならば、上陸の夜の成功はあやうかったであろう。

（「丸」一九九二年九月号「米極秘記録『ガダルカナル作戦』勝利へのXデイが発動された日」改題　潮書房）

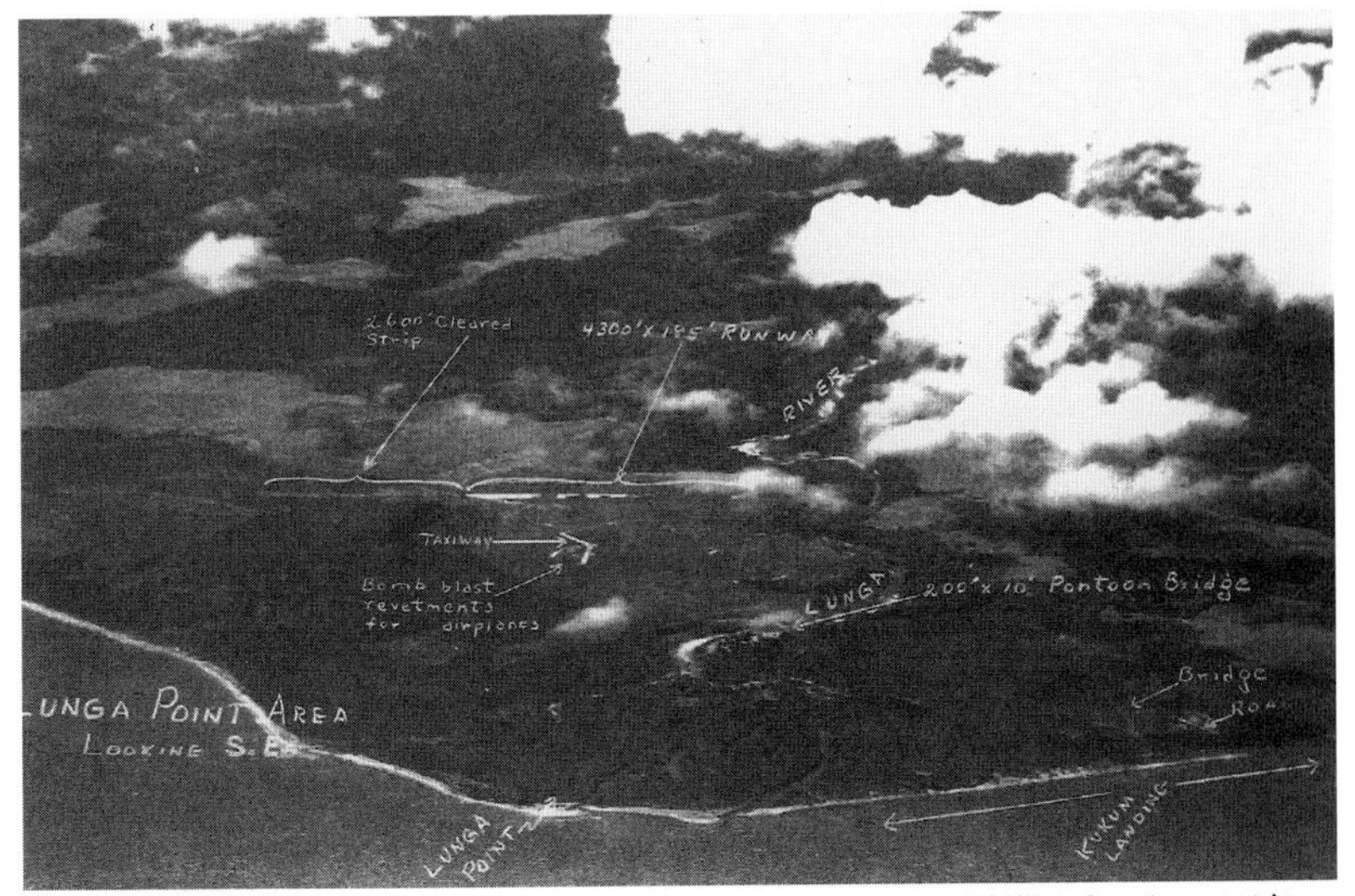

ガダルカナル島内陸部をルンガ岬からみると、米軍が占領した飛行場があった。1942年（昭和17年）8月16日夜、タイボ岬付近に上陸した一木清直大佐率いる一木支隊は夜明けとともに斥候隊を送った。この様子を見ていた現地民が海岸から奥を迂回、斥候を追い越し米軍に日本兵の正確な情報を伝えた。まさに人を媒介とした諜報・ヒューミントだ。日本軍の斥候隊は米軍の待ち伏せにあい、全滅した。

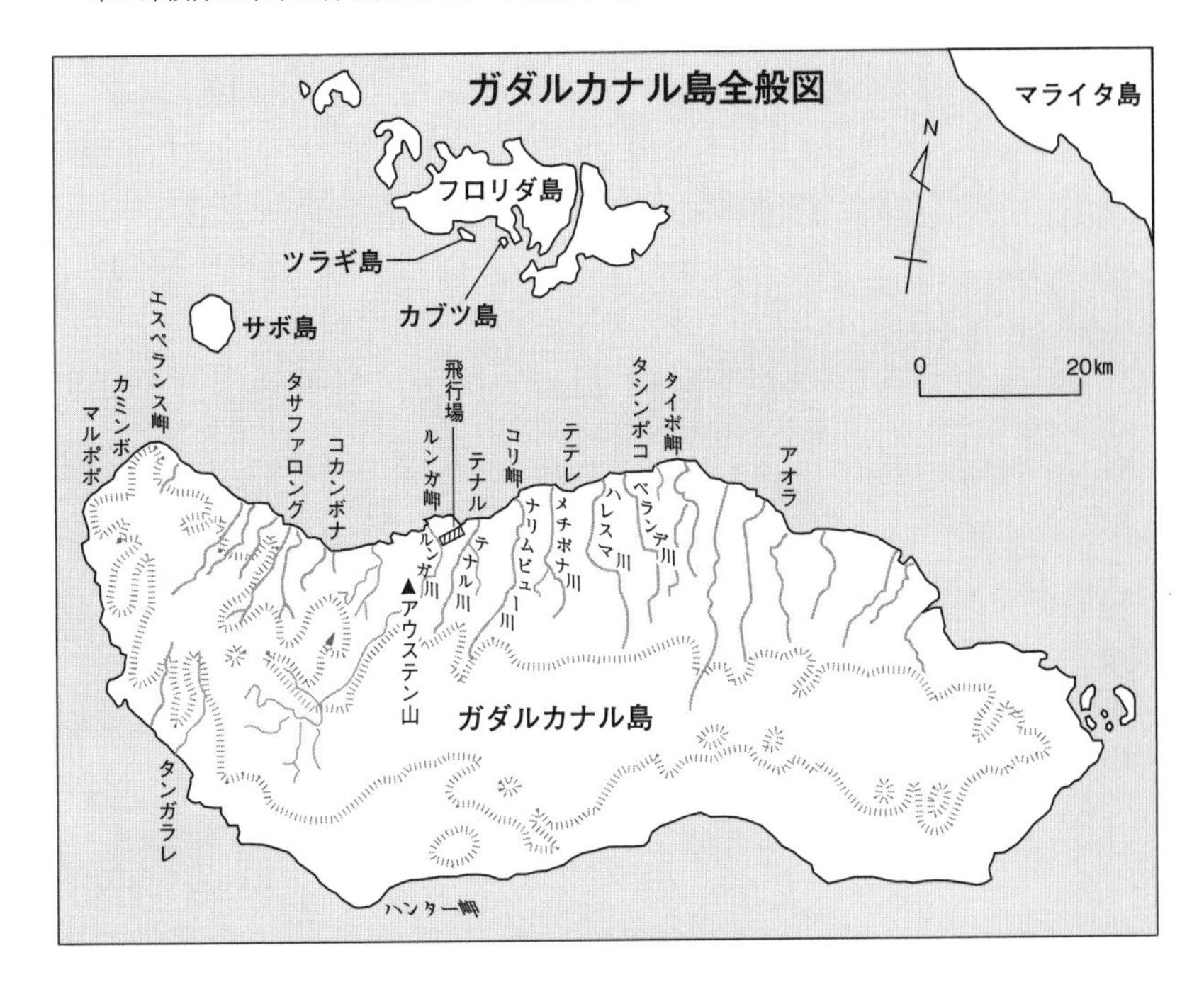

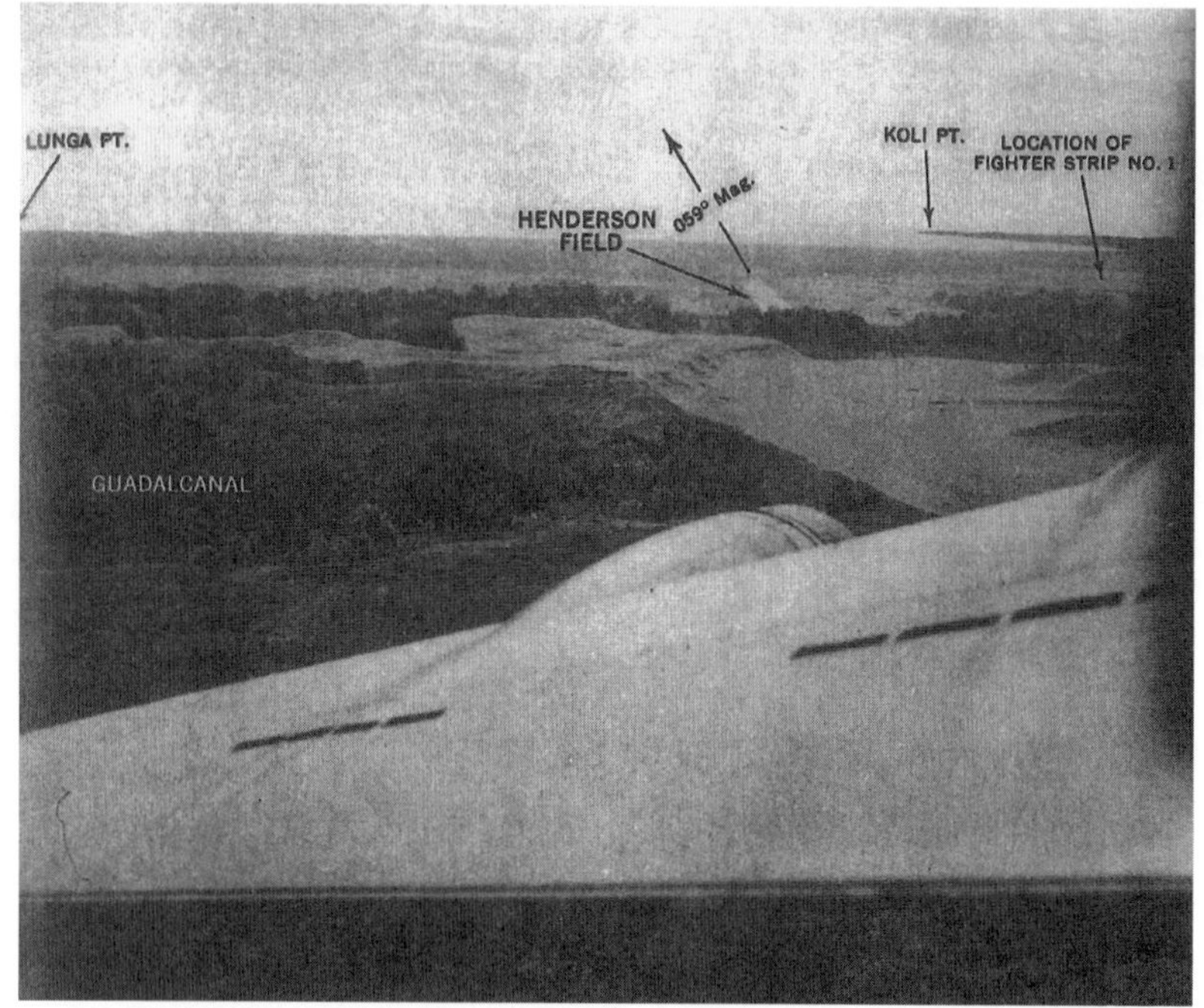

ムカデ高地方面から見たヘンダーソン飛行場。日本軍は標高455mの絶壁に近い斜面のアウステン山麓を迂回、背後のムカデ高地から飛行場を目指した。日本の輸送船は米軍機の攻撃で沈み、武器・食糧など半数を失った状態だった。

海岸沿いの細長い砂洲は、地獄岬と呼ばれた。現地民のヒューミント情報により米海兵隊指揮官は、日本兵が必ず海岸沿いに夜間攻撃をかけてくると判断、テナル川に沿って機関銃、37mm砲を据え、日本軍を待ち受けた。

ガダルカナル島の日米両軍の激戦地。「血の丘」と呼ばれた。米海兵隊の上陸兵力を過少に見積もっていた日本陸軍は甚大な損害を被ることになる。

Barbed wire（有刺鉄線）のロールを運ぶ米軍兵士。米兵は自軍陣地を有刺鉄線の鉄条網で何重にも囲み、防御態勢を固めて日本軍を撃退した。

米海軍秘密報告書　空母対空母「ソロモン海戦」にわれ勝利せり！

ソロモンへ向いたホコ先

「空母群の存在をかくすため、第六十一任務部隊（空母三隻をふくむ航空支援部隊）は、日本軍の偵察機の触接限度距離外の南方で作戦中だった。

アメリカ海軍作戦当局は、ソロモン戦域で攻撃部隊を強化する日本軍の努力に、充分に気づいていた……」「東部ソロモンの戦闘」（米軍呼称、日本側呼称「第二次ソロモン海戦」——一九四二年八月二十三日—二十五日）の二年四ヵ月後に作成された通信諜報にかんする秘密報告書は、サンゴ海海戦、ミッドウェー海戦時とおなじように、日本海軍の意図を知って、三回目の空母対空母の戦いにのぞむアメリカ海軍の姿を明らかにしている。

この海戦で日本海軍は、カダルカナル島への増援部隊の「二十五日揚陸取消し」の決定をよぎなくされた。

アメリカ海軍作戦当局は、どこまで日本海軍部隊の動きを知っていたのだろうか。

この秘密報告書は、一一八四通の通信解析の情報にもとづいて構成されていた。

一九四二年（昭和十七年）三月、日本海軍は昨年十二月八日の開戦いらいの第一段作戦から、第二弾作戦への新局面の転移段階にあった。

日本陸軍は、海軍の「豪州作戦」に同意できないが、「米豪遮断作戦」に同意してもよいとの考えだった。「米豪遮断作戦」は、南太平洋のニューカレドニア、フィジー、サモア諸島を攻略するもので、この作戦は「F・S」作戦とよばれていた。

この時点で日本陸海軍部は、作戦予定を次のように決定した。

五月七日、ポート・モレスビー攻略。

陸軍南海支隊を活用し、攻略後にラバウルに集結（六月中旬）して、ニューカレドニアの攻略準備をおこなう。

この計画は、五月上旬に生起したサンゴ海海戦（史上初の空母対空母の戦い）の結果、南海支隊によるモレスビー海路攻略は失敗した。

六月七日、ミッドウェー攻略。六月十八日、ミッドウェー作戦部隊はトラックに集結した。

「F・S」作戦準備。

七月一日、空母六隻を基幹とする機動部隊はトラックを出撃する。

七月八日、ニューカレドニア攻略。

七月十八日、フィジー攻略。

七月三十一日、サモア攻略破壊。

四月末の時点における日本軍の作戦予定は、このように明確だった。

しかし、サンゴ海海戦につづくミッドウェー海戦（六月五日）の空母四隻の喪失による敗北は、太平洋における優位と主導権をうしなう結果となり、戦争全般の作戦に重大な影響をあたえることになった。

その結果、「F・S」作戦は二ヵ月の延期ののち、中止と決定された。

日本海軍はその後、ヨーロッパ戦局の進展により枢軸国（ドイツ・イタリア）の強い要望を考慮して、インド洋方面の海上交通破壊（「B」作戦）を予定していた。

この秘密報告書は、八月十八日に翻訳された電文から「B」作戦部隊の存在を暴露したが、これにかんする情報は、ほとんど活用されなかったことを示していた。

一方で日本海軍は、南太平洋方面で航空基地を整備する必要を感じ、SN作戦（基地設営作戦）のもとにガダルカナル島に飛行場適地を見つけ、七月一日には設営先遣隊が上陸しており、五日後には二五七一名の設営隊が上陸を開始した。

一九四二年前の七月一日、この日をさかいとして昔からかえりみられることのなかったソロモン諸島は、日本軍の作戦行動の中心となった。

この比較的にせまい島々と海域は、太平洋戦域のもっとも重要な戦いの舞台となった。

もしソロモン諸島がうしなわれたならば、オーストラリア本土の運命が決定し、連合国軍（米

・英・蘭・豪）の勝利は、多年にわたって遅れたかもしれなかった。
アメリカ軍は、ガ島における日本軍の飛行場建設に脅威を感じたようであった。

八月七日、ガ島ルンガ岬東方に二日前に完成した長さ八〇〇メートル、幅六〇メートルの滑走路を目ざして、アメリカ海兵隊一九一〇名をふくむ水陸両用の大部隊が上陸を開始し、飛行場をふくむツラギ基地を占領した。

この飛行場をめぐる日米両軍の攻防戦のさなかにおこったのが、航空対水上艦艇による「東部ソロモンの戦闘」だった。

ラバウルに集結する日本軍

第一回目のソロモン海域における戦闘（サボ島沖海戦）は終了したが、アメリカ海軍通信諜報班の任務は、いぜんとして戦域内の日本軍部隊にかんする作戦資料の供給にあった。

日本海軍は五月二十八日以降、通信の秘密保持を改善し、暗号を更新していた。

アメリカ海軍暗号解読陣は、このときまでに日本海軍の主要暗号を翻訳できなかったので、諜報の大部分は、通信解析によって供給されていた。その結果として、敵の意図よりも、その傾向がたしかめられるだけなので、敵にかんする情報におおくのギャップが生じることがあった。

八月九日、日本海軍の聯合艦隊司令部は、南太平洋の諸部隊指揮官にひじょうにおおくの命令を発信した（訳注：聯合艦隊電令作第一九八号）。

これより以前、ラバウルにいた第八艦隊司令長官は、彼の旗艦「鳥海」に乗って洋上にいた（訳注：七月十九日呉出港、二十五日トラック着、八月七日ラバウル入港、その後、カビエンで作戦全般を指揮）。

マレーを出港して洋上による第七戦隊（訳注：「熊野」「鈴谷」の「B」作戦部隊で、七月三十一日までマレー半島西岸のメルギに進出待機していた）は、ラバウルの日本軍艦艇に合同した場合、ひじょうに強力な攻撃部隊を編成する可能性があった。

さらに人員と装備の増援が、船団を組んでラバウル―ソロモン方面にむけて船出していると思われるおおくの徴候があった。

これらの船団を護衛している駆逐艦は、第八艦隊とともに戦闘任務をあたえられており、すでに南太平洋に到着していた。

八月十日、聯合艦隊司令長官は麾下のラバウル方面の指揮官に多数の電報を送信しつづけており、「鳥海」艦上の第八艦隊司令長官の所在を突きとめるさらにくわしい確証が傍受された（訳注：七日早朝、「鳥海」「青葉」「加古」はアドミラルティ方面へ、「衣笠」「古鷹」はラバウルにむかった）。

第四艦隊と第八艦隊によって発信された大量の電報には、うたがいなく作戦報告をふくんでいた。

以前、北太平洋に作戦していた第六空襲部隊（訳注：第二十六航空戦隊の軍隊区分上の名称）も、ソロモン方面への途上にあった。

（訳注：第六航空隊、三沢海軍航空隊および木更津海軍航空隊からなっており、第六航空隊の一部を八月五日完成予定のガ島基地に進出させる予定だった。三沢航空隊はサイパンに進出していた）

第六戦隊（訳注：おそらく「衣笠」「古鷹」）は、ラバウル海域で燃料補給のため集結を準備していた。

この時点における日本海軍部隊の暫定的な概要は、通信解析から供給されていた。ラバウル方面の基地航空隊の再編成は、西ははるか高雄（訳注：台湾）から、そして北は日本本土から増強されていた。

第八艦隊司令長官は、増援のための緊急要請を送信していた。そして各航空隊は、以前とこの時点での要請の返答として、ソロモンへの途上にあった。

三沢航空隊はラバウル、第十一航空戦隊はソロモン方面に向けて飛行中であり、木更津航空隊の爆撃機（訳注：陸攻隊二二機）は南方へむかう途中、台南にとどまっていた。

空母機による大量の無線交信がおこなわれているが、ソロモンにむけて出発したような徴候はなかった。

第七駆逐隊は、ラバウル方面にむかうよう命令されたと考えられた（訳注：「大和」と「春日丸」を護衛して八月十九日に内地出港の予定）。

第二駆逐隊と第十五駆逐隊は、南太平洋への途中にあって、第七戦隊にむすびついていた。

一方、第八艦隊の八月七日の発信電文が、九日に翻訳された。その電文は、ガ島のアメリカ軍侵攻部隊を撃退するために送りこまれた特別陸戦隊と、二隻の輸送船の動きを暴露した。

増援部隊は、ニューギニア方面にも送られていた。

日本軍の通信諜報組織は、北方方面と南方方面双方の作戦部隊におおくの報告を送って、アメリカ艦隊の動きに最大の関心をしめしていた。

聯合艦隊司令長官からの潜水艦部隊への命令は、アメリカ任務部隊の壊滅を援助するため、隣接する海域からソロモンに進出せよというものだった。

通信解析は、南太平洋方面にこれらの危険な部隊がおおく存在していることしめし、水上機母艦がトラックを基地にしようとしてマーシャル諸島を出港したことを警告した。

日本軍の潜水艦がツラギ海面ふきんにいることは明らかだったが、アメリカ潜水艦は問題にしていなかった。

この日、ガ島への増援部隊をはこぶ二隻の輸送船のうち一隻は、セント・ジョージ岬からおよそ一五マイル沖で雷撃された（訳注：陸戦隊五一九名を乗せた「明陽丸」で五分後に沈没した）。

東京の通信隊によって発信された一通の重要電報は、すべての主要指揮官にゆきわたった。これは、日本海軍の暗号か乱数表の将来の更新に言及していると推測された。

マドリッド経由で東京に送られたニューヨークからの日本のスパイ報告は、八月七日以前のしばらくのあいだ、ワシントンでアメリカ海軍によるさしせまった軍事行動のうわさが流布されていることをしめしていた。

米太平洋艦隊からの警告

八月十日、アメリカ太平洋艦隊司令長官による報告書は、水上艦艇、潜水艦そして航空艦隊の大量の増援部隊が、日本軍によってソロモンに投入されていると、アメリカ海軍の主要指揮官全員に警告していた。

八月十一日、聯合艦隊司令長官はこの日もまだ日本本土海域（訳注：瀬戸内海の柱島泊地）で彼の旗艦「大和」から、ひじょうに多量の無線電報を発信した。聯合艦隊司令長官は特別な暗号を使用したが、それは麾下の指揮官にも使用されていることを意味した。

日本海軍による偽電のこころみは、アメリカ軍の通信解析者によって暴露された。重要な作戦電文の情報源を偽装をさせるこのこころみは、日本軍が無線の秘密保持の重要さに気づいたことの証明だった。

第二艦隊が、この時点で南太平洋で作戦中であるという証拠はなかったものの、第二艦隊司令長官が、ソロモン方面で作戦するかもしれない攻撃部隊を編成していると思われるおおくの徴候があった。

（訳注：前進部隊として第四戦隊、第五戦隊、第二水雷戦隊、第四水雷戦隊および陸軍からなり、八月十七日までにトラックに集結した）

第二艦隊司令長官に関連する重要な電文の集中的な学習がはじめられていたので、彼の編成の将来の動きについて、かなり分析できる可能性があった。

この学習から第二艦隊は、ソロモンにおける諸作戦にひじょうに密接に関係していることが確実に思われた。

戦艦「榛名」は、南洋方面に移動するかもしれないと考えられた（訳注：第三戦隊の「金剛」「榛名」は待機部隊に編入）。

第六戦隊（訳注：「青葉」「衣笠」「古鷹」）は、カビエンふきんに占位しており、トラックからラバウルへの輸送船団の護衛の任務をあたえられていた（訳注：「キ」号作戦の間接護衛兵力）。

第十八戦隊もまた、この海域の船団護衛として行動していた。第七駆逐隊は「春日丸」護衛の任務があたえられた。

第二水雷戦隊の一小隊は、第七戦隊とともに作戦行動中だったが、残りの小隊はすでにラバウル方面にいるか、その途上にあった。

第十一航空艦隊参謀長、第五空襲部隊と第六空襲部隊の各指揮官はラバウルにいた。

信頼できる一通の電報は、「瑞鳳」が最近編成された第一航空戦隊の一艦である証拠をしめしていた。（訳注：ミッドウェー海戦で第一、第二航空戦隊をうしない、第一航空艦隊は解散、第三艦隊が新設された。第一航空戦隊＝「瑞鶴」「翔鶴」「瑞鳳」、第二航空戦隊＝「隼鷹」「龍驤」「飛鷹」）

日本の空母群は無線封止を実施しており、位置の所在は入手できないが、第五航空戦隊（訳注：解散前の第一航空艦隊の五航戦「翔鶴」「瑞鶴」をしめしている）は、新作戦の序曲として航空機の増援をうけている（訳注：第三艦隊の戦力再構成は九月中旬をめどとしていた）。

八月十二日、南太平洋において日本海軍によって使用されている特別暗号は、予想される作戦が最大の秘密保持を必要とするときにのみ使用されると考えられる。そして、今回のその使用は、重要な動きの徴候をしめす可能性があった。

第八艦隊司令長官の動きは、連合国軍部隊によって占領された戦域で活発となった。それは、第八艦隊と第十一航空艦隊が、連合国軍の攻撃に反撃するこころみのなかで、おなじ作戦行動をとろうとしている証拠だった。

日本軍のすべての戦域のなかで、とくにラバウル方面の通信量の増加があった。

第十八戦隊は、第七戦隊と第三水雷戦隊が進出している南太平洋で、なお作戦中だった。カビエン近くに位置する第六戦隊に、燃料補給をおこなう計画があった。また天気通報は、おおくの航空機の移動が進行中であることをしめしていた。

通信解析は、いくつかの航空指揮官と彼らの部隊の位置を暴露した。

ミッドウェー海戦における四隻の空母の喪失は、日本海軍の編制表から三つの航空戦隊をうしなわせたか、この時点で航空戦隊が再編成されたと思われるおおくの徴候があった。

あたらしい空母グループの訓練は、佐世保でおこなわれており、同地において将来の戦術がくり返し演練されていた。

（訳注：着艦訓練は、岩国、佐伯、鹿屋、笠ノ原、鹿児島でおこなわれていた。八月中は機材の補充も訓練も不十分で、戦力の再建は九月中旬をめざしていた）。

通信諜報を補充する重要な情報は、鹵獲文書から入手された。それは、第十一航空艦隊の編制をしめしていた。

八月十三日、ラバウルに第二艦隊司令長官の存在が、ある信頼できる通信徴候から推測されたが、現在ラバウルにはいないと判断された。

第四駆逐隊の一小隊が、呉管区に進出した。また第二航空戦隊の「瑞鳳」は、佐世保で修理していることをしめしていた（訳注：八月十日終了）。「翔鶴」「瑞鶴」と「龍驤」は、日本から外洋への任務を準備していた（訳注：十七日内地出港、二十二日までにトラック急行）。

航空艦隊と第二航空戦隊は、作戦をおこなう計画があるのか、最高の秘密保持が必要なことをしめすかのように、一連の電報の周波数を変えはじめた。

南太平洋におけるおおくの重要な日本軍指揮官の所在は、ある重要な情報から推論できる海軍の無線通信と同様に、日本海軍からの通信解析によってたしかめられていた。

日本軍が、ひじょうに正確に連合国軍の無線変調波を監視していたことは、明らかだった。

この日、日本軍の補給線にそった通常の船団の動きが注目された。そして、これらの船団の位置が、アメリカ軍の作戦当局に提出された。

呉―佐世保海域の輸送船からの緊急電は、その方面にいる連合国軍部隊による目撃を可能としていた。この情報が作戦上、ひじょうに重要だったのは、有益な戦術をおこなうため、アメリカ潜水艦に急速に伝えることができたからだ。

アメリカ潜水艦によるおおくの日本軍補給艦船の撃沈は、占領した島々にそって、日本軍の最終的な弱点としての重要な要素になった。日本軍の船団の正午位置情報は、アメリカ潜水艦作戦の成功に大いなる助けとなっていた。

横須賀第三特別陸戦隊は、十二日をすぎてしばらくして、アンボンからラバウルにむけて出発するはずだった。

チリの日本大使館から日本へおくられた興味ある外交電報は、日本のスパイによるチリの中立化維持の努力について述べていた。

八月十四日、第二艦隊司令長官は、明らかに南洋方面へむかう途中だった。そして第二艦隊は、第一航空艦隊（訳注：解散して第三艦隊として新設）司令長官とともに諸作戦を計画しているように考えられた。

いくつかの未確認部隊が、十五日にガ島へ到着する予定だった。

第四駆逐隊と第十七駆逐隊は、ラバウル方面で行動していた。そこで第四駆逐隊は、特別に訓練された一木支隊の安全な到着をまかせられていた（訳注：十三日、第十七軍司令官は海軍と協同して、一木支隊はガ島飛行場を奪回確保すべし、駆逐艦六隻に分乗してガ島にむかい前進すべし、と命令）。

二日前に傍受され、このときまでに完全に翻訳された電報は、日本軍が連合国軍任務部隊への攻撃を計画していることをしめしていた。また方位測定から、「瑞鶴」と「翔鶴」がいまだに日本水域にいることをしめしていた。

何隻かの輸送船は、日本本土から南西太平洋への航空機の補充輸送に従事していた。激戦地に航空機を船出するスピードが増すため、たえまないプレッシャーが航空機製造工場におよんでいた。

ラバウルは日本軍の諸作戦の中心として、ますます重要になっていた。ラバウル港への気象部隊の派遣は、航空機がこれからの防衛に重要な任務をもつことをしめていた。

くり返される暗号の変更

八月十五日、第二艦隊の部隊はビスマルク―ソロモン方面への途上にあり、二十一日か二十二日ごろには到着するだろうという警告が、アメリカ軍から作戦当局に送られた。

四月の後半いらい無線封止をしていた戦艦が、ふたたび無線通信のなかにあらわれた（訳注：「陸奥」か）。

この日、敵の無線交信量は全域で低調だった。しかし重要な展開が、日本海軍の通信の秘密保持手段におこった。特別な五桁数字の暗号体系が、南太平洋方面の日本軍によって使用され、数日前には全域で一般目的のために使用された。

暗号の変更は、日本軍部隊の確認をますます困難にした。第三と第十七駆逐隊は、以前は空母の護衛をしていたが、この時点で南太平洋における空母の徴候はなかった。

しかし、ソロモン方面に進出する日本の空母群の可能性を、これからは見落としてはならないことが指摘された。

第十七駆逐隊は十四日、トラックに到着した。第三水雷戦隊は最近、第七戦隊と無線でむすびついており、十六日一六時にラバウルに到着することをしめしていた。

日本の空母が、これらの護衛駆逐艦とともに南太平洋に進出したかもしれないという以前に指摘した可能性にもかかわらず、「翔鶴」「飛鷹」と「鳳翔」は日本本土海域に位置しており、のこりの空母は活動していないことが認められた。

日本海軍の作戦電報の翻訳が、航空部隊の確認と数おおくの航空機が日本から南太平洋に船出しているという通信解析の報告の正確さをみとめている。

十五日の通信諜報のハイライトは、アメリカ国内における日本のスパイからの情報が、マドリッド経由で東京に流れつづけていることを突きとめたことだった。

八月十六日、日本海軍軍令部と聯合艦隊司令長官双方の交信は、かなり活発だった。

それは、海軍部隊の再編成が完了したからと考えられた。

東京の通信隊から発せられた大量の無電は、日本海軍の通信体系に変更がおこなわれようとしていることをしめしていた。

第二艦隊司令長官は、サイパン方面に部隊を集結させており、この艦隊はまもなく南方のトラックに移動するだろうと予測された。

第二艦隊と第四艦隊の関係は、将来の合同作戦の徴候をにおわせていた。基本的な日本軍の目標は、ガダルカナルとツラギの奪回と防衛だった。

ガ島の日本軍部隊は、第四艦隊の小隊と交信をたもっていた。一方、第二水雷戦隊は、横須賀（訳注：十一日）からトラック（十五日）への到着を報告した（訳注：旗艦「神通」と「陽炎」だけで、その大部は他方面に転用された)。

そして、その指揮官からの電報の分析により、「愛宕」が第二艦隊の旗艦であることを想像させた。他の部隊は、第二艦隊司令長官とともにあるとあえて推定するが、確認のための糸口はなかった(訳注:十四日、第二艦隊麾下より第八艦隊に編入されて「ガ」島増援部隊となった)。

以前、第七戦隊とむすびついていた第三水雷戦隊は、トラックへの到着を報告した(訳注:第七戦隊の「熊野」「鈴谷」そして第三水雷戦の第十五駆逐隊は、機動部隊とソロモン海域の洋上で合同)。日本軍は明らかに、その駆逐艦戦力をソロモンで増勢していた。

第一航空艦隊(訳注:アメリカ軍は第三艦隊の新設をまだ知らなかった)とすべての空母は、無線封止を守っていた。南太平洋における駆逐艦の動きが、空母の動きを反映している可能性があった。しかし、すべての空母はこの時点で、日本本土海域に位置していると思われた。「龍驤」は、第二航空戦隊の共同呼出し符号にふくまれていなかった。そしてこの艦は、海軍工廠で修理中と考えられた。

重要な空母の動きは、横須賀水域でおこるだろうと考えられていた。「キンナイ丸」(訳注:「金龍丸」を意味するか)は、連合国軍にたいする作戦行動(訳注:「キ」号作戦)をとるため、第五特別陸戦隊(訳注:五月一日に編成された横須賀鎮守府の所属部隊」を輸送していた。

しのびよる日本艦隊の影

八月十七日、大量の日本軍の無電は、南東方面部隊を強化するためのあらゆる努力をおこなっており、うしなった基地を奪回しようとしていることを明らかにした。

日本海軍の呼出し符号の主要な変更は、東京の通信隊から発せられる無数の電報から判断して、事態は切迫しているとみられた。この変更は十七日の真夜中に実施された。

第八艦隊は、第二艦隊がトラックに近づくにつれ、さかんに活動していた。「愛宕」はこの艦隊の旗艦とも推定されており、ラバウル方面で作戦行動をとると考えられていた（訳注：前進部隊の第二艦隊、第五戦隊、第二水雷戦隊、第四水雷戦隊および「陸奥」は十七日までにトラックに集結を完了）。

第一航空艦隊（訳注：新設の第三艦隊）も、ソロモン方面に関心をもっていた。

南太平洋における活動がはげしくなったにもかかわらず、聯合艦隊司令長官はまだ日本本土海域にとどまっていた（訳注：十八日に内地柱島発、二十四日ごろトラック着の予定）。

第二水雷戦隊と第十水雷戦隊の二つの小隊は、ラバウルの外で作戦中だった。

第二水雷戦隊の小隊は、アンボンとトラックにいた。そして一〇隻の駆逐艦（訳注：第四、第十七駆逐隊および「陽炎」の六隻と哨戒艇四隻）は、ソロモンに進出する一木支隊（第一梯団）を護衛していた。

空母群はしばらく無線封止をしていたが、第二航空戦隊からの電報で、三隻の空母が横須賀か洋上のどちらかにいることをしめしていた。

この日の艦隊情報報告書によると、「飛鷹」「隼鷹」と「瑞鳳」は日本本土海域にとどまっており、「瑞鶴」と「翔鶴」にくわえて「龍驤」も、まだ本土水域に所在しているのは明らかだった。現在は南太平洋方面に航行していないにしても、ちかくその方面にむかうことは確実だと記録されていた（訳注：機動部隊の第一航空戦隊、第八戦隊、第十戦隊、第十一戦隊は十七日に内地出撃、二十三日までにトラック急行）。

八月十八日、日本海軍の呼出し符号は真夜中に変更された。そして暗号も、ひじょうに近い将来に変更されるだろう。強められた通信の秘密保持は、この日の大量の作戦上の無電のなかで認められた。

通信解析は、トラックに位置する第二艦隊と第一航空艦隊（訳注：第三艦隊）が密接にむすびついていた。

八月十九日、第二艦隊と空母をふくむ可能性のある機動部隊をともなってトラックの近くにいる第一航空艦隊（訳注：第三艦隊）は、この時点で集結する予定であった。

第二艦隊司令部麾下の任務部隊の可能性がある「カ」号作戦部隊（訳注：ソロモン群島要地奪回作戦の名称）が、作戦に投入された。同時に、増勢する日本陸軍の行動は、フィリピンとオランダ領東インド諸島からソロモンとラバウルへの増援部隊の移動をしめしていた。

第八駆逐隊の一隻が、水上機母艦「千歳」を護衛していた。

アメリカ太平洋艦隊司令長官の報告書は、日本本土から南方に移動した敵空母の可能性を強調していた。

八月二十日、日本軍の一部に集中した通信の秘密保持は、電文の解読をおくらせていた。ラバウル近くの洋上にある第八艦隊とトラックの第二艦隊は、南方方面の攻撃に関係しているように思えた。この時点で、戦艦も空母もどちらも南太平洋に観測されなかったが、トラックに位置する第五戦隊の旗艦（訳注：「妙高」）と前進部隊（訳注：「天龍」）と第十八戦隊旗艦（訳注：「天龍」）が、無線にあらわれた。

駆逐艦の活動が、主要艦艇の動きを推測させるかもしれなかったので、厳重な注意が駆逐艦群にはらわれた。

日本海域にあった「翔鶴」「飛鷹」「隼鷹」そして「瑞鳳」の空母群による戦術演習は、南方での実際の動きをかくすものであると考えられた。この仮定は、トラックへの第二航空戦隊指揮官の電文などによって強調された。

太平洋艦隊司令長官の報告書は、日本空母の推定位置に変化なしと述べられていた。

八月二十一日、ガ島からの緊急電報は、次期作戦をしめしていた。八月八日いらい、通信のなかで注目されていた「カ」号作戦部隊の名称は、ソロモン方面のいたるところで作戦中のすべての日本軍部隊に言及していると考えられた。

第八戦隊（訳注：「利根」「筑摩」）に「霧島」と「比叡」（訳注：第十一戦隊）をくわえ、第四駆逐隊の一小隊（訳注：第十戦隊の一部）とともに「翔鶴」「瑞鶴」と「龍驤」で編成された機動部隊の最終の行先きは、今なおわからなかった。

八月二十二日、前日のガ島からの作戦電報の増加は、ソロモンにおけるアメリカ軍の攻撃によるものであることをしめしていた。

第二艦隊司令長官の麾下に、作戦のため集結している日本軍任務部隊（前進部隊）のさらにくわしい確証が、トラックの第四戦隊の「筑摩」（訳注：第八戦隊）、「愛宕」「摩耶」の存在からみちびかれた。二隻の駆逐艦に護衛された第七戦隊が、トラックに接近した。

艦隊情報による報告書は、日本軍による重大な攻撃が、まもなくラバウル方面でおこるだろうことをしめしていた。

太平洋艦隊司令長官の報告書は、日本国内の三隻の空母の存在は、すぐに南下してくる可能性をのこしているが、別の三隻の空母は、トラック方面かその途中のどちらかにあると断言できると報告していた。

激戦「東部ソロモンの戦闘」

八月二十三日、東部ソロモンの戦闘がはじまったとき、あたらしい無線呼出し符号の採用は、南太平洋にある日本部隊の確認を困難にした。

この時点で、手元にある電報を活用した通信諜報の討論からの報告によれば、日本軍部隊がソロモンでその戦力を増強していることは確実だった。

戦艦「大和」が、通信のなかで認められ、「扶桑」（少尉候補生の練習艦として瀬戸内海にあった。実際は「陸奥」）が、第七戦隊（「熊野」「鈴谷」）とともにソロモンにいると考えられた。そしてそこには、「瑞鶴」とともに「金剛」「榛名」（訳注：この二艦は待機部隊）そして「霧島」（「比叡」が抜けている）は、おそるべき機動部隊としてすでに集結している可能性があった（訳注：通信解析のギャップが認められる）。

日本の攻撃戦力は、複数の空母によってそうとうに強化されるだろうとの判断で、特別の注意がこれらの行動にはらわれた。さらに、「瑞鶴」に乗艦している第一航空艦隊（新設の第三艦隊の司令長官に変化がなかったためと思われる）司令部とともに、「翔鶴」「龍驤」がトラックにむけて進撃していた。そして、横須賀第三（訳注：実際は第五）特別陸戦隊と一木支隊をふくむ上陸部隊が、作戦を準備していた。

太平洋艦隊情報士官による報告は、アメリカ軍が長らく予期していた日本軍の大規模な上陸が、一二時間以内にガダルカナル地域でおこるであろうと述べていた。

第六十一任務部隊（フレッチャー少将指揮下の第十一任務部隊「サラトガ」と第十六任務部隊「エンタープライズ」）は、ガ島にたいする攻撃を見越して北方に移動し、ガ島とツラギの真東、一六一から二四二キロで行動していた。

夜明け前、三二二キロを網羅する哨戒に、エンタープライズ機が飛びたった。哨戒機は、任務部隊の北方三二二キロに日本潜水艦二隻（訳注：伊号第十七潜水艦と伊号第十一潜水艦）を目撃した。

南太平洋航空部隊からの長距離索敵機の一機が、ガ島の北方四〇三キロを速力一七ノットでガ島にむけて航行している日本の攻略部隊を目撃した。

サラトガは、三一機のＳＢＤドーントレス爆撃機と六機のＴＢＦアベンジャー雷撃機を日本部隊の攻撃に発進させた。

索敵機による敵部隊の変針報告は、夜までアメリカ空母部隊にとどかなかったため、攻撃隊は日本部隊を発見できず、ガ島の海兵隊飛行場に着陸した。

最新の諜報では、トラックの北方に日本軍のすべての空母の位置を報告したので、ワスプをふくむ第十八任務部隊は燃料補給のため、南に移動した。

八月二十四日、東部ソロモンの戦闘は二日目にはいった。南太平洋航空部隊の長距離索敵機は、一隻の空母をふくむ日本部隊の存在を報告した。

この報告をうけた空母部隊は、全速力で日本部隊との距離をちぢめる努力をしたが、攻撃機を発艦させるため南東の風にむかわねばならないことが、行動を遅らせた。

日本の索敵機がアメリカ空母部隊を発見した。そしてこの索敵機は、方位二一〇度、距離一三キロで撃墜された。

サラトガは、ガ島で夜をすごした攻撃隊を収容した。

日本部隊にかんする情報は不充分だったが、早朝に報告された空母にむけて攻撃隊（エンタープライズの二二機のＳＢＤと七機のＴＢＦ）を発進させた。この飛行中、攻撃隊は日本軍の三つのグループ発見した。一つは「龍驤」と思われる空母をふくむ軽巡一隻と三隻の駆逐艦、二番目は二隻の空母と四隻の重巡、六隻の軽巡と八隻以上の駆逐艦で編成される部隊、そして三番目は四隻の軽巡と三ないし五隻の駆逐艦のグループだった。

攻撃隊からの報告は、二隻の空母のうち一隻（「瑞鶴」と思われる）に至近弾をあたえたという不首尾を伝えてきた。

サラトガから発信した攻撃機（二九機のSBD、八機のTBF）は、真っすぐ標的にむかって飛行し、「龍驤」を攻撃した。

ガ島が日本の空母機に攻撃されたという事実を考えると、エンタープライズの二機の偵察機に「龍驤」が目撃されたとき、飛行甲板は空っぽだったということが注目された。

サラトガの攻撃隊が、強烈な攻撃をくわえたとき、「龍驤」の飛行甲板に数機、その上空に数機いただけだった。

サラトガの攻撃隊が発艦した直後、レーダーで未確認の大編隊を方位三五〇度、距離一八〇キロに探知した。その編隊は、ガ島にむかう針路の方向である二二〇度でレーダーから消えた。およそ一時間後にガ島の飛行場が爆撃されたが、それは「龍驤」から飛来した空母機の可能性があった（訳注：第一次ガ島攻撃隊は艦攻六機と零戦六機で、零戦九機と艦攻三機は待機）。

B－17爆撃機は、「龍驤」の北東約一二一キロに位置する小型空母（訳注：「千歳」か）を爆撃した。この情報の分析から、三隻の日本空母が、「龍驤」の東方で作戦中であると考えられた。

エンタープライズの飛行甲板には、一一機の急降下爆撃機、七機の雷撃機と七機の戦闘機があったが、日没時の収容のむずかしさを考え、「龍驤」の東で作戦中の空母群（「瑞鶴」と「翔鶴」）

にたいして発進はひかえた。

五三機の戦闘哨戒機は、来襲してきた日本の攻撃隊（訳注：艦爆二七機、零戦一〇機）を迎撃した。

エンタープライズの待機機は、飛行甲板を空にするため発艦させられた。その作業が完了した直後、最初の日本機の攻撃をうけた。

エンタープライズは、三発の直撃弾をうけた。一発は船体の艦尾を直撃し、そうとうの損害があった。

最初の命中は大型爆弾で、三層の甲板をつらぬいて爆発し、三四名を戦死させ、おおくの火災を発生させた。数秒後に別の大型爆弾が、最初の命中箇所の七メートルはなれた箇所（弾薬庫）を直撃し、二基の五インチ砲の要員三八名を戦死させた。三発目は数秒以内に命中し、エレベーターを使用不能にした。

「龍驤」を攻撃してサラトガへ帰投中の攻撃隊は、第六十一任務部隊の攻撃にむかう日本機の編隊を目撃した。しかし、この敵編隊（訳注：第二次攻撃隊、艦爆二七機、零戦九機）は、陣型の八一キロ内を通過して、米艦艇のほとんど真南にまできて東にむきをかえた。そして最終的には、その針路を北西に反転した。

もし編隊が、そこから北に方向をかえたら、第六十一任務部隊は発見されていただろう。そのとき、エンタープライズは操艦不能だった。幸運にも日本機による触接はなかった。

八月二十五日、ガ島のアメリカ軍は、夜明けの空襲を予期したが、日本機はこなかった。

日本空母を攻撃するため、戦闘機の直掩をうけた八機の急降下爆撃隊が発進した。ガ島の北方で一隻の重巡、四隻の軽巡、四隻の駆逐艦、大型輸送船と三隻の小型船からなる攻略部隊を発見し、攻撃した（訳注：「ぼすとん丸」「大福丸」「金龍丸」）。

これにくわえて、八機のＢ－17編隊も攻略部隊をみつけて爆撃した（訳注：「神通」は火災を発生して戦列をはなれ、横五特を乗せた「金龍丸」は航行不能となったのちに処分、「睦月」沈没）。

三日目にはいった東部ソロモンの戦闘は、二一機の日本軍重爆撃隊（訳注：陸攻二一機、零戦一三機）がガ島を高度八二三〇メートルの高々度から爆撃した午後、終えんを迎えた。

この爆撃の結果、四名が戦死、五名が負傷したほか、被害はほとんどなかった。日本軍の攻撃には戦闘機の護衛がなく、この攻撃も繰り返されることがなかった。明らかに日本軍の航空戦力は、ひじょうに減少していた。この戦いは、アメリカ軍に好結果の結末をもたらした。アメリカ軍がガ島に進攻していらい、ソロモンにたいする最初に重要な脅威は消滅した。

日本海軍の聯合艦隊司令長官は、陸戦隊のガ島泊地進入を不可能と認めた。こうして一木支隊の第二梯団および横須賀第五特別陸戦隊三隻の船団輸送は挫折したのである。

（「丸」一九九四年十月号　潮書房）

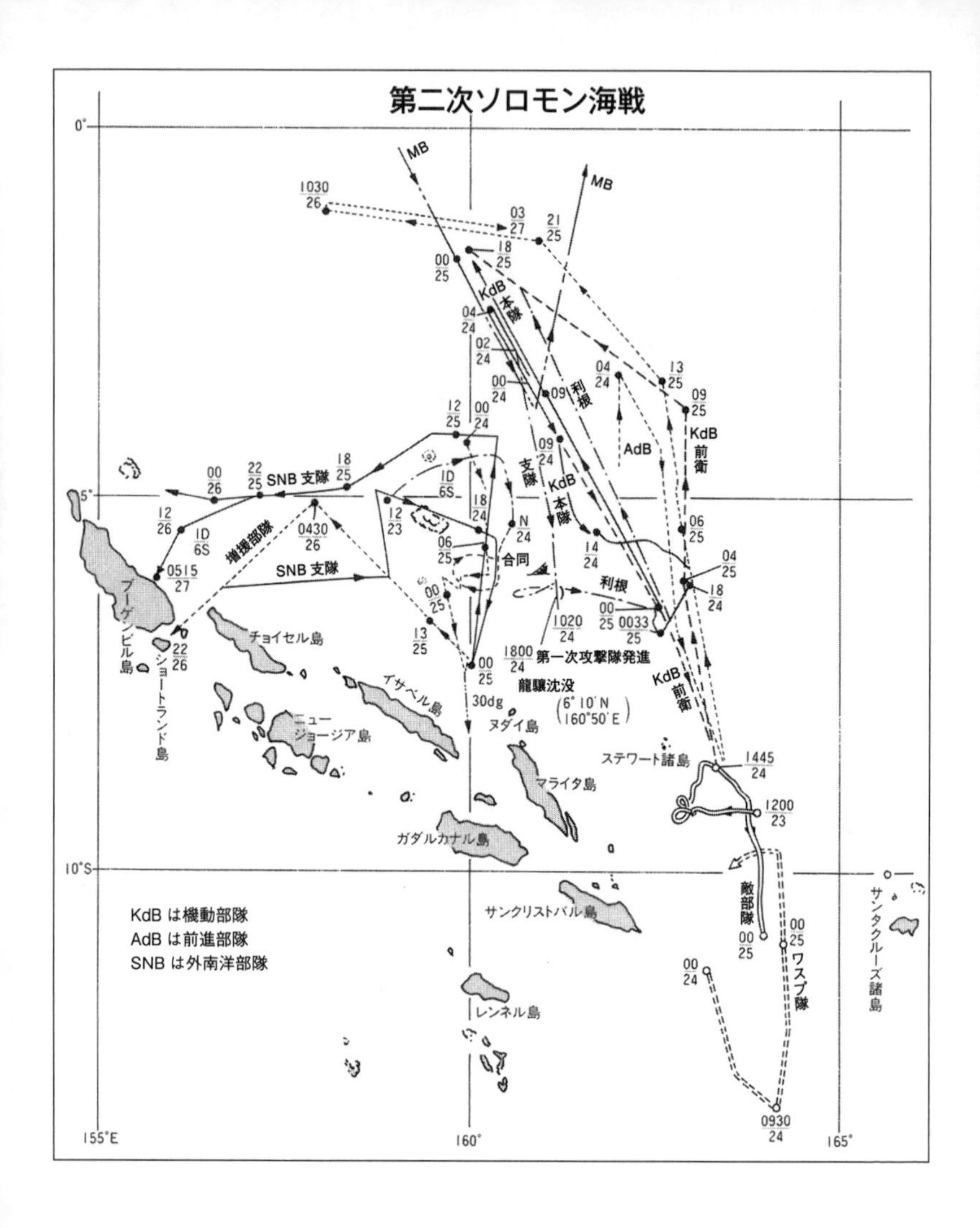
第二次ソロモン海戦
MB
KdB 本隊
利根
KdB 前衛
AdB
支隊
SNB 支隊
増援部隊
合同
第一次攻撃隊発進
龍驤沈没
(6°10'N 160°50'E)
30dg
ブーゲンビル島
ショートランド島
チョイセル島
イサベル島
ニュージョージア島
ヌダイ島
マライタ島
ステワート諸島
ガダルカナル島
サンクリストバル島
レンネル島
サンタクルーズ諸島
敵部隊
ワスプ隊
KdB は機動部隊
AdB は前進部隊
SNB は外南洋部隊
0°
5°
10°S
155°E
160°
165°

1943年（昭和18年）8月24日、対空戦闘中の第16任務部隊の空母「エンタープライズ」(CV-6)。本艦は攻撃機を発艦させた直後に、日本機の最初の攻撃を受け、爆弾3発が直撃した。最初の命中爆弾は甲板三層を貫通して爆発した。本艦は操艦不能に陥っていたが、その後は幸運にも日本機の来襲はなかった。

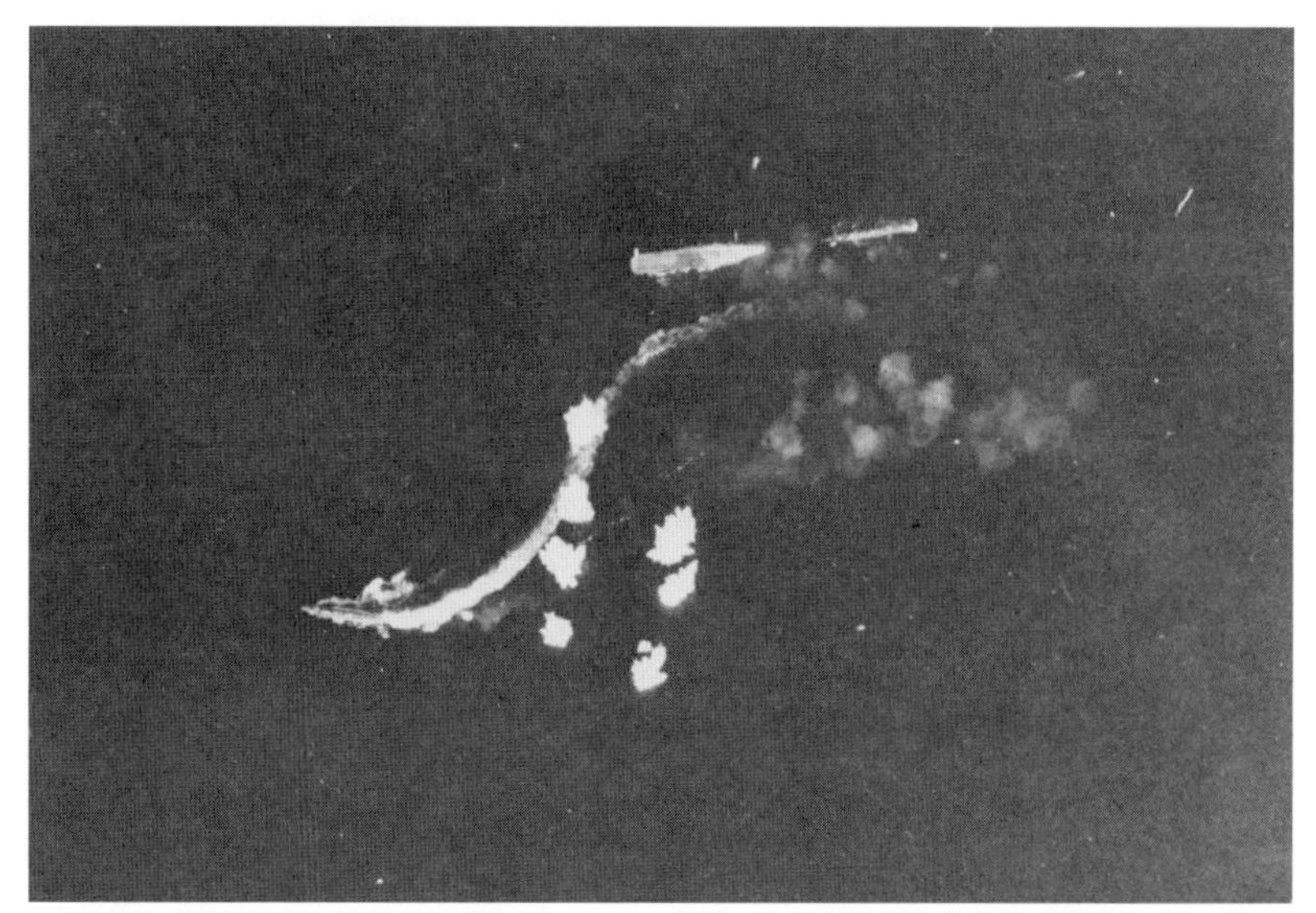

1943年（昭和18年）8月24日、第二次ソロモン海戦でB-17が撮影した空母「龍驤」。第一航空戦隊3番艦として作戦に参加した本艦は被弾して洋上に停止した。駆逐艦「時津風」も停止している。爆弾の炸裂を回避して航走するのは駆逐艦「天津風」である。「龍驤」は米空母「サラトガ」機の攻撃で爆弾3発、航空魚雷1本の被害を受け、午後6時沈没した。

米海軍秘密報告書が明かす「ダンピールの悲劇」の隠された真相

秘密文書があかした真実

五十年前の一九四三年三月三日におこった「ダルピールの悲劇」とよばれる日本輸送船団の壊滅は、一機の偵察機がホールマン岬（ビスマーク諸島ニューブリテン島ガゼレ半島北西角）沖の北東海面に、日本の輸送船団を発見したときからはじまったと語り伝えられてきた。

その偵察機は、日常の哨戒任務で飛行していたのか、それとも獲物を確信して飛んでいたのだろうか……。

一九八二年（昭和五十七年）一月十九日付で秘密解除された『第二次世界大戦における無線諜報・太平洋戦域の戦術諸作戦』という米海軍通信諜報班の極秘文書は、すでにおよそ二週間も前に、この日本軍の意図を無線諜報から気づいていたことを暴露した。

「ダンピールの悲劇」とは、現在のパプア・ニューギニアのラエ（ヒュオン湾に面したニューギニア第二の都市）への船団輸送で、陸軍第十八軍司令部、第五十一師団主力六九一二名のうち約三〇〇〇名の将兵と輸送物件、火砲四一門、車両四一両、輜重車八九両、大発三八隻、不沈ドラム缶約三〇〇〇本、燃料ドラム缶約二〇〇〇本、弾薬一二四〇立方メートル、軍需品六三〇〇立方メートルなど約二五〇〇トンが、目的地ラエへの上陸わずか数時間を前に、連合軍攻撃機の超低高度反跳爆撃（スキップボミング）戦法で一瞬にして海の藻屑となり、生存者はダンピール海峡のはやい潮流の影響で、幅二〇海里、長さ八〇海里の洋上を東南方面に漂流した悲運をいう。

漂流者はその後も、敵機、魚雷艇の執拗な銃撃をうけて、おおくが射殺された。はるか彼方の陸上に漂着した者は、原住民に殺害されたり、捕虜となった者がほとんどだった。

この船団輸送の失敗は、日本軍が東部ニューギニアの防衛態勢をかためるうえに重大な誤算となった。

活発なニューギニア航路

一九四三年（昭和十八年）二月十四日、アメリカ海軍通信諜報班は、傍受した日本海軍の電報のなかに、大型客船「鎌倉丸」がマニラからバリックパパンにむけ、その途中にあること、そのほか、北方からバリックパパンにむけて出港した七隻の輸送船が、ボルネオ島沿岸にそった島々の方向にあると報告した。

そのうえ、パラオとニューギニア間の船団の動きは、第四十一師団がウエワクへのとちゅう、パラオ港に到着したということが諜報（通信解析）によって予測された。

十八日、ニューギニアにおける大規模な輸送作戦は、パラオからウエワクとマダンに第二十師団と第四十一師団を、そしてアドミラル諸島のまだ不明の地点から、駆逐艦と輸送船でラエにむけ、別の軍隊を輸送しようとしていることが予測された。

そして、これら軍隊の移動は、二月中にはじめられており、ラエへの作戦は、三月一日から五日にかけて、「ビスマーク海の戦い」となったのである。

そのきっかけになったのは、二月八日一四時二一分付で起案された日本海軍の暗号電報からだった。

「この地区の増援（?）は、つぎの計画にしたがっておこなわれるだろう。

一、ごく近い将来に、すべての地区（?）において攻撃目標への攻撃戦力の増勢が必要な点から、RZK（マダン）とRZN（ウエワク）に予定した第二十師団と第四十一師団をRZM（ラエ）へ輸送する必要がある。

二、RZM（ラエ）への船団輸送の活用を見込むよう、修正しなくてはならない。

三、命令を待つ諸部隊の待機地点は、PP（パラオ）からPM（?）に変更しなければならない。

四、第四十一師団（これらはすでに乗船ずみ）の……（空白）……部隊は、RZN（ウエワク）に上陸する。そして残部隊は、PP（パラオ）で待機する」

この電文を解読し、翻訳した諜報班は、この訳文に次のような論評をくだした。

「われわれは、この一通の電報を翻訳するのに、かなりめんどうな時間をついやした。しかし、疑問符の部分いがい、だいたい正確と思う」

およそ一七時間後、同一の電文は、次のように完成した。

「一、すみやかな増援が前線すべてに必要との点から、第二十師団と第四十一師団のRZK（マダン）とRZN（ウエワク）への輸送とともに、RZM（ラエ）輸送作戦の可能なかぎり迅速な、同程度の有効な進出があるだろう。
二、RZM（ラエ）への船団による陸軍の輸送計画が活用されるが、駆逐艦群による輸送の実施に修正されるだろう。
三、待機状況において、諸部隊の規模を最小限に維持せよ。PP（パラオ）からM（空白）へ待機地点を変更（空白）……。第四十一師団（すでに乗船）の（空白）部分は、RZN（ウエワク）に上陸し、残部隊は、PP（パラオ）で待機するだろう。われわれの観点から、これら諸作戦は最善の作戦活動の方針と理解する」
上記のMの次の空白部分は、MC（セブ）かもしれない。

この情報は、太平洋艦隊司令長官（ニミッツ）の名のもとに、東部艦隊司令長官、オーストラリア、ニュージーランド海軍の放送局に通報された。

「パラオから、ウエワクとマダンへの第四十一師団と第二十師団の輸送が、まもなく実施されると思う。同時に、輸送船とおそらく駆逐艦によるラエへの軍隊輸送の徴候がある。駆逐艦への乗船地点は不明だが、パラオではない……」

（註：駆逐艦への第五十一師団長の乗艦は、ラバウルとカバカウルの中間地点のココボでおこなわれた）

悲劇の序曲は、こうしてはじまった。

この断片情報は、ガダルカナル島および東部ニューギニアのブナからの撤退（二月九日）後、日本軍の主要戦線をスタンレー山脈以東の要地ラエ、サラモア、マダン、ウエワク方面とし、そこに確固たる作戦根拠地を設定するという日本陸海軍部の一致した意見を、一通の電報が明らかにしたのである。

そして二月十四日、日本の陸海軍間協定で決定したウエワクへの二月二十日―二十六日（第四十一師団、在パラオ）、ラエへの三月三日（第五十一師団、在ラバウル）、マダンへは三月十日（第二十師団残部隊、在パラオ）の輸送計画も、アメリカ軍通信諜報班に、その全貌を明らかにされる運命にあった。

日本軍は、ラエへの輸送を「八十一号作戦」と呼称していた。

作戦を計画した陸軍方面参謀は、ラエへの輸送は敵の戦爆連合の攻撃が予想され、その成功率は、成功四〇パーセント、不成功六〇パーセント、あるいは五分五分とみて、そうとうの冒険とかんがえた。そして、「八」は末広がりで縁起がよいので、「八十一号作戦」と名づけたという。

海軍側は、駆逐艦による第五十一師団主力のラエ輸送には、敵小型機の行動圏内にあるので危険が大きいと反対し、同師団の揚陸地点をマダン、またはウエワクにするよう主張した。

陸軍側は、ラエ、サラモア地区に早急に兵力を増強する必要から、危険をおかしてもラエ揚陸を主張したのである。

ニューギニアは日本の一・三倍の大きさがあり、当時は道路もない未開の地だった。距離的にたとえれば、ラエとサラモアのあいだは日本の大阪＝神戸間で、ウエワクでは仙台に上陸したのとおなじである。仙台＝大阪間を、道路をつくりながら、軍隊が兵器類を担送徒歩で行軍したのでは六ヵ月はかかり、戦機に間にあわない。

こうして、第五十一師団主力のラエへの船団輸送が決定された。

日本軍をだました偽情報

船団の護衛部隊となる第三水雷戦隊司令部は、この作戦にまったく自信を持っていなかった。そこで、海軍側の計画担当参謀に、

「この作戦は、敵航空兵力によって全滅させられるおそれが大なので、中止してはどうか」と申し入れたところ、「命令だから全滅覚悟でやってもらいたい」と言われた。

この場合の決定は、作戦の能否よりも要否が強く支配して、ラエ地区確保の任務上の必要性から、一か八かの強行上陸案が採択されたのである。

二月二十日、アメリカ海軍通信諜報班は、日本軍の主要部隊にかんする新しい情報はないが、パラオ地区に無視できない船団交信が認められると日報に報告した。

「比較的すくない陸軍通信が、以前に報告された以上にパラオからあらわれたが、通信量はまだ充分ではない。パラオの陸軍は、ウエワク第四九停泊地ウエワクへのGOU（第八方面軍〈剛〉）とMOU（第十八軍〈猛〉）部隊の一部（もしくは全部隊）の動きのきざしをしめして、在ラバウルのGO部隊に多数の電報を発信した」

そしてこの日、通信諜報班は日本軍の暗号を解読する手段として、手っとりばやい一つの計画をくわだてた。

当時の日本海軍は、アメリカ軍機の平文の偵察報告を傍受すると、戦術暗号に組みかえて放送していることが知られていた。

そこで、日本軍のちかくで艦艇の種類、針路、速度、気象状況などに関し、まやかしの報告を送信することを考えついた。

この策略は、暗号の解読法をひじょうにすすめさせることが予想された。

「YOKE5から2V35によって送信された次にしめすまやかしの触接報告は、二十二日十一時六分、双発の海軍特別機からの発信によって確認された。それは『一CL(軽巡洋艦、二DD（駆逐艦）310距離245、針路185、速力17、6HFXYちぎれ雲』というものである。数字は、数字として送り、すぐ訂正せよ。別の報告は、二十四日に送信されるだろう」

二十一日、この日の戦況報告書は、パラオとニューギニア間に予測された輸送作戦にかんする新しい情報をふくんでいた。

パラオから第四十一師団の軍隊を輸送すると思われる船団が、二月二十六日以前に、ウエワクに到着することが予想された。そして、この作戦に従事する大型の輸送船二隻が、二十五日の積みおろしののち、呉にむけてウエワクを出港することが予想された。

「靖国丸」の行動予定をしめす電文が、このことを暴露したのだった。

それは、二月二十日一五時三〇分付の電報であった。

最初の訳文は、一七時四四分に管轄区域諜報として記録された。そして四時間六分後、次のように翻訳が完成した。

「ウエワク後の本船の日取りは、次の通り予定される。二十五日夜揚陸を完了し、自隊に戻る。ウエワクを出港し呉にむかう。三月六日早く、呉に到着する予定」

総体的な諜報解説は、「靖国丸」が第四十一師団の一部を輸送したことをしめしていた。なお、同船は排水量一万一九九〇トンである。

もう一通の傍受電報から、「靖国丸」が青島（チンタオ）（中国山東省の東部にあり、黄海、膠州湾にのぞむ軍港）から南東方面戦域への軍隊輸送に従事した船団の一部であることもわかった。

「靖国丸」の行動予定は、この船団が二月二十六日以前に、ウエワクに軍隊を上陸させようとしていることをしめしていた。

一月二十八日一三時付の電報が、次のように翻訳された。

『発丙号輸送部隊指揮官、丙号輸送部隊電令作第十号（最初の日付は、丙号輸送部隊に指定されている日付）。一、磯波……（削除）と……（駆逐艦）が護衛任務のため、各々（?）に第三と第四輸送隊に指定された。両駆逐艦は、次のごとく作戦する。結局修理などで、即時の報告を不可能にする（この最後の訳部分は疑わしい）。A……（二月五日？）日に第十輸送隊（聖川丸、靖国丸、青島の聖川丸指揮官）と合同する。B、北緯二四度、東経……三〇分の位置に……日に第四輸送隊……丸、……丸、新玉丸指揮官……部隊指揮官……PP（パラオ）への途中……。2、合同の日時、集合地点と（空白）を船団指揮官に通報せよ」

この電文は、この船団がパラオに第四十一師団を輸送していることをしめしていた。

二十二日、ハワイの太平洋艦隊司令部は、二月二十日の日本陸軍船団の位置を、南西太平洋部隊と太平洋戦域の全任務部隊の各司令官に通報した。

「青島（チンタオ）からパラオへむかう陸軍船団は、二十日一時五五分、北緯一一度一五分、東経一三四度一九分の位置と推定される。最終目的地は、北部ニューギニアの港と思われる」

この情報が伝えられた背景には、次にしめす傍受電報が関係していて、「新玉丸」が青島からパラオ経由で、ウエワクにむかう軍隊輸送に従事していることを突きとめたことにあった。

この電文は、通信諜報班が総力をあげて、二日がかりで翻訳した。

「一月十四日一四時一一分、〝C〟輸送部隊電令作第二号。〝C〟第二輸送隊（欠、愛国丸）のRXN（ウエワク）への輸送作戦が、NTF（南東方面部隊）電令作第十三号と（空白）NB電令作第十八号に指示されたように、次の通り遂行されるだろう。一、軍務編成（命令、区分、指揮官、配置……）。（第三輸送隊…はパラオに到着）、（a）第一輸送隊、第九戦隊司令官、第九戦隊、讃岐丸、…。（b）第二輸送隊……の部隊指揮官（空白部分の原文は輸送船の船長と思われる）。愛国丸、筥崎丸と……。（c）第三輸送隊……の部隊指揮官、新玉丸……」

そのうえ、通信諜報班は二十日、「新玉丸」がアメリカ潜水艦との接触報告を打電する一部を傍受して、その位置をあきらかにしたのだった。

「二十日一〇時五五分（東京時間）、北緯一一度一五分、東経一三四度一九分に潜望鏡を目撃した」

総体的諜報の船舶綴のなかに「新玉丸」を見い出せなかったが、目撃した潜水艦は排水量七三九七トンと推定した。

こうして日本陸海軍が協力する、東部ニューギニア方面への戦略態勢を強化すべしとの方針によるすみやかな陸兵増援輸送の情報は、アメリカ軍に察知されることになった。

出港した悲劇の輸送船団

日本軍における陸海軍中央協定は、第二十師団をウエワクに上陸させ、第四十一師団をパラオに待機させる計画だった。

第二十師団の揚陸をおえた丙号輸送部隊は、パラオに帰着したのち、青島にむかった。そこで再度、陸軍第四十一師団を搭載し、パラオに集結した。そして二月十二日、パラオに待機予定の丙号輸送隊は、急きょウエワクにむかうことが決定したのである。

二十日、アメリカ潜水艦グルパーは、ウエワク沖に船団を目撃したと報告した。

「一〇時三〇分、北方に煙を、その後、駆逐艦二隻に護衛された二隻の大型貨物船と、二機の爆撃機があらわれるのを目撃した。船団の方向の視界はひじょうに悪く、音響測定の状況もよくなかった。雨にともなう突風と一般的な悪天候が、敵の一瞬のおぼろげな感知を可能にしただけだった。最終的には、標的（船団）を艦首右方向二五度の角度で、およそ距離四〇〇〇ヤードに接近し、魚雷発射の偏差を観測した。駆逐艦一隻は、艦首方向一〇度の角度、距離二〇〇〇ヤードだった。この観測ののち、船団をふたたびはっきりと探知できず、音響測定も、視認もできなくなった。おそらく船団は、視界ゼロの状況で陸地に接岸するのを避け、東に針路をかえた……」

そして二日後の早朝、アメリカ軍機がウエワクへの船団を攻撃したのである。

この急襲は、報告された諜報にしたがって、すでに言及されていたウエワクへの船団をとらえる頃あいをみはからって実施されたので、実際にも船団撃沈の見込みが高いと思われていた。

報告は、すくなくとも直撃弾一発を貨物船一隻に命中させたとある。

日本側の記録によると、敵機は偵察にきただけで攻撃せず、したがって輸送隊に被害はなかったとしている。

第四輸送隊は、パラオで待期中の陸軍部隊を乗船させると、二十六日にウエワクへ入泊、揚陸をぶじ完了させた。

二十三日の戦況報告書は、ニューギニアの日本軍守備隊が増強を実施するのを予想した。新しい諜報を伝えていた。

輸送船六隻のほかに、随伴する駆逐艦群からなる船団が、三月十二日以前としかまだわからないが軍隊と軍需物資をラエに輸送することが予期された。その後、第二十師団がパラオからマダンに到着する予定であることも予想された。

ラエにむけて出発する船団は、二月下旬に出港し、「ビスマーク海の戦い」として知られる戦闘により、事実上、全滅させられることになるのである。

二十六日、船団にかんする新しい諜報が伝えられた。

「二月二十一日八時一四分、発第十一航空艦隊。宛聯合艦隊。通報第四艦隊、軍令部第一課（わずかに部分的に判読）。南東方面部隊。SMS（空白）……。第八混成陸戦部隊……は計画……変更した。……一、三月五日ごろ……」

この電文は、二十二日七時二三分の管轄区諜報として記録された。最初は、ほんのわずかな部分しか判読できなかったが、通信諜報班は、二日とおよそ一二時間の努力で、次のように解読、翻訳が完成した。

そこから、日本軍守備隊増援のため、ニーギニアに到達が予想された船団の予定が、推測できるようになった。

「陸軍がRZJ（イギリス領ニューギニア）へ増援を準備している期間の全般的な報告は、三月一日の南東艦隊機密第三一二〇五〇番電にふくまれている。それいらい、第八混成陸戦隊は次の計画をしめしていた（注：第八混成陸戦隊と判読された部隊は、船舶工兵第八連隊をしめしていると思われる）。

一、三月五日ごろ（正確な時間は陸軍航空隊の準備の状況による）RZM（ラエ）輸送作戦（六隻の船団）を実施し、第五十一師団（二、三の歩兵大隊を中隊として）を上陸させる。部隊の前進司令部と装備を送るため、この作戦に適切な数の駆逐艦を使用する。
二、上記作戦の完了後、第二十師団（およそ二つの歩兵連隊か大隊）を三月十二日ごろ、船団によって大量の糧秣と軍需物資をＲＺＫ（マダン）に輸送する作戦を実施する。そして第二十師団の残部隊は、ＰＰ（パラオ）に待機する総計五〇〇〇名の……歩兵連隊を有する」（注：二十四日一九時二〇分の管轄区諜報による）
この電文は、最初に記録された二十二日七時三三分の電報の完成した訳文だった。

これにより、以前に鹵獲した一覧表の翻訳でニューギニアと思っていたＲＭＪが、実際にはイギリス領ニューギニアであることが判明した。

そして、諜報班の原本では第五十一師団をしめしているが、これは発信者の打電のさいの誤りで、第四十一師団かもしれないという疑いを持っていた。

この諜報により、以前の諜報で第二十師団の行動予定は、三月十二日すぎまでマダンに到着しないだろうということをしめしていたが、現時点では十二日ごろと信じられるようになった。

実際の上陸予定日は、三月十日だった。

そしてまた、上海とパラオ間の船団の動きが認められ、これらの船団は北部ニューギニアに軍隊を輸送すると考えられた。

ラエ守備隊への増援隊の到着日はくりあげられ、三月十二日ごろと予想されていた作戦を、現時点では船団六隻は三月五日ごろ、駆逐艦の船団は五日より前にラエに到着するだろうと推測された。

実際には、これらの船団は二月二十八日の夜、駆逐艦八隻と輸送船七隻の船団で木村少将（昌福）指揮のもとに、ともに航進していた。

日本側のラエ上陸日は、三月三日であった。

待ちうける米第五空軍

ポートモレスビーアメリカの第五空軍前進梯団司令部に、この情報が伝えられた。第五空軍司令部は、これらの情報にもとづき、日本船団がラエにむかう場合、ラエとマダンにむけて分離する場合、さらにマダンにすべてがむかう三つの場合を想定し、それぞれの状況に応ずる作戦計画をたてた。

船団の航路は、ニューブリテン島北方海域の悪天候を利用すると考えられた。

三月一日、哨戒中のB－24のうちの一機が、予想どおりにホールマン岬沖で日本の輸送船団を発見した。

「発3JG4。NR一六時（現地時間）、船団一四隻、南緯四度三（注：原文コピーが悪く推定）○度、東経一五○度四五分。針路二七○度。すくなくとも駆逐艦四隻」（三月一日五時四四分至急電）

このときの日本船団の編成と航行序列は次のとおりだった。

右縦隊の第一分隊は、「神愛丸」「帝洋丸」「愛洋丸」「建武丸」、そして左縦隊の第二分隊は

「旭盛丸」「大井川丸」「太明丸」「野島（特務艦）」の八隻と、その周囲を警戒する駆逐艦「荒潮」「朝雲」「時津風（上陸軍指揮官乗艦）」「白雲」「浦波」「雪風（第五十一師団長以下乗艦）」「朝風」「敷波」の計一六隻だった。

船団は、ニューブリテン島の北方航路をラエにむけ、速度九ノットで一路進航していた。天候は快晴、海上も平穏だった。

船団は、連合軍哨戒機によるポートモレスビー基地への無線を傍受し、哨戒機の触接をうけたのを知った。ただちに対空警戒をとったが、日没までなんの異状もなかった。

第五空軍は、この情報にもとづいて戦闘機一五四機、軽爆撃機三四機、中爆撃機四一機、重爆撃機三九機の計二八六機に警戒態勢をとらせた。

しかし、そのときに報告された位置は、Ｂ－17以外の航空機の航続距離では遠すぎたので、攻撃は発令されなかった。

夕方、船団の前方にスコール雲が認められ、夜半より雨となった。連合軍哨戒機はその夜、八時四十分ごろまで吊光弾を投下しながら触接をつづけた。

三月二日、船団が航行するふきんの天候は、断雲が低く垂れて、スコール雲におおわれていた。そのため船団は、ときどき雨のなかを航進した。

上空には海軍の水上偵察機数機が飛来し、アメリカ潜水艦を警戒していた。洋上は波も静かであった。

この海軍機が低空警戒をおえて飛び去った直後、連合軍機が来襲してきた。

「八時二五分(マイナス一一時)……、南緯五度五分、東経一四八度三三分、針路三〇〇度。巡洋艦三隻、駆逐艦四隻をふくむ一四隻の船団……」

と南西太平洋部隊司令官は、南太平洋と南西太平洋部隊の任務部隊すべてに伝えた。

天候は船団攻撃に都合がよくなかったが、第五空軍はB-17を八機と二〇機の二波にわけて、攻撃にむかわせた。攻撃は午前と午後、一時間ずつ二回にわたりおこなわれた。

第一回の爆撃で、輸送船「旭盛丸」(第一一五連隊主力乗船)は前甲板に二、三発の命中弾をうけ、約四〇分後に沈没した。

船団の位置は、ニューブリテン島の西端、グロスター岬沖だった。沈没船に乗船していた陸兵一五〇〇名のうち、八一九名は、駆逐艦「朝雲」と「雪風」に収容され、両艦は先行して同日夕方、ラエに入泊した。

二隻の駆逐艦は、乗艦する第五十一師団長以下の陸兵を揚陸させると、反転して船団に合同した。

アメリカ海軍通信諜報班は、この船団への攻撃が、現在の通信の分析に影響をおよぼす、日本船団の通信のなかに混乱を生みだしていることに、耳をそばだてていた。ニューギニア—ソロモン地区の大量の作戦通信は、過去二四時間にわたる連合軍の連続攻撃が、昨日からの副作用を暗示していた。

ニューブリテン島から東部ニューギニアへの増援作戦の証拠が、空中を飛びかう電報の連続によって証明された。

発信者不明の第十一航空艦隊への至急作戦電報が、六時二〇分、八時五分、一六時二五分の三度にわたり発信された。また、ラバウル航空基地からスルミの航空基地へ作戦通信があり、各航空基地が結びついていることを証明した。

八時、フィンシュハーフェン基地は、ラバウルと第十一航空艦隊に気象報告を送った。九時三三分、発信者不明の至急作戦通信がフィンシュハーフェンに送られ、そのなかには、文字暗号化された護衛部隊とラバウル通信隊への通報があった。

さらに一二時三〇分、乗船中の陸軍指揮官にあてた電報が傍受された。

こうして、フィンシュハーフェン基地と護衛部隊、および第八十一号作戦部隊旗艦との通信の出現ですべてが結びつき、これらはフィンシュハーフェンまたはサラモアへの護衛船団の動きをしめしていた。主要司令部の周波数三九五七と七九一五ＫＣＳは、昨日と今日の作戦行動とともに、司令部または重要な部隊との密接な関係を伝えていた。

明らかに連合軍部隊によって見抜かれた作戦は、諜報報告をもとにするものであった。

二日の夜、船団はウンボイ島北側を迂回して、ダンピール海峡を南下した。連合軍哨戒機は、吊光弾を投下しつつ触接していた。

地理的にはウンボイ島の東側がダンピール海峡で、西側はビティアズ海峡となっているが、当時の日本軍は、これを総称してダンピール海峡とよんでいた。

ダンピール海峡の大虐殺

三月三日、雨雲が晴れ、天気は回復した。船団主力はすでにダンピール海峡を通過して、ニューギニア島フィンシュハーフェンの東南海上二〇海里の洋上に到達していた。

六時二六分、フィンシュハーフェン基地は、北にむかう連合軍機の大編隊を目撃した。船団は東南方面に、大型機B－24、B－17と中爆撃機B－25の編隊数梯団を発見し、ただちに対空戦闘の配備についた。

フィンシュハーフェンの東見張所は、輸送船団上空を旋回する大型機を報告した。ラエ基地からは、中型機二四機が北にむかっていくと報告された。

日本軍は、連合軍機の激しい攻撃を予測し、船団上空には零戦四一機が高度六〇〇〇メートルで防衛態勢にはいっていた。連合軍機は中高度からの水平爆撃でくると考えられていた。

連合軍側は、戦爆連合の約一〇〇機という大編隊で攻撃してきた。すでに諜報によって、日本船団はマダンでなく、ラエ地区にむかっていることが確認され、軽爆撃機の攻撃圏内にはいっていたこともあった。

それ以上に期待されたのは、数週間前から猛訓練をしてきた、低高度からの反跳爆撃だった。

日本側の上空警戒機は、B－17に攻撃を集中して、その攻撃を妨害した。連合軍側はA－20、B－25を超低空に、B－17を中高度に配し、さらにその上空に戦闘機群を配備して、同時異高度、異方向からいっせいに協同攻撃をおこなった。

反跳爆撃は、超低高度で投下された爆弾が海面を打って跳びあがり、標的の舷側に命中させる爆撃法だった。

攻撃された駆逐艦は、見張りが「敵魚雷」と報告したので、誰もが魚雷と思った。一瞬、爆弾は海面で跳躍すると弾庫に命中、爆発して艦は後部が切断され、その後に沈没している。

連合軍機は、全艦船にたいして超低空爆撃を実施した。二〇〇発以上の爆弾が、船団にむけて投下された。

虚をつかれた直衛機は、この攻撃を阻止することができず、艦船の対空砲火も役にたたなかった。

船団は、もっとも危険と目されていたダンピール海域を無事通過し、いよいよ今夕はラエ上陸と喜んでいたのもつかのま、一瞬にして輸送船団は全滅してしまった。約二十数分間の出来事だった。

「建武丸」＝命中弾一、至近弾三で轟沈。「愛洋丸」＝爆弾四、魚雷（反跳爆弾）二命中、至近弾六で沈没。「神愛丸」＝爆弾四命中、至近弾六で沈没。「太明丸」＝爆弾四命中、至近弾六で沈没。「帝洋丸」＝爆弾四、反跳爆弾二命中、至近弾一で沈没。「大井川丸」＝爆弾六、反跳爆弾二命中、至近弾九、漂流中に敵魚雷艇二隻の攻撃で沈没。

「野島」＝航行不能後、爆撃をうけて沈没。

駆逐艦は「白雪」＝反跳爆弾で沈没。「荒潮」＝漂流中の四日、B－17の爆弾で沈没。「朝潮」

=輸送船乗員救助中、敵機の攻撃をうけて沈没。「時津風」=反跳爆弾で浸水、右舷に傾斜しつつ漂流後、反跳爆弾をうけて四日に沈没。

東京の大本営陸軍部は、「……海上船影なし」という現地からの電報をうけ、がく然とした。この船団全滅の報告は、天皇にも達した。

「今後いかにするや」

と言われ、その原因を徹底して追求するよう指示したのだった。

この船団輸送の失敗により、搭載されていた貴重な武器、弾薬、車両などのすべてうしなって第五十一師団の戦力は低下し、その後のニューギニア方面の作戦に多大な支障をきたしたのである。

この第八十一号作戦の失敗の原因は、多方面から研究されたが、だれ一人として自軍の暗号電報の漏洩に気づいた者はいなかった。

その後もアメリカ海軍通信諜報班の沈黙の戦士たちによる活躍が、日本輸送隊の成功率をうしなわせ、南方から日本本土への資源の補給を封じたのである。

（「丸」一九九三年二月号　潮書房）

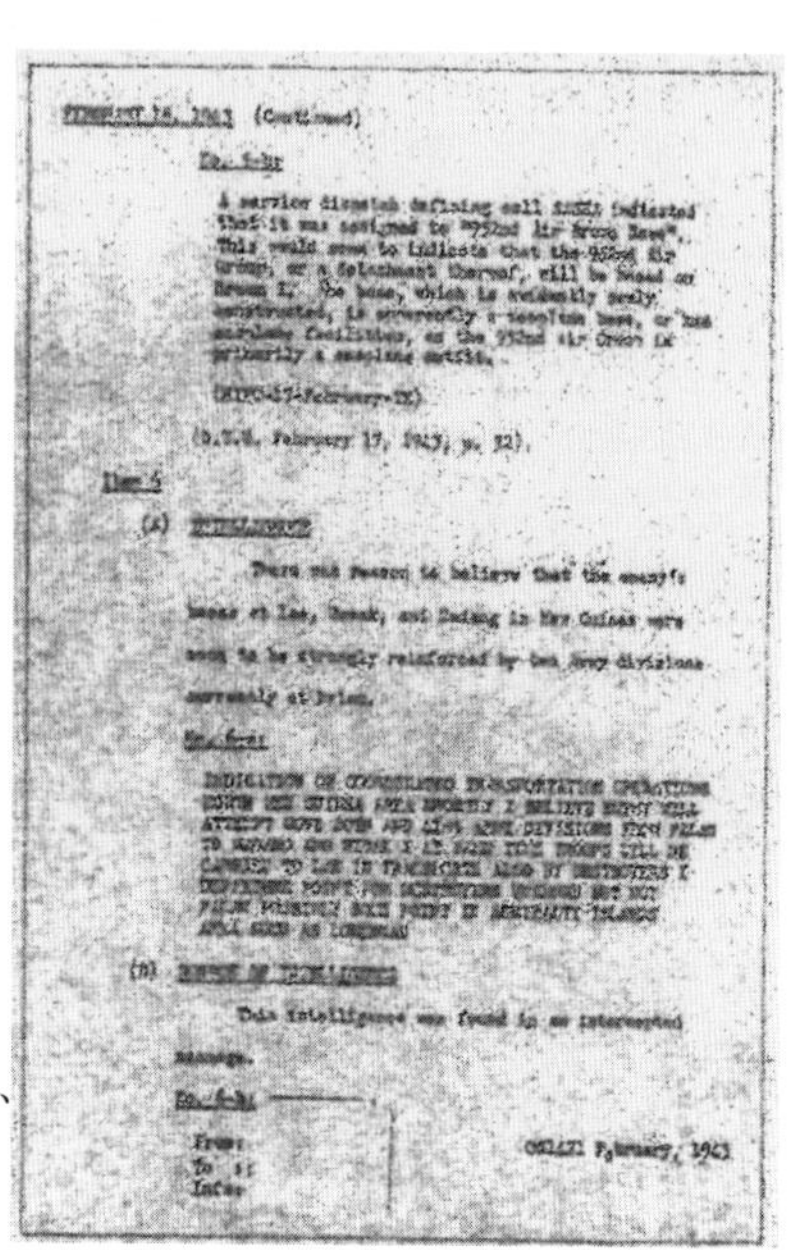

[illegible] (Continued)

[illegible]

A service dispatch defining call [illegible] indicated that it was assigned to "[illegible] Air Group Base". This would seem to indicate that the [illegible] Air Group, or a detachment thereof, will be based on [illegible]. The base, which is evidently newly constructed, is [illegible] a seaplane base, or has [illegible] facilities, as the [illegible] Air Group is primarily a seaplane outfit.

([illegible]-February-[illegible])

(D.T.S. February 17, 1943, p. 32).

Item 5

(a) INTELLIGENCE

There was reason to believe that the enemy's bases at Lae, Wewak, and Madang in New Guinea were soon to be strongly reinforced by two Army divisions currently at Palau.

[illegible]

INDICATION OF [illegible] TRANSPORTATION OPERATIONS [illegible] NEW GUINEA AREA SHORTLY I BELIEVE ENEMY WILL ATTEMPT [illegible] ARMY DIVISIONS FROM PALAU TO [illegible] TROOPS WILL BE CARRIED TO LAE IN [illegible] ALSO BY DESTROYERS [illegible] ADMIRALTY ISLANDS [illegible]

(b) SOURCE OF INTELLIGENCE

This intelligence was found in an intercepted message.

[illegible]

From:
To :
Info:

[illegible] February, 1943

「ダンピールの悲劇」のきっかけは、ニューギニア・ラエへの日本軍増援の電文が解読されたことにあった。米軍解読者は、何度も翻訳を行ない、やり直し、正しい情報をものにしたのである。日本軍は、暗号解読に関し無頓着だった。

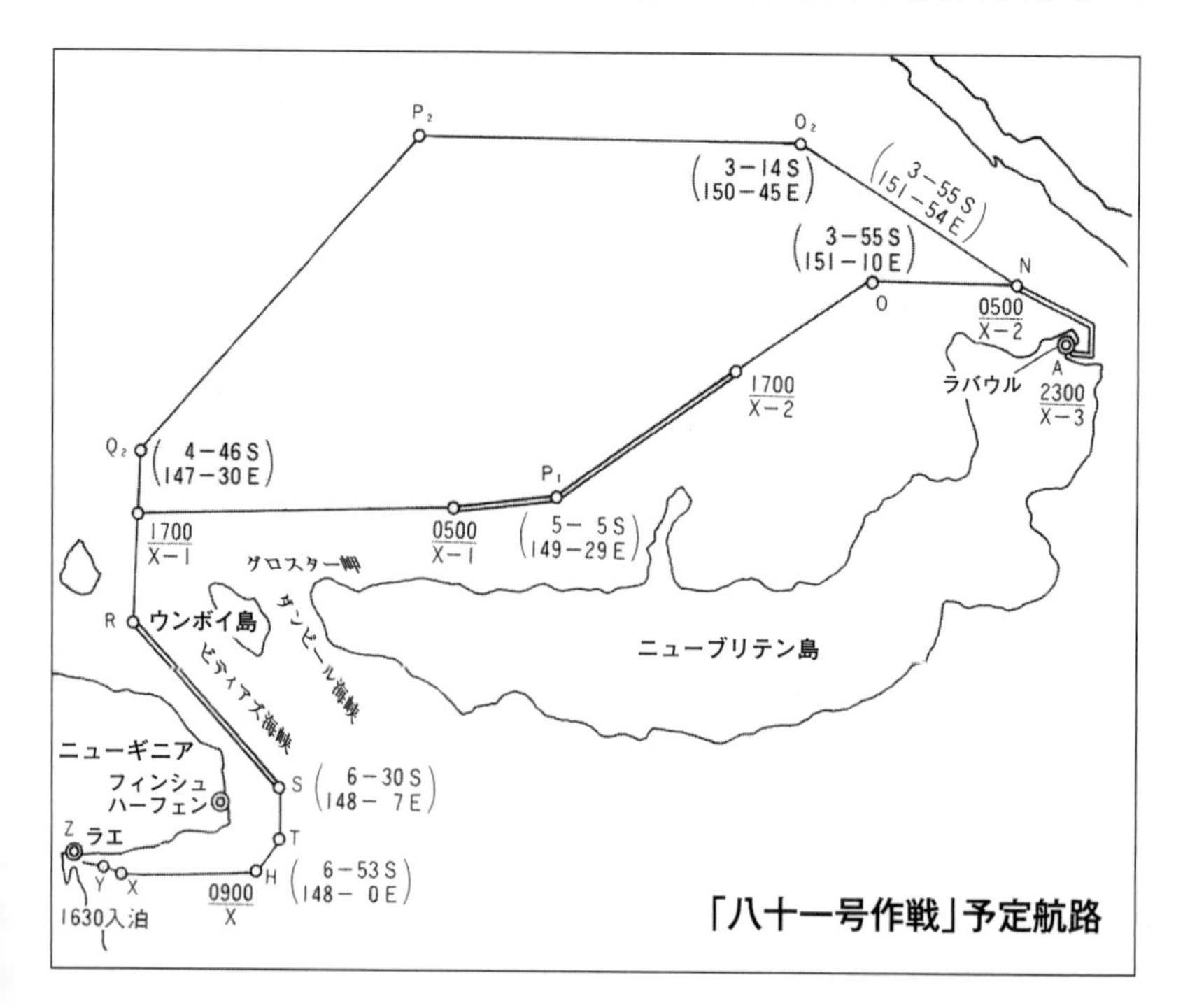

「八十一号作戦」予定航路

連合軍は、暗号解読に基づく情報を得ると低高度からのスキップ爆撃を訓練、日本軍の虚を突いた。回避する艦船に低空から接近爆撃した。写真はダンピールでスキップ爆撃を行なう米爆撃機が写した駆逐艦「白雪」。本艦はこの直後に撃沈された。

日本海軍は零戦を船団護衛に派遣した。中高度から爆撃する敵機に対処する作戦だった。連合軍機は低高度からの爆撃を実行したため、零戦は上空掩護の役割を果たせなかった。

暗号名ウルトラ　山本長官機を撃墜す

戦後派と言ってもいい私が、第二次大戦の日本海軍指導者山本五十六聯合艦隊司令長官の戦死に関心を持ったのは、防衛庁防衛研修所戦史部野村實室長（当時編纂官）と話をしたのがきっかけであった。吉田満氏との共著『日米全調査　戦艦大和』（文藝春秋刊）を完成させる折、野村編纂官には、多大の指導を受けていたのである。

その本の完成報告の際、野村さんは、

「太平洋戦争には、まだまだ、解決されていない問題がある。例えば、珊瑚海海戦、ミッドウェー海戦で、米軍側は、日本側の企図をその暗号電報を解読することによって察知したと発表している。さらに、山本聯合艦隊司令長官が南方前線で戦死した原因は、日本の暗号が解読されていたからとも言われているが、本当のところは何もわかっていない」

と強調された。

私は頭の中で今まで「大和」を調べて行く過程で身に付けた史料収集能力を考えてみた。米軍のP－38によっての山本長官の戦死は確か昭和十八年。すると三七年前の出来事。アメリカの〝情報自由化法〟で秘密解除になっている可能性もある。手元には、一九四二年から四五年の間に太平洋統合情報センターと太平洋艦隊司令部が刊行した情報資料のリストがある。なんとかできるかもしれない。

日本側の資料としは、「山本元帥国葬関係綴」と公刊戦史「海軍部、聯合艦隊・第三作戦前期」を基本文献とした。この二つの資料から私は、山本事件に関して、当時から現在に至るまで、偶発説、暗号解読説、間諜説、等が関係者のあいだで流布されていることを知った。

さらに、公刊戦史には「ともかく、今日においては、山本長官の戦死が……中略……暗号解読等による必然的事件であったとしても、なお詳細な経過は米国の発表に俟つより知る術はない」と書かれていた。

山本長官が死亡したのは、昭和十八年の四月十八日。この日付は現在三八歳の私が生まれて一年と八日目の出来事を示していた。

米軍の情報源はウルトラ

昭和五十一年五月六日、私は、ワシントンの米海軍の第二次大戦中の全記録を保管している海軍省作戦記録部のディーン・C・アラード博士に、山本事件に関して手紙を書いた。

博士とは『日米全調査 戦艦大和』の史料収集の段階から完成まで多大な御指導を受け八年間

の交際を保っていた。今度も博士に依頼すれば、史料の獲得はなんとかなると思ったのである。

手紙の内容は、山本長官戦死に関連した米側資料の収集、米軍が日本の秘密電報を傍受し、解読したというのならその過程を知ることであり、また「太平洋戦域の統合情報局の情報活動」の資料を入手することだった。

博士からの返事は六月上旬にあった。同封された資料（原本のコピー）は問題解決を可能にするに充分であった。


南太平洋部隊司令官の秘密文書（通し番号〇〇七四〇号）。


「昭和十八年四月二十一日付のソロモン諸島航空司令部戦闘報告」

「ソロモン航空司令官戦争日誌」

「四月十八日二時二十九分のソロモン航空司令官のメッセイジ」

「同日付、南太平洋部隊司令官、六時十一分のメッセイジ」

これらの資料の中でも特に重要な文書は、四月二十六日付の南太平洋部隊司令官の秘密文書に関するニミッツ提督の承認書であった。それには、米軍が当時山本巡視を知った情報源が記入されていたからである。


合衆国太平洋艦隊司令長官（ニミッツ）から合衆国艦隊司令長官（キング）への秘密文書。（一連番号〇〇七八四番）

主題　戦闘報告
一、南太平洋部隊司令官命令で遂行された秘密区分の中でも非常に高い水準の秘密作戦を網羅している。これらの状況から、本作戦に関するいかなる種類の公表も適切でない。
二、合衆国陸軍航空隊ミッチェル少佐と彼の同僚操縦士達は、最大級の勇気と決意で本作戦をなし遂げた。南太平洋部隊司令官は、参加した操縦士達に、彼らにふさわしい勲章を授与する。
三、この報告に関する情報の付加と補充はＵＬＴＲＡ（ウルトラ）情報源から入手している。
（傍点筆者）

ここで、山本長官機撃墜を可能にした米軍の情報源が「ウルトラ」と呼ばれる情報名を出所とすることがわかった。

「ウルトラ」とは一体なんなのであろう。私は、この部分を何度も何度も読み返した。そして「ウルトラ」とは何かがわかれば、問題は解決できると思った。またこの第三項目の内容は、本物かどうかの心配もでてきた。というのも、よく見ると「ウルトラ」の項目の文字が他の文章の文字と比べて非常に鮮明であったからである。そこで私は、この部分だけ、後年故意に付け加えられた箇所ではないかと疑問をもった。

暗号に関して世界の権威書といわれるデーヴィッド・カーン著"The Codebreakers"（邦題『暗号戦争』早川書房刊）の山本五十六の項にこの文書の典拠が示されているが、なぜか「ウルトラ」にはふれていない。この本の出版は昭和四十二年秋、米国防総省の事前検閲の結果刊行されたといわれている。その時点で削除されたのか。しかし、この秘密文書には、昭和三十九年には国防総省の手で秘密解除されたスタンプがあった。それならなぜ、カーン氏は山本撃墜の核心とも思われる「ウルトラ」情報について何も書かなかったのだろうか。当時の状況では「ウルトラ」は公表できないほどの秘密なのであろうか。

「貴殿に役立つ資料はない」

今まで暗号解読に関する物語に出てくる言葉は「マジック」と呼ばれる暗号名だけであった。それは、米国情報部が日本外務省の暗号電報を解読し、日本の真珠湾奇襲計画を予知していたにもかかわらず、ルーズベルト大統領がアメリカ国民を対日戦に引き入れるため、現地の司令官に故意に警報を発しなかったのかという問題に、いつも関連して出てくる言葉である。

この「マジック」と「ウルトラ」はどう違うのか。あるいは、まったく同じなのか。

それに関して、カーン氏の本にも「マーシャルにとってマジックまたはウルトラと呼ばれていた暗号情報の取扱いはつねに頭痛の種であった」としか説明されていない。

それ以上のことは戦史研究家の誰に聞いても、わからなかった。

ところがある日、書店の戦記物コーナーを見ていると、F・W・ウィンターボーザム『ウルトラ・シークレット』（早川書房刊）という題名の本を見付けた。早速購入してみた。「第二次大戦を変えた暗号解読」と副題が付いたこの本は、問題を一気に解決してくれたかに見えた。

それによると、「ウィンストン・チャーチル首相が『私の最大にして最高の機密の情報源』と呼んでいた情報源の暗号名、それが『ウルトラ』であり、英陸海空三軍の情報部長により、この情報を受けとる資格があると認められた人々に、それとわかるような名称として『ウルトラ』と命名した」

とあった。私は驚いた。

それでは、山本巡視の日本軍の暗号電報を解読したのは英国情報部なのか。そんなことは既刊の米英両国の戦史のどこにも書かれていない。この本に書かれていることはすべて本当なのだろうか。

私は無我夢中で読み続けた。ヨーロッパ戦線の事が多く書かれていた。しかし今は内容のおもしろさではなく「ニミッツ提督の報告書」にある「ウルトラ」とこの本に書かれている「ウルトラ」が一致するかどうかが問題であった。

昭和五十一年六月、私は英国大使館に電話で、米国の国立記録保管所にあたる英国の機関は何かと問い合せた。

「文書と記録局」というのがその名称であり、同時に所在地が教えられた。六月二十四日、ロンドンに宛て手紙を書いた。

「私は山本元帥の死に関する記録を集めています。その死に関する情報源〝ウルトラ〟の記録が欲しい」

一カ月後、私はロンドンの国防省海軍歴史部バートン海軍中佐から返事を受け取った。

「貴殿の捜している山本五十六提督の死に関する情報に関し、残念ながら我々はなにも持っていない。私は貴殿がアメリカ当局と交渉するよう提案する」

正直言ってがっかりした。やはり英国は米国とちがって秘密文書の公開が厳しいのか、と思うと同時に、アメリカ人のように、自分の所にはなにもないが貴殿の手紙は関連した部門に転送しておいた式の寛大さがないものか、と勝手な不満をもらした。

私は、バートン海軍中佐に二回目の手紙を送った。

「その後、私は多方面にわたる調査を行った結果、米国の南太平洋司令官の秘密文書から山本提督の死に関する情報源が『ウルトラ』であることを発見した。『ウルトラ』とは一九三九年に英国情報部が暗号解読に関する情報源に命名した暗号名である」

今度の返事には少し手応えがあった。

「我々が貴殿の要求する資料を持っていないことを繰り返さなければならない。一般の人々の利用できるこれらの全資料は、現在〝公共記録省〟に保有されている。直接貴殿は欲しい資料を明確に要求しなさい」

この返事からやっぱり〝ウルトラ〟は英国の情報であると記録文書から確認できると思った。

「公共記録省」からの返事は発信日から三ヵ月と一一日かかってやってきた。本当に待ちに待った手紙であった。しかし、内容は、

「山本提督に関する貴殿の調査に役立つ資料はなにもない」

というもので、期待がはずれ、ニミッツ提督の報告書にある〝ウルトラ〟情報源が英国情報部（特に暗号解読部門）に基づいた情報かどうか確証を掴むことはできなかった。

もう一度、私は、暗号解読に関する資料を丹念に読んだ。いくら読んでも見なれた文章と活字が変化して新しい解答を引き出してはくれない。私は、暗号や戦争に関しなにも知らなかった。

ただアラード博士から送られた文書が山本事件の核心に触れていたからある程度まで推論できたのだ。幸運だった。しかし幸運からだけでは問題は解決できない。

長田順行著「暗号」――副題 原理とその世界――で少しでも暗号について理解しようとした。「一致反復率と乱数重複の発見法」「実験の統計学的処理Pi＝lim n→∞ Ni N……」等の活字を見ていると頭が痛くなった。自信もなくなった。

そんなある日、私は、赤坂の、山王ホテル内の在日米軍司令部報道部の小泉時（小泉八雲の孫）氏を訪問した。今までの状況を話し、解決法を話し合った。氏は「暗号解読というものは、昔からずっと継続してきているものだから、たとえ三〇年前の事でも現在につながっているから今でも秘密でしょう」と言う。話している傍でテレックスが、ガチャガチャいいながらテープをはき出している。電動式タイプライターで通信文を受けたり送ったりしている。それをながめていて、米国の暗号解読に関する記事に、

「……送信されたこの電報は、ＩＢＭ社製の計算製表機がけたたましく唸りをあげている部屋に転送され、そこで日本の暗号数字がパンチ・カードに移され、機械にインプットされた。機械は唸りをあげ作動、電文は解読され、平文の日本語となってテープに現われてきた」

とあるその何度も何度も読んだ文章と今の状況が似ていることに気づいた。

「そうだ、ＩＢＭ社に当時のテープが保存されているかもしれない」

私は、報道連絡事務所の米海兵隊ヘンリー・Ａ・サムソン曹長（現在退役）に頼んでＩＢＭ社に手紙を出してもらった。彼は喜んで引き受けてくれた。七月二十二日付で、

「ＩＢＭ社の図表作成機に関係した暗号解読の過程に関する調査の件は、ＩＢＭ社の記録保管所に連絡したが、それに関する項目はなかった」

と回答があった。

しかし今度は、それほどがっかりしなかった。私は直接暗号を解読するわけでなく、三〇年以上前の出来事の記録文書を探しだせばよいのだと自分に言いきかせた。何も難しい暗号の勉強をする必要もない。ただ、どこかで埃に埋まっているであろう「ウルトラ」の資料を入手することに照準を合わせればいいのだ、と思った。

山本長官に関する戦闘詳報

私は、アラード博士から山本長官機撃墜に関し、さらに調査を続けるならワシントンの航空隊歴史局に連絡をとるようにとの便りをもらった。

そして、昭和五十一年九月二十五日付で、航空隊歴支局に出した手紙は、アラバマ州にあるアルバート・シンプソン歴史研究センターに転送された旨の回答があった。

昭和五十二年一月三十一日、シンプソン研究センターから資料が届いた。

第十三戦闘機隊司令部戦闘詳報
ソロモン諸島航空司令部情報要約
航空副参謀長の情報局が一九四三年六月十五日に行ったミッチェルとランフィアとの戦況聴取

航空情報資料公報、 四月二十九日付

これらの文書から山本長官機撃墜の模様、兵力、戦果等をコピーではあるが当時の戦闘詳報の原本から知ることができた。だが、この報告の中に「ウルトラ」の言葉はなかった。

戦闘詳報は「特別情報資料が受信された」で始まっていた。後で知ることになるが、この Special Information（特別情報）という言葉は前線の指揮官が「通信（ウルトラ）情報から入手した情報」であることを意味していた。万一この報告書が敵の手に渡っても、米側がどうして山本長官の行動を知ったかの情報源を日本側に知られることがないようにとの配慮からであろうか。

この戦闘詳報は、山本長官一行の行動を次のように記録している。

戦闘機に掩護された、一機（傍点筆者）の爆撃機が、四月十八日朝、ブッカからカヒリ（日本名＝ブイン飛行場）地区に飛行する。「爆撃機が一機」と記録されている。この事は重要な点であった。実際には、前線視察のための山本長官の一行は中攻二機に分乗して午前六時ラポール東飛行場を出発したのであった。私はこれを読んでやはり米軍（または英軍）は日本の暗号を完全に解読したわけではないし、また現地のスパイ情報でもないと思った。現地のスパイならば長官一行の人数を知ればおのずと機数も判断できると思ったからであった。しかし、私のこの勝手な推測は間違っていた。

それがわかったのは、山本巡視の電報の原本からのコピーと「山本元帥国葬関係綴」を注意深く読んだ時であった。

「〇六〇〇中攻（戦闘機六機ヲ附ス）ニテＲＲ発、以下略」

日本軍が発した電報にも「中攻二機」とは記されていないのである。やはり暗号解読からの情報資料なのかもしれない。刊行されている記録を読むと、長官一行が二機であったため爆撃機も二機が当然とひとり合点していたために起ったことである。やはり歴史の真実に迫るには、オリジナル資料を読まなければ駄目である。そう反省しつつ、戦果の項目を読んでまた驚いた。

「日本側損失、三菱の一型爆撃機〝Ｂｅｔｔｙ〟三機、ゼロ型単座戦闘機〝Ｚｅｋｅ〟三機」とある。しかし、実際の日本側兵力は一式陸攻二機と零戦六機であり、日本側の損失は陸攻二機のみが撃墜されたのである。零戦は一機も米軍によって撃墜されていない。ここで、オリジナル資料が必ずしも万能ではない事を思い知ったのだ。自分の気持が資料を前にして右に左に動いていくのが、手にとるようにわかった。そしてこれからどう調査を進めていけばよいのか不安にもなった。

ただ一つわかったのは、この報告書から、暗号解読に基づく情報から山本一行の巡視予定が米軍に知られていたということである。この点には、私は確信を持った。しかし、日本の電文をどこまで解読したかの鍵を握る「ウルトラ情報」は何も発掘できなかった。

私は再びアルバート・シンプソン歴史研究センターのイーストマン調査部長に「ウルトラ」の資料を依頼した。

昭和五十二年一月二十四日付の彼の回答は次のような内容であった。

「我々は『ウルトラ』資料を持っていない。実際に私は、この資料がどこにあるのか知らない。我々は、海軍に、〝山本〟に関する任務を指揮した情報資料の責任があったと信ずる。しかし、どうしても『ウルトラ』を見付け出すことはできなかった」

私の調査はなおも続いた。ふたたびアラード博士に依頼して〝情報〟に関係した多くの資料を取り寄せた。

合衆国太平洋艦隊、作戦計画二三—四二

珊瑚海海戦に関するこの文書から、日本軍の配置と作戦の情報資料は、合衆国太平洋艦隊司令長官と南西太平洋部隊指揮官の無線戦況報告書に含まれ、また、合衆国太平洋艦隊情報戦況報告書の四—四二と五—四二に基づいている事がわかった。

これらの資料によると、当時の日本艦隊の編制とその所在が手にとるようにわかる。さらに、すでにこの時点で捕虜の証言や撃墜された日本機の点検から、零戦等の性能を米軍が正確に把握していたということになる。

日本部隊と基地の位置に関する特別情報資料には、付録Aが付いていて四月二十九日付の主要艦艇例えば「翔鶴」の位置が記入されていた。

合衆国太平洋艦隊、作戦計画二九—四二

この文書は、日本の敗北を決定づけたミッドウェー海戦の作戦計画書で、末尾に、本計画は絶対に敵の手に渡してはならぬ、と記され、米軍が背水の陣をしいていたのがわかる。

他に、**太平洋艦隊司令部の統合参謀本部の情報活動の報告書**、昭和二十年十月十五日付。

この文書で情報といってもいろいろな分野、例えば、目標分析班、医学情報班、敵艦艇班、翻訳班、作戦情報班等二一班にも分かれているのを知り、私は、単純に「情報」というと「スパイ」「暗号解読」を想像していたので驚いた。
○合衆国海軍大学の珊瑚海海戦とミッドウェー海戦の戦略と戦術の分析。一九四七年刊
○太平洋艦隊司令部の歴史。
○太平洋艦隊の通信部の歴史。
○通信将校局特別活動部の歴史。
○戦争計画部の歴史。
○太平洋艦隊参謀スタッフの戦闘情報班の歴史。
三〇〇〇ページはあるこれらの膨大な量の記録文書の中から、山本長官の戦死とウルトラ情報源に少しでもヒントになる事柄はないかと懸命に読んだ。

これらの記録文書は、ほとんどSECRETの秘密区分の資料であった。

毎日、毎日、ULTRAという文字を求めてページを捲った。

「太平洋艦隊の通信部」の各班史に、やっとお目当ての「ULTRA」が現われた。

(10)最高秘密より遙かに高度な秘密区分のウルトラ電報

「やっと見付けたぞ」

私は声をあげた。ここには、

「保管場所を節約するため一九四五年九月十六日、全体の年代順のファイルをマイクロ綴にする計画が開始された」

とある。

アメリカへ行けば……

私は、すぐにアラード博士に「通信命令第一〇三号」により年代順に整理された全般的綴と部署綴がマイクロフィルムに納められ、その中にウルトラ電報が含まれている旨を告げ、その命令文から保管場所が判明することを期待したのであった。

博士からの回答は、

「通信命令文の原本は見付からなかったが、米海軍作戦部の第二次大戦の主要電報綴は一九四九年以前に通信将校の手によってマイクロ化され、作業完了後、電報本体は焼却された。現在の所有は国立記録保管所の『海軍と旧陸軍部』にある。

それらは、最初の複写作業があまりよくなく、また、三〇年の年月が質の低下を促進させているだろう。研究員は自分でフィルムに取組まねばならない。その作業は、非生産的な、負担の多い仕事になるであろう。マイクロフィルムの数は実に数千個になる」

であった。私は、アメリカに行きさえすればなんとかなりそうな予感がした。調査に一段と熱が入ってきた。

すでに手元にあった「通信関係の記録文書」から「**ウルトラ電報の取扱いと経路**」と題する通信命令書を発見したのは、それから数日のちだった。

「ＵＬＴＲＡウルトラ（またＳＵＰＥＲスーパー）の秘密区分は通信諜報により入手した情報資

料に適用される。この安全保全は国益の問題であり、最高機密の特別な分類に入る。ウルトラ電報は、作戦のため戦闘情報のみを経由する。二部は、太平洋艦隊無線班に届けられる。一部は通信将校のウルトラ織りこみに保持される。より完全な訓令は、一九四三年三月二十五日付合衆国艦隊司令長官の秘密文書、一連番号〇〇五五一番に含まれている」

この文書から、米海軍部内にも英国情報部同様、通信諜報の暗号名「ウルトラ」が存在することが確認できた。

ここで、一九四三年四月十三日に発信された、山本巡視に関する暗号電が解読され、ウルトラ情報としてニミッツ提督に手渡されても不思議ではなくなったのである。

ではなぜ、英国情報部が命名した暗号名を米海軍も使用しているのだろうか。

合衆国太平洋艦隊無線班の歴史文書が、その解答のきっかけを与えた。

「当部署は、海軍第十四管区の一つの部署として、一九三六年七月に設立された。戦争勃発とともに、合衆国と連合国諸国の通信諜報組織で分析されたすべての情報資料を太平洋艦隊兼太平洋戦域司令長官に供給することを任務としている」

と、ある。

できるだけ関連する文書を入手し、何時米海軍で「ウルトラ」が最初に使用されたか、また誰が命名したかを追求していかなければならなかった。その答は、合衆国艦隊司令長官の秘密文書（一連番号〇〇五五一番）を繰っていくうちに次第に明らかになっていった。

通信諜報の配布と使用の統制。

参照、一九四二年六月二十日付の合衆国艦隊司令長官の秘密連番〇三二五五二〇番

一、敵情報資料の確実な情報源として通信諜報の重要性は再三証明されている。他の情報では、これほど確実に敵の意図を決定することは出来ない。

二、これらの事実を考慮して、その情報源を消失させるのを避けるため通信諜報の配布と使用に関し、あらゆる可能な予防策が講じられなければならない。過去に於ける通信諜報の情報源に関する、如何なる漏洩も、非常に高い代償を支払っている。敵通信の急激な変更は、自軍の通信諜報関係者の努力による数週間から数カ月間の成果を一瞬にして失わせる結果を生ずる。

無線情報は適切な作戦上の使用がそれについて行われない限り価値がないと認められている。しかし、一時的な戦術上の利益は、情報源を危くするのみで価値がない。このような妥協は、情報資料の流れを止め、それによって全戦線と全戦域に於ける諸作戦に致命的な影響を与えるであろう。

三、通信諜報に関する高度な安全保全を維持するために、この情報の配布と使用の規則が次のように既定されている。

A、原則

(a)特別な管理は、あらゆる司令部において確保しなければならない。通信諜報は、特別な安全保障を用意する。そしてその取扱いと使用に必要な厳選された関係者の極最小限に見せ取扱う。

B、暗号解読または〝特別〟情報

(c)このような情報が下級指揮官に情報資料として渡される時、その秘密の情報源が如何なる引

用文もなく届けられる。そして電文の冒頭部分に〝ULTRA〟または〝SUPER〟の言葉を入れる。（以下略）（傍点筆者）E・J・キング合衆国艦隊司令長官署名

ウルトラが公文書に記録されたのは、この時が初めてではないだろうか。

四年ぶりのアラード博士

一つ一つ問題は解決していくが、アメリカにおいて誰が最初に「ウルトラ」を言い出したのだろうか。この点がまだわからない。毎日が「ウルトラ」の事で頭が一杯になった。

昭和五十三年三月、もう一歩で真相が究められると直感した私はワシントンへ向け出発した。私は「戦艦大和」の取材以来、アラード博士と四年ぶりに再会した。博士は、笑顔で迎えてくれた。私は五月二日付の博士の手紙を示しながら今回訪問した目的を告げた。「ウルトラ」の資料をマイクロフィルムから探し出して帰りたいと言うと、一瞬また「ウルトラ」かという顔をしたが、なんとか希望にそうよう関係者に当ってみてくれると言った。私がこの記録保存所で調査するための専用のデスクを用意してくれた。

私はあらかじめ必要な資料をメモしていたので彼の秘書に渡した。

「両院合同委員会の真珠湾攻撃の調査」の全三九巻。

真珠湾攻撃に関する全議事録にある証言者の名前のリストから「マーシャル参謀総長とウイルキンソン少将」に関係ある部分を探し出した。

ジョージ・マーシャル参謀総長の証言から極東とヨーロッパと外交要約の三種類のウルトラ・シークレットの情報資料があり、これらはすべて最高機密の標題が付いて米陸軍省、海軍省、そして英国によっても了解されていたことが確認できた。

また、日本軍の暗号電報を解読したかの情報資料に関する部分に、山本提督は傍受された電報より、入手した資料に基づいて行動した米陸軍航空部隊により撃墜されたと明記されていた。

T・S・ウイルキンソン少将は、山本に関する証言の中で「南太平洋において我々は、解読原文を一度受け取った」と答えている。それは、南太平洋部隊指揮官ウィリアム・ハルゼーJr中将がオーストラリアに行ったため、彼が代理指揮官に任命された時で、ニミッツ提督からの電報には「山本大将が、ブインに到着する非常に明確な行動予定」が示されていた。彼はハルゼー中将に代って、邀撃（ようげき）の準備をした。予備の日は二日間であった。彼はニミッツ大将に「我々はこの任務を遂行できる」と回答すると共に、この任務は、わが軍が暗号を解読していることと、なぜ我々が山本の行動予定を知ったかの疑念を与えると注意を促した。「提督ニミッツ」（フジ出版、昭和五十四年刊）から、山本撃墜の決断をした状況を引用してみる。

「どうだ、彼をやっつけるべきだろうか？」ニミッツがたずねた。

「彼は日本においてユニークな存在になっています」情報将校エドウィン・レイトン中佐は答え、若い士官や兵員の敬愛の的になっているとつけ加えた。「天皇を別にすれば、国民の士気にとって彼ほど重要な人物は一人もいないと思います。また、彼が撃ち落とされれば、海軍の士気はがた落ちになるでしょう。日本人の心理をご存知でしょう。国民全体をぼう然とさせることになるはずです」

「よし、やってみよう」

「貴隊に山本とその幕僚を撃墜する能力があれば、予備計画の作成を開始する権限を授与する」

この命令を受けたのが南太平洋部隊の代理指揮官ウイルキンソン少将であったと思われる。私は、この日を四月十五日と推定した。

青い電報用紙

私は次に、太平洋艦隊の海軍メッセージの一部である南太平洋部隊指揮官宛の電報綴を秘書に依頼した。

一九四三年、四月二日から五月二日までの三一通の電報の原本が目の前に現われた時私は興奮した。三〇年前、ニミッツ提督は、情報将校レイトン中佐から手渡されたこの電報でどんな対日戦略を考えたのだろうか。今は戦争も知らない日本人が歴史の研究として米海軍の最高機密の電報を見ることが出来るほど平和な時代なのか。

私は、夢中になってULTRAを探した。

日本の戦史家は〝山本巡視〟の暗号電報が解読されていない理由として、四月一日に行なわれた暗号の変更を例に出している。

宮内寒弥著の『新高山登レ一二〇八』から引用してみよう。

本電は解読されていない。理論的には解読不可能である。

第三艦隊通信参謀の談話として、

「本電に使用された『波暗号』の原本及び乱数表はガダルカナル島に於ける伊号第一・第三潜水艦の暗号事故により敵手に渡った公算大であったが、昭和十八年四月一日より『い』号作戦が実施せられるので、企画秘匿の配慮より中央で新しく作製した波の乱数表を、特にこの作戦のため早急に航空便にてNTFに配布して、四月一日から新乱数表を使用したことは、はっきり記憶している」（注：実際に変更されたのは、「呂壱乱数表第四号〈海軍省軍機第三六五号〉」、米海軍簡略名JN25D－18（a）だった）

しかし、この電報綴によれば、四月七日に開始された「い号作戦」さえ、「ウルトラ」情報で解読が確実に行なわれていることがわかった。

発太平洋艦隊司令長官（六日一七時五九分電）、宛太平洋部隊指揮官、ウルトラ「新たに示された日は四月七日である」

四月十五日付合衆国艦隊司令長官アーネスト・キングより太平洋艦隊のニミッツ司令長官宛の電報にも、私は興味がそそられた。

その電報には、「将来において、貴殿の戦争日誌に無線情報については、何も書いてはならない」。これだけしか書かれていない。私は、あまりに簡単すぎる記述がかえっておかしいと疑問を持った。もしかしたら、電報に山本の旅程が詳しく書かれていたのではないか。この電報綴には可能性のありそうな他の電報はなかった。仕方なくこの一枚の電報綴を見ていると、十四日の電報は赤色をしていたが、この電報は青い色をしていることに気づいた。

十四日の電報は「秘密」の秘密区分で、この電報の秘密区分はSealed Secret「封印された秘密」という初めて見る秘密の分類であった。カーン氏は山本電に関する部分で、「一人の作戦将校が最高機密用の青い電報用紙を出撃隊員に手渡した。それは、山本の詳細な巡視予定が示されていた」と言っているが、この青い電報用紙こそ、ここでいう「封印された秘密」ではないのか。

どれも素晴しい記録文書

次に私は、ハルゼー中将の電報綴の表紙を見て驚いた。
Bates/Lyte File TS593-4 Outgoing Top Secret ULTRA+SUPER.
今度こそこの電報綴から見つけられるぞと思って日付を見ると、一九四四年四月から十一月までであった。私は秘書のジュディキンズ女史に、なんとか一九四三年の四月の同種の電報綴がほしいと言った。
女史は、チェックしてみると言って博士の所へ行った。戻って来て、「その期間の電報綴はない」と気の毒そうに言った。私は、思い切って「ウルトラ」関係のマイクロフィルムがあると思われる国立公文書館（米大統領を含む政府の記録文書を永久に保管する）に行くことにした。ネイビーヤードの赤ちゃけたビルディングを背にタクシーを持つがなかなかこない。三月のワシントンの風は厳しく、からだ全体が冷え冷えしてきた。タクシーにかたっぱしから手を上げる。

国立公文書館の前でタクシーを降り、入口で身分証明書を示し八階に上がった。「海軍と旧陸軍部」と博士が教えてくれた場所に行った。タイプを打っている人に声をかけた。

私は「ウルトラ情報」に関する資料を求めている。この部署に保管されていると聞いて来たと言いながらアラード博士の手紙を示した。彼は、手紙を読み終えると黙ってタイプライターを打ち始めた。

私に手渡した紙に、

一、あなたは、現在、近代軍事課にいる。海軍と旧陸軍分課は、西方八階の室である。

二、我々は「ウルトラ」に関する限定した情報資料を持っている。

三、あなたは〝マジック〟要約書には興味を持っているか。

とタイプされていた。

私は、自分が目的の部屋ではないところに来てしまったことに気づいたが〝ウルトラ〟と〝マジック〟という言葉にひかれて、案内された。まわりでは、多くの人々が各々の研究課題に取り組んでいた。

まもなくアーキヴィストのジョン・テイラー氏は、山のような資料の入っているボックスをワゴンに乗せて運んできてくれた。

第四五七記録群と分類されており、国家安全保障機関の記録と明記してあった。

○マジック―極東要約　一九四四年の二月十日から一九四五年十月二日までの膨大な記録であった。

○暗号に関する六つの講演　一九六三年四月　ウィリアム・F・フリードマン著

○大西洋の戦闘―Uボート作戦

○連合軍通信情報と大西洋の戦闘

○コンバーターM325に関する資料

どれもこれも素晴しい記録文書であった。思わず、予定を変更して大西洋に於けるドイツと連合国との〝Uボートの戦闘〟を調べたら、どんなに楽だろうと思った。

目指すウルトラ関連の文書は、陸軍省の記録であって、海軍関係のものでなかった。まだ秘密解除が全面的に為されていないのか削除部分が多く、その上、コピーの状態が悪く判読しにくかった。

それでも前線司令部に於いて、ウルトラ情報に関連するメッセージの受領と配布は特別連絡班が取扱い、アメリカ人将校を含む特別連絡班の職員は、ロンドンの陸軍省軍事情報部に所属することがわかった。

圧倒される記録文書

マジック―極東要約書は、ヨーロッパ要約書や外交要約書とまったく同様に、それを作成する上で「ウルトラ」が決定的な情報源となっていた。さらに、この極東要約書は、陸軍省のG－2（情報）副部長の認可を受けていた。それは、陸軍省参謀本部と三つの主要司令部（航空部隊、地上部隊と補給部隊）に情報を配布するため陸軍情報サービスが設立され、G－2（情報）副部長の下に統制されていたからである。

情報副部長は、ジョージ・V・ストロング将軍で、後にクラーク・ビッセル将軍が後任となった。

私は、テイラー氏に一九四三年四月の〝マジック〟極東要約書を請求したが、これが全てだという回答だけしかなかった。私は沈黙するしかなかった。米国はどうしても山本事件の真相を発表しないつもりなのだろうか。

私は目の前にある記録文書に圧倒されて何から手をつけてよいか迷った。

次の朝、私は八時半に来訪者名簿に署名すると、アラード博士に会った。私は国立公文書館で読んだ、米陸軍司令部の〝ウルトラ〟情報の使用に関する資料と〝マジック〟要約書の説明をし、とにかく海軍の〝ウルトラ〟情報の記録を求めた。博士自ら持って来て私に示したのは大西洋に於ける「ウルトラ」情報の記録であった。それはコピーされたものでなく原本だった。博士は「ただ、あなたに示すだけだ」と言った。そう言われて私は変な意地を持ちページをめくらずに、海軍内のどこの部が担当しているかだけに注意を向けた。それは「海軍安全保全グループ司令本部」と印刷されていた。

太平洋で使用された〝ウルトラ〟情報は公表できない何かがあると感じて、別の方法で、山本長官機の待ち伏せに関する資料を発見することに努めた。まず山本長官機撃墜に関する情報源が〝ウルトラ〟であることを示したニミッツ大将の承認書の原本を見た。その承認書は、三つの項目があり、三番目に情報源が記されていた。その項目だけ別の非常に薄い紙に印刷されていて、更にその上に薄紙が重ねられて三重になっていて、本当に超極秘書の観がする独立したファイルであった。長い題名が付いていた。

「ガダルカナル島を基地とする合衆国陸軍航空機による一九四三年四月十八日九時三五分、カヒリーショートランド地区に於ける敵爆撃機（複数）の邀撃を網羅するソロモン諸島の航空司令部の報告」。その他「日本海軍の記録と関連記録文書」のリスト、このリストは、厖大な量の日本軍からの鹵獲物の記録に埋まっていた。

そのなかに「軍極秘、軍令部極秘、第一四四号ノ三、特定地点略語表（甲）補遺其ノ二　発行庁、軍令部　調製年月日、昭和十八年一月三十日　内容、索引図一枚　本文五二枚」があった。これをみて米軍は山本巡視に関する暗号電文にあるＲＲ（ラバウル）、ＲＸＺ（バラレ）、ＲＸＥ（ショートランド）とＲＸＰ（ブイン）を解読したのであろうか。

私は、これらの書類を見ていると暗号電報は完全に解読されたと実感した。では、一体、暗号解読電報の実物はどこにあるのか？

私は、ニミッツ提督が解読文を読んで、関係各所に命令を下したのだから、彼の電報綴を見れば解決できると思った。今まであまり〝ウルトラ〟にこだわりすぎたことを反省した。

太平洋艦隊司令長官の電報綴は、一六ミリのマイクロフィルムに収められていた。博士は複写拡大機の前に私を案内してくれた。私は、一コマ、一コマ画面に映る電報から〝山本〟の文字を探した。

昭和十八年四月十三日から十八日までの分を慎重に調べた。画面に〝ＵＬＴＲＡ〟、〝ＳＵＰＥＲ〟、〝ＭＯＳＴ ＳＥＣＲＥＴ〟や〝ＨＩＣＯＭ〟が現われた。その秘密区分の部分は、電文はなく、ただ〝ＵＬＴＲＡ〟、〝ＳＵＰＥＲ〟のみが記録されていた。やはり秘密区分が最高機密の中でも特別の分類に入れられるほどの秘密なのでなかなか手が届かない。私は当時、合衆国大統領以下本当に限られた高官しか見ることができなかったほどの秘密なのだからと自分をなぐさめた。

日本の技術を分析する米国

太平洋艦隊司令長官司令部で四月十四日から十七日までに発信、受信した電報の数を記録してみた。十四日、一二七通（内ＵＬＴＲＡ 二通、ＳＵＰＥＲ 一通）。十五日、一二六通（内ＵＬＴＲＡ 六通、ＳＵＰＥＲ 一通）。十六日、一七〇通（ＵＬＴＲＡ 二通、ＳＵＰＥＲ 一通）。十七日、一二六通（ＵＬＴＲＡ 三通）。

毎日、朝八時半にはアラード博士の事務所、四時半過ぎからは国立記録保管所の二〇一号室で夜の九時まで記録文書を読み続けた。

週末はすぐにやって来た。私は、これ以上がんばってみても、「ウルトラ」情報の実物を発見できないと思った。私は最後に軍事部門のテイラー氏に面談し、「あなたから国家安全保障庁に〝ウルトラ情報〟を見せてもらいたいと頼んでもらえないか」と言った。しかし彼は、私にメモを示すだけだった。そのメモは〝ウルトラ〟はＰＨＡ（真珠湾攻撃）に関連しているからまだ秘密解除されていない、と書かれてあった。彼はそのメモを私に渡さず、まるめてすてた。それを読んで私は「トラ・トラ・トラ」という真珠湾攻撃に関する映画の場面で情報将校が解読電報の配布先で議論しており、壁にかかっている配布先のボードをめくると、そこに「ウルトラ」という文字が書かれていた事を思い出した。その時は映画の中の出来事として見過ごしてしまったのだったが。

後に私はウィリアム・スティーヴンスンの「A MAN CALLED INTREPID」（副題・秘密戦争、昭和五十一年刊）より「ブレチリーから出た〝ウルトラ〟情報は秘密漏洩の危険を少なくするため出来る限りの極少人数の英国指導者、そしてもう一人合衆国大統領に打ちあけられる」ことを知ることができた。アメリカで最初に〝ウルトラ〟を知ったのはローズベルト大統領であったのだ。

ワシントンを去るにあたって私はネイビーヤードにある海軍の記念館を見て回った。そこで、戦艦「大和」に搭載されていたと同じ砲盾が、米海軍の一六インチ砲で撃ち破られているのを見た。それは戦後米軍が、空母に改造された「信濃」の余った砲盾を造船所で見つけ、米本土で実験した時の物であるとのことだった。私は戦争に勝った後でも徹底して日本の技術（日本民族の知恵といってもよいと思う）を分析するアメリカ人の気質に感動した。

私はかよいなれた博士の事務所へ行き、アラード博士が閲覧を許してくれた史料のおかげで調査が非常に前進した事に感謝を述べ、別れを告げた。

私はノースカロライナ州のフェイッタビルの友人の所で週末を過し、次にジョージア州のノーフォークにある、ダグラス・マッカーサー将軍の記録保存所に行くつもりであった。

私はノーフォークの空港に降り、荷物受けの場所で自分のバッグを待った。バッグ二個の内一つはいくら待っても出てこなかった。初めての場所で、まだホテルも決まっていない状態で、ワシントンで、やっと集めた大切な資料が入った、しかも四年前にブラジルに行った折購入したお気に入りのバッグがないのである。私は、いらだってきた。航空サービスの係員に状況を説明した。彼は調べてみるが、どこに連絡すればよいかとたずねた。私は、まだホテルは決まっていないが、マッカーサー将軍の記念館の近くを予定していると答えた。彼は記念館の近くにホテルを予約し、リムジンの手配までして「バッグの所在がわかり次第連絡する」と約束してくれた。私は彼にお礼を言いホテルに向った。

めざすマッカーサー将軍の記念館は、ホテルから歩いて七、八分の所にあって、星条旗が、翩翻(へんぽん)と、ひるがえっていた。記録保存所は記念館の横手にあった。私は係員に、目的を告げ、南西太平洋司令部の記録リストを見せてもらった。ここでも保存されている資料に圧倒されてしまった。私は〝ウルトラ〟情報について質問した。彼はそれに関する資料は知らないと答えた。そこで私はあっさり納得して、他の情報源に関して興味を向けてしまった。

しかし私は、七ヵ月後にこの記録保存所から〝ウルトラ〟情報が太平洋戦域で活躍した証拠になる資料を入手することになったのであった。

ここで私がまず始めに読んだのは、南西太平洋戦域総司令部、陸軍情報班の敵情報の毎日の要約、G－2による敵情報の推定であった。

しかし四月十四日、十五日の要約に山本事件は記録されていなかった。その他マッカーサー将軍が交したウィンストン・チャーチル首相やオーストラリア政府との親展の手紙を原本から読んだ。また、南太平洋戦域司令官ハルゼー中将と将軍との会談が、十五日午後と夕方二回にわたってブリスベーンで行われた事を十六日付の将軍のハルゼー宛の手紙から突きとめることができた。

潜水艦乗員の証言

米国陸軍航空隊の公刊戦史は、ウィリアム・ハルゼーJr中将は十七日山本巡視の電報を受け取り、彼は、ただちに命令は〝ゲット・ヤマモトだ〟とソロモン航空司令部に通報した、と書いている。このかぎりでは、ハルゼー中将は、山本巡視について十七日初めて知ったようになっているが、このブリスベーンの二人の会談で山本の件が話題にのぼって知っていたとしても不思議ではない。後で私はこのことに関する確証をつかむことができた。

私は南西太平洋戦域の証言報告を読んだ時、ワシントンで味わった日本人としての苦痛を再び味わった。それは数多くの日本側捕虜の証言記録であった。

部隊間の連絡の途中襲撃され生き残って捕虜になったり、捕虜になって偽名を使い、「殺すか自殺を許すかどっちだ」と要求する日本軍将校、それでも最後には証言を行ない、米軍が「彼の陳述は、真実と考えられる」とコメントを残していた。重病で歩くことも出来ず爆発でできた穴の中にかくれていて捕虜になった輸送隊の日本人。米軍は、この捕虜は真実を述べているが役に立つ情報を欠く馬鹿者と記録している。これらの捕虜は自分の経歴や部隊の組織、指揮官名、輸送船等に関する情報を証言したり、スケッチで基地の配置を記録しているのだ。米軍が、それら証言とスケッチに基づいて高高度偵察で撮った写真を分析した、ラバウルの分析写真を見た時、驚いてしまった。

それには自転車置場から重要施設までが克明に記入、分類されていた。

その中にあって一番私の興味を引いたのは、四十三年一月二十九日、ニュージーランド海軍コルベット艦に攻撃され、ガダルカナル島西北端リーフに座礁した伊号第一潜水艦乗員の捕虜の証言を読んだ時だった。

戦後日本の暗号電が米軍に解読された事が判明した時、関係者はこの潜水艦に搭載してあった暗号書と乱数表が取られたのが原因ではないかと推測している。

カーン氏はその著書で「……連合軍は、いち早く現用、予備の両方の暗号書を引きあげた。（中略）回収した暗号書類は、連合軍にとって絶大な価値があり、コルベット艦の艦長と機関長は、その功績により海軍十字勲章を授与された」と書いている。

捕虜になった乗組員は潜水艦上の前部砲塔で二隻のコルベット艦と交戦中、砲弾が爆発し足を負傷しデッキから海へころげ落ちた後、連合国海軍にひろい上げられたのだった。ヌーメアの南太平洋戦域司令部で証言した後マッカーサー司令部に連行されてきたのであった。彼は、伊号第一潜水艦の作戦命令、潜水艦の性能、各種兵器等多くの証言を行っている。その中で、私が怒りがこみ上げてきた部分は次の内容であった。

「日本軍は、ニューギニアとソロモン戦域を通じて、東京時間（グリニッチ標準時マイナス九時間）を使用している」と証言していたのである。

ハルゼー中将の司令部でも同じ事を証言したことであろう。私は米軍は他の方法でこの事を確認しているのであろうが、米軍が山本巡視の暗号解読を行っても時間帯に錯誤があればその任務計画はより困難をきわめ、任務は失敗したかもしれない。

歴史に「もしもあの時」が通用しない事は充分理解しているが、米軍が山本電に記載されている時刻が東京時間帯でなく現地時間と錯誤したなら、二時間の差があるのだから必ず任務は失敗したであろう。

ホテルに帰ると航空会社から荷物が見つかったとの伝言があった。私は、心残りがあったが、おもい切ってノーフォーク空港からシカゴ経由でロスアンゼルスに向った。

厚い秘密のカベ

昭和五十三年八月十五日、私は知人から、「昨日の朝日新聞を読みましたか？ 暗号解読の件で『大和』のことが出ていましたよ」と言われ愕然とした。五カ月前の国立記念保管所で見たあの〝マジック〟極東要約書の報告かなと一瞬思った。〝米側の解読文明るみに。「大和」出撃、前日に察知〟私が五ヵ月前に読んだのとまったく同じ内容であった。

その一ヵ月間ぐらいは各新聞は〝マジック〟極東要約書の翻訳記事を載せた。東京新聞が「NSAが〝ウルトラ〟の秘密解除に安全保障規定の網をかけた」と報じた以外「ウルトラ」に関する記事はなかったので私はホッと胸をなでおろした。

八月二十日、私は、大西洋の戦いにおいて活躍した〝ウルトラ〟を利用していると思われる海軍安全保全グループ司令本部の概略を確認すると、「ウルトラ」と暗号の解読過程について、手紙を書いた。

九月七日付の回答は次の内容であった。

「山本五十六大将の死に関して、あなたは、明確に、合衆国海軍が山本巡視を学ぶことができた方法と技術についての記録文書を要請している。第二次大戦の記録綴から多くの記録が許可され、秘密解除の再調査を受けている。しかしながら技術的情報資料は、国家安全保障の理由から許可を免じられている。それ故にこのような情報資料は秘密解除を許可されていない。（中略）なおあなたの手紙は航空隊歴史局に転送された」

やはり「ウルトラ」に対する秘密の壁は厚かった。山本巡視電がどの程度解読されたかは永遠の秘密なのだろうか？

合衆国航空隊安全保全サービス司令部から九月二十日付の回答を受けた。

「海軍省からのあなたの手紙は航空隊歴史局へ転送された。合衆国航空隊は、一九四七年まで存在しなかった。第二次大戦中は、航空隊は、合衆国陸軍航空隊として知られている。そこで山本撃墜に関する歴史的記録は、合衆国陸軍の歴史局に保持されている。

我々は陸軍歴史局に四月十八日の空戦に関する資料を見つけるため交渉した。多方面に及ぶ調査の結果、山本撃墜に関する付加情報資料は、陸軍歴史局のファイルの中にはないと我々に報告してきた。P－38の操縦士達は、山本提督の飛行に関する情報資料の単なる使用者であって、情報の生産者ではない。それ故航空隊と陸軍航空隊の歴史記録文書には、山本撃墜に関する通信の傍受、暗号解読、翻訳のいかなる情報も含まれていない」

手紙の内容はこれだけであったが非常に重要な三つの公刊戦史の抜粋を付帯してくれた。

それは**「第二次世界大戦の陸軍航空部隊」**と**合衆国陸軍〝太平洋戦争の戦略と指揮〟**、**合衆国陸軍〝通信軍団、技術隊〟**である。

この抜粋は南東艦隊機密電十三日の一七時五五分の暗号電が解読されたことを暗示していた。「ブインとラバウル間の軽率な電報が米国の暗号家に旅程の全てを与えた。出発と到着の正確な時間、航路、随行する飛行機の型と機数」とあった。

確実を期するＮＴＦ機密第一三一七五五番電はラバウルの第八通信隊の放送通信系とＮＴＦ一般短波系の二波を併用して二回送信されている。通信常識を逸脱したこの行為は傍受している米軍側に重要電報との印象を与える可能性大であった。それ故〝軽率な電報〟と米軍側は表現しているのであろうか。

合衆国陸軍〝通信軍団、技術隊〟からの抜粋には、

「……南西太平洋戦域通信司令官スペンサー・エイキン将軍は、日本軍の無線電報の傍受と分析の利用を失敗したことはなかった」

と記述していた。

日本軍の無線は傍受された

私は、これらの抜粋から日本軍の十三日の暗号電は、エイキン将軍の通信隊が傍受したとの仮説をたてた。私がなぜ思い切った仮説をたてたかというと、これらの抜粋文は既存の刊行物から簡単にコピーできるし、参照として何々を読めですむことである。それなのに新たにタイプして送ってくれたのは、私にその手数のかかる行為から言葉で伝えられないことの真相を汲み取って欲しいと言っているように感じたからである。

さらに私は、南西太平洋戦域通信部のスペンサー・エイキン将軍の記録文書が保存されていると推測したマッカーサー将軍の記録保存所に、もう一度「ウルトラ」に関する手紙を出した。それが解答が得られる一つのきっかけになったのである。七ヵ月前に訪問したことが決して無駄にはならなかった。

十一月十五日付のマッカーサー記録保存所宛の手紙に自分の推論を詳細に書いた。マッカーサー軍情報部に所属しているブリスベーンの特別連絡班によって山本長官の巡視の予定を示す暗号電が傍受され、解読されたのではないか。エイキン通信司令官は、日本軍の無線通信の傍受と分析に失敗したことはないとも記録している。特別連絡班の配布する「ウルトラ」情報をコピーしてぜひ送って欲しい。

同月二十二日付の回答は私の推論を肯定しているように思えた。

「我々は電報本体は発見できなかったが、『ウルトラ』電報の取扱いの参照文を捜し出した。マッカーサー将軍自身は『ウルトラ』電報のコピーの保持を許されなかったと考える。特別連絡将校が、すべての『ウルトラ』資料の責任者であった」

これでマッカーサー将軍もニミッツ提督と同じように「ウルトラ」情報を利用していたことが明確になった。

十二月二十二日、マッカーサー記録保存所から届いた資料は、私をサンタクロースからお気に入りのプレゼントをもらって喜ぶ子供のような気持にさせてくれた。それらは、ワシントンからマッカーサー将軍に宛てた「情報」に関する手紙であった。

一九四四年七月二十一日ビィセル（G－2副部長）**からマッカーサー**（将軍）**に宛てた手紙**

「陸軍情報サービス航空班は現在、ブリスベーン、フォト・シャフターとデリーの特別安全保全将校に毎週『ウルトラ』解説を送っている。その上『ウルトラ』航空解説は、ロンドンの空軍省と南東アジア航空司令部と同時に英国の『ウルトラ』経路（チャンネル）で取り交されている。この経路は、ブリスベーンにある『中央局』が関係している」

私はこれらの手紙から、マッカーサー総司令部が日本軍航空部隊に関して入手するすべての「ウルトラ」情報を、彼の戦域の「中央局」とそれに関連している英国の「ウルトラ」経路で取り交していることを知った。

マッカーサー司令部で、「ウルトラ」が利用されていたことはこれで証明できたが、山本長官機撃墜と何らかの関係があるのだろうか。昭和二十六年に刊行された「機動部隊」（淵田美津雄著）では「山本長官一行の行動予定の電報をショートランド水上機基地指揮官がその指揮下部隊に儀礼の含みもあって『長官来る』の無線をうったのがニミッツ司令部諜報班でキャッチし解読された」と記しているが、このことはとりもなおさず日本軍の無線がエイキン将軍のもとで傍受分析されたことを示しているのではないか。

最後の望みは四通の手紙

私は、もう一度、公刊戦史と「山本元帥国葬関係綴」を見た。そこには、事件直後、南東方面艦隊と第一海軍通信隊が連合して徹底的な通信調査をしたと書いてあった。つまり日本軍は、ラバウル、ブイン、バラレの各司令部が受信したり発信したすべての記録を調べて、何故山本長官機が撃ち落されたか調べたのである。しかし、出先部隊の関係司令部からは山本巡視に関する電文は発見できなかったとされた。

だが、真実は別なところにあった。その後の関係者の証言から、ショートランド水上機基地（九三八航空隊）から四月十四日夜、ショートランド第一基地指揮官からレカタ航空基地指揮官宛に航空機暗号書「F」で航空基地通信系を使って「GF長官四月十八日〇六〇〇ラバウル発、〇八〇〇バラレ着、駆潜艇にて〇八四〇ショートランド着、当基地を巡視せらる」旨の電文が発せられていたのである。

ワシントンの陸軍情報サービスの発行する日本軍の「ウルトラ」航空解説は、この山本長官巡視の解説を英国の「ウルトラ」経路で、マッカーサー将軍とニミッツ提督に伝えたのであろうか。

これが結論なのだろうか。私は、また不安になった。だが、陸軍省の記録はあくまでもブインとラバウル間で交信された電文から米国の暗号家は山本巡視を知ったと記述している。私はおそらく陸軍情報サービスの特別部門のC班のファイルがその出所だろうと推測した。

そう憶測したのは、G－2の副部長ストロング将軍からマッカーサー将軍に宛てた山本事件に関する手紙を読んでいたからである。G－2の統制下に陸軍情報サービス特別部門があった。

一九四四年一月二十八日　親展

「太平洋戦域からの帰還者の山本事件に関する暴露は重大な状況に発展している。貴殿の戦域内で山本事件を少しでも知っている関係者全員に合衆国に帰る前に友人、親類また報道関係者にこのような情報資料を暴露してはならない、と命令を伝えよ。山本事件に関連する情報資料のこれ以上の拡大は情報源の出所を明らかにするという重大な局面に発展するだろう」

この手紙からマッカーサー将軍は山本事件のことを知っており、四月十五日の会議のハルゼー中将との間に話題になったのではないかと私は想像したのである。

その後マッカーサーの記録保存所から、

「ウィロビー将軍の記録の中から『特別情報戦況報告班』の記録と『中央局の組織図』を送ってもらった。又その手紙は、もしマッカーサー将軍が山本の待ち伏せを知っていたとしても、彼はそれを記録に止めていない。将軍は、特別連絡将校からこれらのメッセージを示されただけなのである。そして情報部長のウィロビー将軍も、一九五〇年に於ても山本事件に関して非常に敏感な問題なので書くことも話すこともできなかった」

と知らせてくれた。

私は最後の望みをかけて四通の手紙を書いた。まず〝マジック〟要約書の原本を持っていると思われる「国家安全保障会議」。次にそれらのファイルが保管されていると思う「国防総省」。さらに、「ワシントン国立記録センター」と「国立公文書館」。私はNSA職員宛てで来る個人的な書輸は、すべて開封されて検閲を受けることを知っていた。そして、四通とも同じ内容にして宛先だけを変えて出した。もし、各関係部署に手紙が転送され一ヵ所に集められた時印象を強めるために、こんなことが役立つとは思わなかったが、とにかく私は必死であった。

遂に電報をつきとめた

待望の手紙を受けとったのは年末であった。

国立記録保管所の全般的事務管理部から十二月十一日付の待望の手紙が来た。

「海軍作戦部隊の記録群、太平洋艦隊司令長官の記録の中に各種電報の連続ものがある。これらの記録は三〇〇〇フィート以上の大規模な連続もので構成されている。これらは、現在秘密解除のため再調査を行っている。六ヵ月以内に我々は、この連続ものがどんな内容なのか分るであろう。

太平洋に於ける海軍部隊によって受信された幾つかのウルトラ電報に関する手紙をその時点で我々に送ってほしい」

〝六ヵ月後〟私はとても待ちきれなかった。私は、すぐに在日米軍司令部報道部ルイス・R・パプ・グリーン米海兵隊上級曹長の所にいき、手紙を示して言った。「知らない人に本当に心から物を乞う英語の表現で六ヵ月の期間を二ヵ月くらいに縮めて欲しい」

彼はこころよく引き受けてくれた。

一九七九年二月二十四日付の手紙を読んで私はグリーン上級曹長に心から感謝を述べた。「ウルトラの秘密区分の電報を含む、南太平洋司令官の記録箱四個を最近我々は発見した。今回その内の一箱だけが秘密解除になった。そこに一九四三年四月の電報が含まれている。我々はあなたにその電報のコピーを喜んで提供する」

私はやっとウルトラ電報の所在を突きとめたのだ。三月六日私は代金を速達で送った。私は今までの経験から、遅くても四週間以内にウルトラ電報のコピーが入手できると思った。ところが二ヵ月がなしのつぶてのまま経過した。私は不安になり確実に宛先に手紙が届いたか確認のため連絡を取った。六月一日付の航空ハガキは、

「ある説明できない理由のため、我々は今日あなたの注文を受け取ったばかりである。我々は急いでコピーを送るつもりだ」

と返事があった。

いったい、米国側にどんな事情があったというのだろう。私はいらだった。

七月二日、やっと私は細長い茶封筒を手にした。その中には南太平洋方面司令官の電報が一七五通入っていた。

電報の大きさは二〇×一六センチ。その上段に「ウルトラ」、「秘密」、「秘」、「限定」、「平文」の秘密区分が印刷されており、送られて来た電報は、ほとんどが「ウルトラ」または「秘密」区分のものばかりであった。電報の二段目は「発信者」と「日付」。三段目には、「宛先」、「暗号グループ」と「通信監視将校」のチェック部分があり、四段目に「通報者」の段があった。

その下に電文の内容のための空欄があり、その下部に「受信時間」、「周波数」が記録されていた。私は四月一日から始まる電報を「YAMAMOTO」を求めて電文に目を走らせた。電報の秘密度合を示す区分はMOST SECRET、SUPER SECRET、UTMOST SECRET、ULTRAとなっていたが、それらは日本艦隊の動静、「い」号作戦に関する航空隊の状況を刻々と伝えていた。

六行のために費した三年

日本軍が山本巡視の電報を打った四月十三、十四日分の電報綴を見たが、そこには期待した「電報を傍受した」という形跡はなかった。だが、とうとう私は、十五日の二時四九分、太平洋艦隊司令長官からパナマ海面領域防備隊指揮官、西方海面領域防備隊指揮官、太平洋の全任務部隊指揮官、ハワイ海面領域防備隊指揮官、海軍気象西方偵察部隊指揮官宛に発信されたSUPE

R電報に山本巡視に関する情報を発見した。周波数一六四五〇サイクルで発信されたその電報は南太平洋部隊に同日四時に受領されていた。暗号グループの欄に一九－Sと記入された「緊急信」であった。そして南西太平洋部隊指揮官マッカーサー、南太平洋部隊指揮官ハルゼーと合衆国艦隊司令長官キングに通報された。

「第四艦隊司令官はトラック島にあると予想される。ニューギニア、ソロモン、ビスマーク戦域の作戦と防衛手段に関する会議をまもなく催す日本軍の徴候がある。『龍鳳』は内地で航空機を訓練中。他の空母の推定に変更なし。『熊野』はトラックに向け十七日佐世保を出航したと予想される。（中略）『い』作戦は四月十四日のミルン湾に対する航空攻撃で完了したと推定。YAMA　MO　TO……」

私は思わずこの部分を三度読み返した。間違いなく日本語の「山本」を意味していた。〝見つけたぞ〟という気持で頭がカーッとなった。続けて読んだ。

「……彼自身、バラレ地区に到着」

ここで電文の行が変わった。しかし私の頭の中では一瞬にして次の文章が予測できた。本当に思った通りの電文であった。

「……ラバウルから爆撃機で十八日一〇時に」

もう間違いがない。これこそ求めに求めていた電文だ。この後の電文は冷静に読むことができた。

「……六機の戦闘機によって護衛された。ラバウルに戻る。（我々はそれを望まない）」

この望まないの部分には南太平洋部隊司令部が引いたと思われる傍線があった。

「……同日の一六時にカヒリを出発。全ての日時は現地時間を示す。もし悪天候なら、旅行は十九日まで延期する」

私はすぐに「山本元帥国葬関係綴」にある、機密第一三一七五五番電と太平洋艦隊司令長官のＳＵＰＥＲ情報との内容の比較をした。

「着信者　第一根拠地隊、第二十六航空戦隊、第十一航空戦隊各司令官　九五八空司令パラレ守備隊長

受報者　ＧＦ長官　発信者　共符

使用　軍極秘

本文　発　南東方面艦隊司令長官　第八艦隊司令長官

聯合艦隊司令長官、セツア（四－一八）、左記ニ依リ

ＲＸＺ（バラレ）、ＲＸＥ（ショートランド）、ＲＸＰ（ブイン）ヲ実視セラル

(一)〇六〇〇中攻（戦闘機六機ヲ附ス）ニテＲＲ発、〇八〇〇ＲＸＺ着、直ニ駆潜艇（予メ一根ニテ一隻ヲ準備ス）ニテ〇八四〇ＲＸＥ（ショートランド）着、〇九四五右駆潜艇ニテＲＸＥ（ショートランド）発、一〇三〇ＲＸＺ（バラレ）着（交通艇トシテＲＸＥ（ショートランド）ニハ大発　ＲＸＺ（バラレ）ニテハ内火艇準備ノコト）一一〇〇中攻ニテＲＸＺ（バラレ）発　一一一〇ＲＸＰ（ブイン）着　一根司令部ニテ昼食（二十六航空戦隊首席参謀（シセウ）出席）一四〇〇中攻ニテＲＸＰ発　一五四〇ＲＲ（ラバウル）着。」

(二)略、(三)略

(四)天候不良ノ際ハ一日延期セラル　(終)

(注：米軍の解読と原文に二時間の差があるのは、前述のように、日本軍が東京時間、米軍が現地時間を使っていたためである)

傍点のある箇所はSUPER情報によって確実に暗号解読がなされたことを証明している。私はこのスーパー情報を補充し、付加している電文を次に探し求めた。

十六日〇時三九分の太平洋艦隊司令長官から南太平洋部隊指揮官宛。通報ソロモン諸島航空部隊指揮官暗号グループ七ーSのSUPER・秘密電は次のような内容であった。

「無線諜報源を保護するため、日本軍高級将校がバラレに旅行するという情報は、関係者以外に絶対に知らせてはならない」

この電報は、解読の内容には触れていないが通信諜報の情報源を自軍に於ても隠そうとする努力が窺われる。

日本海軍の誇る暗号は完全に解読されていたのである。たった六行の英文のために私は三年間を費した。私は野村氏にこの事をつげた。彼は英文を翻訳すると、「まちがいなく十三日の山本長官の電文は解読されていた」と言った。

（「文藝春秋」一九八〇年五月号　文藝春秋）

出撃する零戦を見送る聯合艦隊司令長官山本五十六大将。敵航空兵力撃滅を意図した「い」号作戦を企図、戦局の挽回を計った。しかし、日本海軍の暗号が解読されていることには気づくことはなかった。

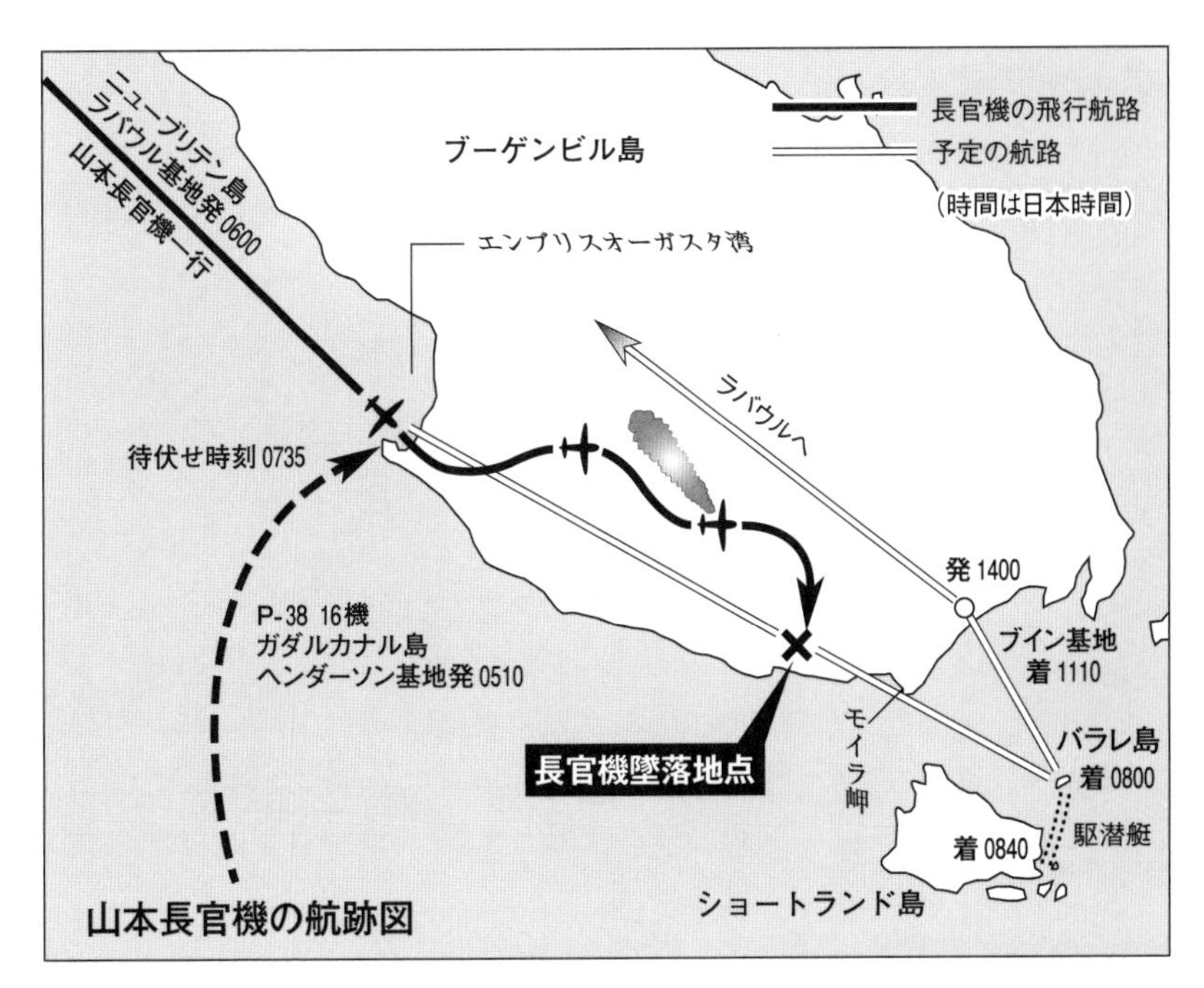

CLASSIFIED　S. NAVAL COMMUNICATION SERVICE / COMMANDER IN CHIEF / U. S. PACIFIC FLEET　INCOMING

SECRET　150643　PRIORITY

NATUTI NATUTI (BASE FORCE NUMBER 8) JN20H AT 1221 APRIL 14TH ADDRESSED UNIDENT HAHIA HAHIA AND GARBLED EKUSE EKUSE INFO NATINI NATINI (SEAPLATENDIV 11) KINOKU KINOKU (SOUEAST FLEET)

HIWAN HIWAN (AIRGROUP 204) MAAME MAAME (GUARD DIVISION 81) AND UNIDENT WITESU WITESU XX MELBUNIT SERIAL 10 XX "1 X DURING THE SPECIAL VISIT OF COMMANDER YAMAMOTO THE GUARD DETAIL ??

(KEIKAITA KEIKAITAI) WILL ACT AS HERETOFORE X 2 X IN VIEW OF THE SITUATION REGARDING AIR ATTACKS ON THE POST (KICHI KICHI), REQUEST YOU MAKE FOLLOWING ARRANGEMENTS X A X SHIFT THE POST TO

THE NEIGHBORHOOD OF THE RISE BLANK 700 METERS EAST OF THE PRESENT POSITION BY 15TH X B X GIVE CONSIDERATION TO CONSTRUCTION

DATE 15 APR 43　CRYPTO-GROUP 33 SD　CBO FM

ORIGINATOR: MELBUNIT 150643　ACTION: COMB　INFORMATION:

Adm　CofS　ACS　FSec　FlLt　OPERATIONS　PLANS　Intl　Comm　Gunnery　Aviation　Personnel

米太平洋艦隊司令長官の電報綴りに記録された山本五十六長官の特別巡視の電文。本電報は、暗号強度の低い「Z甲20H」で組まれていた。山本謀殺の原因となった暗号電が2通あったと気づくものは、日本側にはいなかった。

CLASSIFIED　COMMANDER IN CHIEF / U. S. PACIFIC FLEET　INCOMING

SECRET　141908　PRIORITY

FROM EGA 8 (6TH AIR ATTACK FOR) ACTION FUNA 1 (11TH AIR FLT) 25 E, [illegible]511-93441, INFO FUHO 7 (AIRFLOT 25 (TUTE 7) ALL FLAGSHIPS [illegible] OPFOR (KOWI 1)(VICE MIN AND VICE CHIEF NGS)MUMI 9

AND WITE 3 XX "6TH AIR ATTACK FORCE BATTLE REPORT NUMBER BLANK (9514141) X (MOSTLY UNREADABLE DUE LACK ADDITIVES X ENDS AS FOLLOWS) PLANES AVAILABLE FOR USE 14TH X 1 X AT RR (A) 28 LAND

BASED ATTACK PLANES X AT B (41)TYPE 0 FIGHTERS X (C) BLANKS X 2 X AT RXC (A) 6 LAND BASED BOMBERS X 3 X AT RXP (A) 13 LAND BASED ATTACK PLANES X (B) 5 TYPE ZERO FIGHTERS"

RR = RABAUL
(A) = LAKUNAI AIR BASE
(B) = VUNAKANAU
(C) = RAPOPO

DATE 15 APR 43　CRYPTO-GROUP 33SD　CBO OGA

ORIGINATOR: OPNAV 141908　ACTION: COMB　INFORMATION:

RXC = BUKA
(A) = " AIR BASE
RXP
(A) = KAHILI AIR BASE
(B) = BALLALE

Adm　CofS　ACS　FSec　FlLt　OPERATIONS　PLANS　Intl　Comm　Gunnery　Aviation　Personnel

日本海軍は何度も暗号の変更を行なったが、同じパターンの繰り返しだった。乱数は変えても暗号方式を変えないため、米暗号解読陣は正しい情報を掴むことが出来たのである。特別地点略語の解明は、米軍にとって利用価値が高かった。

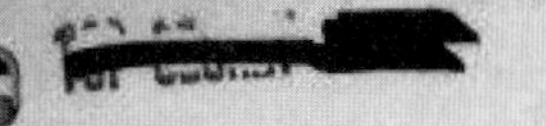

5 April 1946

Explanatory Notes on the Death of Admiral Yamamoto.

Items 1-6: Gives the schedule for a tour to be made by CinC COMBINED FLEET (Admiral Isoroku Yamamoto) of Southeastern Area Bases on 18 April 1943.

Despatch dated 13 April, read 14 April.
"From: CinC SOUTHEASTERN AREA FLEET.
On 18 April CinC COMBINED FLEET will visit RXZ (Ballale), R__, and RXP (Buin Air Base) on 18 April as follows:
1. Will depart Rabaul at 0600 in medium attack plane /6 fighters escort_7 and arrive Ballale at 0800. He will arrive R__ at 0840 in a subchaser /Comdr. #1 BASE FORCE provide_7.
Depart R__ at 0945 in subchaser and arrive Ballale at 1030(?). /-----_7 at 1100 depart Ballale in a medium attack plane and arrive RXP (Buin) at 1110. __6 at 1400 departs RXP in a medium bomber and arrive Rabaul 1540 ____________. In case of bad weather delay one day.
2. During this trip the CinC will look into existing conditions and make visits to the sick wards. (Some blanks in this paragraph).
3. In case bad weather should interfere with this schedule it will be postponed one day.
COMMENT BY COM 14: It will be noted that the one unknown place is 40 minutes by subchaser from Ballale. The Roman digraph 'XP' in Buin is not confirmed but looks good as it is 10 minutes by air from Ballale."

A message of 14 April (read 15 April) from BASE FORCE #8 (Rabaul) to unidentified addressees referred to "special visit of Commander Yamamoto", and requested precautionary arrangements be made "in view of the situation regarding air attacks on the post".

On 15 April CINCPAC originated, "Yamamoto himself arriving Ballale-Shortland area at 10 hours on 18th via bomber from Rabaul. Escorted by 6 fighters. To return Rabaul departing Kahili 16 hours same day. All dates and times are L. If bad weather postponed until 19th".

Items 7-9: Headquarters Allied Air Forces South West Pacific Area INTELLIGENCE SUMMARY #101, 8 May 1943 contained the following extract.
"Sixteen P-38s took off from Guadalcanal on April 18 at 0725/L (0525/I) to intercept 3 Type 1 M/B BETTYS and 6 Type Ø SSF ZEKES. Four P-38s were designated the attacking section,

4月18日の山本司令長官によるラバウルからのショートランド・バラレ巡視電解読の証拠を示している。米軍は暗号解読の事実を公表することがなかったので、スパイ利用を含むいろいろな説が流布したが、最近の情報公開により、その真相があきらになった。

Pac-95-hes
A16-3/VV

Serial 00764

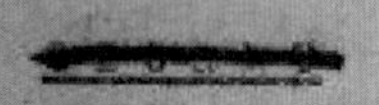

1st Endorsement on
ComSoPac Secret ltr.
Serial 00740 dated
April 26, 1943.

From: Commander in Chief, U. S. Pacific Fleet.
To: Commander in Chief, United States Fleet.

Subject: Combat Report, forwarding of.

1. The enclosure to the basic letter covers an operation on a particularly high plane of secrecy carried out under a directive of the Commander, South Pacific Force. In these circumstances no publicity of any kind should be given this action.

2. Major Mitchell and his associated pilots of the U. S. Army Air Force conducted this operation with the utmost gallantry and determination. It is assumed that Commander, South Pacific Force has initiated appropriate awards to the participating pilots.

3. Additional information complementary to this report is available from ULTRA sources.

Copy to:
ComSoPac

C. W. NIMITZ

3項目にある追加情報はウルトラから活用された。日本海軍の暗号電報を解読して得られた情報であることを示している。

3. In case of bad weather the trip will be postponed one day.

April 15, 1943

1. At 150249Z CINCPAC issued a daily ULTRA Bulletin to all Task Force Commanders in the Pacific. The following is a paraphrased extract:

> At 1000 on 18 April YAMAMOTO himself, via bomber escorted by six fighters, will arrive from Rabaul in the Ballale-Shortland area. He will leave Kahili at 1600 the same day to return to Rabaul. All dates and times are "L". In case of bad weather the trip will be postponed until 19 April.

2. At 150643Z, FRUMEL disseminated to COMINCH, CINCPAC, COMSOPAC and COM7thFLT the translation of another Japanese message, dated 122/I April 14, from RABAUL BASE FORCE to an unidentified addressee, wherein reference was made to "the special visit of Yamamoto", and "in view of the situation regarding air attacks on the post", certain precautionary arrangements were requested, including the moving of the "post" to a new location.

April 18, 1943

1. At 0505 and 0535/I April 18th, a Jap plane was noted by FRUPAC originating encoded weather reports. FRUPAC commented (in his 181926) that this was an "unusual time for Nip plane weather mission".

2. At 180229Z a paraphrased message of COMAIRSOLS reported as follows:

> "Major J. William Mitchel, USAAF, led P-38's into Kahili area. Two bombers, escorted by six Zero's flying in close formation, were shot down about 0930L. One other bomber shot down was believed to be on test flight."

May 21, 1943

1. At 1500 I May 21st, the Japanese Navy Department originated an Alnav, in plain text, reading in part as follows:

山本搭乗機を撃墜できたのは、襲撃隊指揮官ミッチェルの推論が正しかったことによる、とする米軍文書。彼は飛行路を分析、山本長官が時間に正確なことに基づき「俺たちが遅れてはならない」とチームを引っ張り、見事目的を達した。

5750

Ser G144/
1 November 1978

From: Commander, Naval Security Group Command
To: Commander, U.S. Army Intelligence and Security Command

Subj: Request for historical information

Encl: (1) Copy of letter from Katsuhiro Hara of 22 October 1978
(2) Copy of letter from Katsuhiro Hara of 24 October 1978
(3) COMNAVSECGRU personal ltr of 1 November 1978
(4) Copy of letter from Hathuhiro Hara of 20 August 1978
(5) COMNAVSECGRU personal ltr of 7 September 1978
(6) COMNAVSECGRU ltr 5750 Ser G144/6404 of 7 September 1978

1. As discussed between Mr. Bud Sternbeck of your Historical Office and Mr. Raymond Schmidt of the Headquarters, Naval Security Group Command, enclosure (1) is forwarded for appropriate action. The specific point of interest is a document purportedly bearing the title "Use of ULTRA Intelligence in the Pacific Theatre of Operations except PHA" or a similar title. Mr. Hara also requests various ULTRA dispatches which he believes to have been maintained in accordance with a directive, which he appears to be quoting in the second paragraph of his letter. Enclosure (2) amplified this request somewhat and enclosed copies of items that may have stimulated his questions. Enclosure (3) replied to these requests, stating that further assistance to Mr. Hara does not appear to be possible and referring him to the Naval History Division and the National Archives for further research.

2. Enclosures (4) through (6) provide additional background material that may be useful.

3. A copy of your reply to the inquiry would be appreciated.

Sincerely,

Blind copy to:
OIC, NAVSECGRUDET Crane, IN

今から43年前に山本巡視電に関する秘密解除に関する米海軍保全グループ司令と米陸軍諜報兼秘密保全司令間のやり取りを示す。結局、秘密解除されることになり、現在では米公文書館で検証できるようになった。

解読された極秘情報『アドミラル・ヤマモト』最後の飛行コース

暗号への過信が生んだ大いなる悲劇

昭和十八年四月十八日、東京から五〇〇〇キロはなれたラバウル（パプア・ニューギニア本島の東側に位置するニューブリテン島）の上空は、天気晴朗、視界良好で上上の飛行日和だった。二機の一式陸上攻撃機（中攻）は、その後上方左右に零戦各三機の掩護をうけ、高度二〇〇〇メートルでバラレ直行の編隊針路を南々東にとっていた。（注：バラレはソロモン諸島西部州ショートランド諸島に属する長さ二キロのほぼ平坦な島）中攻一番機と二番機の間隔は、一機高、一機長の左斜め後方に位置するみごとな編隊飛行だった。

聯合艦隊司令長官山本五十六海軍大将、副官、軍医長、航空甲参謀と機長以下搭乗員六名の計一一人が一番機に、そして二番機には、聯合艦隊参謀長宇垣纒海軍少将、主計長、通信参謀、航空乙参謀、気象長と機長以下搭乗員七名の一二人、総計二三名の一行は、最前線のブーゲンビル島のブイン、ショートランド地区への視察の途中にあった。

一行の最初の着陸地は、予定飛行二時間でブーゲンビル島の南端沖にうかぶ小島バラレ飛行場であった。

当時のラバウル―ブイン間は味方制空権内にあって、丸腰の輸送機が単機で飛行しても問題なく、敵襲はかんがえられなかった。

直掩の戦闘機六機にとっては、何度も通いなれた〝ブイン街道〟であり、気流も安定していて、平穏な飛行だった。

この順調な飛行が、日本海軍の最高指揮官の運命を左右することになるとは、誰れも気づく者はいなかった。

その原因となる動きは、山本長官一行がラバウル飛行場を六時五分に出発するおよそ五五分前、一〇一六キロ彼方のガダルカナル島ヘンダーソン飛行場から飛びたったロッキードP－38ライトニング双発双胴単座戦闘機一六機の存在だった。

この編隊の飛行任務は、山本長官機が目的地に到着する直前に、ブーゲンビル島エンプレス・オーガスタ湾の東にある海岸線の小さなコップのような地形の上空で空中に待ち伏せをして、山本機を撃墜することにあった。

操縦士たちにあたえられた情報は、「ヤマモト」が六機の戦闘機に守られて、一機の中型攻撃機でやってくる――とのことだった。待ち伏せ空中域と会敵時刻は、情報をもとにして、攻撃指揮官の実戦における〝カン〟で決定された。

情報は、往路のラバウル―バラレ間を二時間、復路のブイン―ラバウル間一時間四〇分をしめしており、この二〇分の差を考慮にいれて、会敵時刻を決定する必要があった。

「気象班は、明日はおそらく無風だという。到着がはやくなるはずだ。〝ヤマモト〟を乗せた操縦士の心理をかんがえ、到着を九時四五分と見て、そろそろ着陸時間だと操縦士がかんがえているころ、すなわち九時三五分に〝ヤマモト〟と出合うようにしたい。これは想像でやっているんだ。一つだけはっきりしていることは、俺たちが遅れてはいけないということだ」

攻撃指揮官は、到着時間を逆算しながら言った。この長距離の待ち伏せ任務の成否は、すべてタイミングの問題であって、山本長官の時間厳守の性格が重要な鍵になっていた。

高々度戦闘機であるP－38は、日本軍に発見されるのをさけるため低高度飛行で大きく迂回するので燃料の消費がはげしく、増槽を装備しても帰投にはぎりぎりの量であった。そのため、会敵できても、空中戦に要する時間はひじょうに制限されていた。

待ち伏せ隊は、一機の中攻を撃墜するために〝狩人〟に四機をあて、他の一二機はカヒリ（ブイン）飛行場から飛びたってくるであろう、日本機迎撃の役目をおっていた。

待ちうけていた〝狩人〟

この時点でアメリカ軍は、中型攻撃機が二機でやってくるとは思っていなかった。

この事実は、アメリカ軍側の情報源が、スパイやコースト・ウォッチャーでなく、無線で打電された日本側の暗号電報の解読であることをしめしていた。

「……二番機は、一番機の左斜後編隊見事にして、一番機の指揮官席に在る長官の横姿も、中を移動する人の姿もありありと認められる。航空用図につき地物の説明を聞きながら気持よき飛行を味う……」

二番機に搭乗する宇垣参謀長の日記には、のんびりした一式陸攻の機内のようすが描かれている。一番機の機内も同様であったと思う。

編隊はブーゲンビル島北端のゴカ飛行場を左翼下に見ながら、悠然と静かに飛行していた。この日はとくに視界が良好だったので、基地の高台にある教会の赤いカワラが、あざやかに目にうつった。

宇垣参謀長は、乗機がブーゲンビル島の西側から高度を七~八〇〇メートルに下げ、ジャングルの平地の上を一直線に降下するとき、機長から「〇七四五バラレ着の予定」との紙片を受けとった。

宇垣は腕時計を見た。七時三〇分（注：日本海軍は東京時間を使用。ソロモン現地時刻九時三〇分）だった。あと一五分で着陸と思ったとき、機は不意に一番機にしたがって急降下を開始し、ジャングルすれすれ五〇メートルの高度に降り、一番機は右に、二番機は左に分離した。

P－38一六機は、海面すれすれの飛行から、大きく広がるもやの上を急上昇していた。その瞬間、ジャングルの上にそそり立つ山なみがみえ、ブーゲンビル島が突然、視界に飛びこんできた。

編隊は、海岸線とほとんど直角に飛行進路をとって、島にむかった。

時刻は九時三四分、攻撃指揮官は、目的地に予定より一分早く着いたことで、いちまつの不安が脳裡をかすめた。

「ヤツはいったいどこにいるんだ」

「ボギー、一一時の方向！　高いぞ」

指揮官はいそいで機数をかぞえた。おかしい、爆撃機は一機でない。

攻撃側は、掩護戦闘機の六機はまちがいないので「ヤマモト」の一行と確信したが、二機のうち、どちらの爆撃機に「ヤマモト」が搭乗しているか知る方法はなかった。

〝狩人〟二機は、山本長官機一行とおなじ高度をたもとうと、真一文字に駆けあがっていった。別の二機は、増槽を落下させるため攻撃がおくれた。直掩の零戦は、下方からバンクする敵機の迷彩により、発見が瞬間的にややおくれた。直掩機は、最初にきた敵機を撃退したが、後続するＰ－38が長官機の後方に肉薄して射撃している。

「……敵ハ全然回避セズ勇猛果敢ニ陸攻一番機ニ突進セリ……」

事故調査概報は、山本長官の最後を次のように伝えている。

「……陸攻一番機ハ空戦中〝ブイン〟ニ侵入スルヲ断念シ海岸ニ不時着セント決意セルモノノ如ク機種ヲ南方ニ向ケタルモ発動機ノ損傷ニ依ルカ又ハ火災ノ為操縦意ノ如クナラザリシ為カ海岸ニ達シ得ズ胴体一面火焔ニ包マレツ、滑空モイラ岬ノ二〇二度九・八浬地点密林中ニ浅キ角度（約五度……）ニテ突入炎上セリ……」

十八日午後七時八分、東京にある海軍省通信課は、南東方面艦隊長官発（機密一八一四三〇番電）の暗号電報を受信し、二時間一七分後に翻訳を完了すると、ただちに海軍省首席副官に伝え、秘書官をつうじて海軍大臣に提出した。

「聯合艦隊司令部の搭乗せる陸攻二機、直掩戦闘機六機は本日七時四〇分ごろ、ブイン上空ふきんにおいて敵戦闘機十数機と遭遇空戦、陸攻一番機（長官〈A〉軍医長〈C〉樋端参謀〈E〉副官〈F〉搭乗）は火を吐きつつブイン西方一一浬密林中に浅き角度にて突入、二番機（参謀長〈B〉主計長〈D〉……）はモイラ岬の南方海上に不時着せり、現在までに判明せるところによれば〈B〉〈D〉（いずれも負傷）のみ救出せしめ、目下捜救援助手配中」

知らせをうけた海軍次官、軍務局、人事局の両局長は、ただちに機密保持および人事などにかんする協議にはいった。

その後、現地から「搭乗員等につき調査せる情況」の詳細が送られてきた。

この二通の電報をもとに航空戦の状況を仔細に検討し、敵戦闘機の出現は偶然なものではなく、あらかじめ長官一行の行動を確認して計画的に行動しなければ、このようなことは起こりえないと判断し、現地にたいし、本件に関係ある山本長官の行動および、その予定にかんするいっさいの電報の発受信状況を報告するよう命じた。

調査の結果、南東方面艦隊司令部は、ラバウル方面では三通の電報が発信されていること、ブイン、ショートランド方面の通信その他は調査中で、送信原文は航空便で送ることを報告した。

しかし、ショートランド基地にたいする調査は、第十一航空戦隊が四月十五日に解隊され、直後に開隊した九三八空には、とくにおこなわれなかった。

戦後になって、ショートランド水上基地司令官（九三八空司令）がレカタ基地にたいし、航空機用F暗号をつかい、使用電波六〇〇〇キロサイクル台で山本長官の行動を打電していたことが判明した。

ところで、ラバウル東基地指揮官からバラレ基地指揮官あてと、長官搭乗の陸攻から飛行中にバラレ航空基地にあてた二通は、十八日当日の電文のため、アメリカ軍の迎撃作戦立案に関係ないと考えられたが、のこる一通の電文は検討に値いするものだった。

「機密第一三一七五五番電

着信者：第一根拠地隊、第二十六航空戦隊、第十一航空戦隊各司令官、九五八空司令、バラレ守備隊長。

受報者：GF（聯合艦隊）長官、発信者：共符。

本文：発NTF（南東方面艦隊）長官、八F（第八艦隊）長官。

聯合艦隊司令官、セツア（四月十八日）左記ニ拠リRXZ（バラレ）・RXE（ショートランド）・RXP（ブイン）ニ実視セラル。

㈠〇六〇〇中攻（戦闘機六機ヲ附ス）ニテRR（ラバウル）発〇八〇〇RXZ着、直ニ駆潜艇（予メ一根ニテ一隻ヲ準備ス）ニテ〇八四〇RXE着、〇九四五右駆潜艇ニテRXE発、一〇三〇RXZ着（交通艇トシテRXEニハ大発、RXZニテハ内火艇準備ノコト）、一一〇〇中攻ニテRXE発、一一一〇RXP着、一根司令部ニテ昼食（二十六航空戦隊首席参謀出席）、一四〇〇中攻ニテRXP発、一二四〇RR着。
㈡実施要領：各部隊ニ於テ簡潔ニ現状申告ノ後隊員（一根病舎）ヲ視閲（見舞）セラル。但シ各部隊ハ当日ノ作業ヲ続行ス。
㈢各部隊指揮官、陸戦隊服装略綬トスル外当日ノ服装トス。
㈣天候不良ノ際ハ一日延期セラル」

暗号漏洩のかすかな徴候

四月二十日午前、東京の海軍省では現地からのこの報告で、山本長官の行動の詳細が打電されていることを知った。この日の午後「A機生存者一二、遺骸収容中」との報で、山本長官の死が確認されている。

この第一三一七五五番電は、戦略常務用暗号書の波暗号一般使用規程軍極秘で打電された。波暗号書は、昭和十七年五月二十八日に海軍暗号書「D」が「D1」に、そして八月一五日の暗号大改革で「D1」が「呂」（戦略常務用）と「D2」（一般常務用）に更新され、ひきつづき一〇月一日に「D2」が「波」暗号と名称変更されたものであった。

そして「呂」暗号の使用頻度軽減のため、戦略常務用として潜水艦、小艦艇、警備隊、防備隊などの陸上部隊に広範囲に配付され、数字五ケタの乱数方式の暗号だった。

しかし暗号書の更新は、暗号書の収容原語をそのままにして、各原語に割りあてられた暗号のみをかえるのが通例だった。

南東方面艦隊司令部は、この電報を敵が解読しなければ、山本長官の行動の詳細を諜知するのは不可能だが、波暗号書の乱数表が二週間前の四月一日に変更されているので、理論的に機密第一三一七五五番電を解読するのは不可能とみて、この事件は偶然の遭遇の結果と判断した。実際には、四月一日に更新されたのは呂壱乱数表第四号で、期間は四月一日から同月十四日までだった。

司令部参謀の大多数は、この事件を知って最初に感じたのは、暗号が解読されたためだと思ったという。

そして、南東方面艦隊とすべての通信隊および特設通信班を指揮できる権限をもつ第一連合通信隊が、協同調査で現地の海軍暗号電報の機密漏洩を調べているとき、現地の陸軍部隊のなかで、部内に知らせた暗号電報がもれたという内輪話がとびだしてきた。

山本長官巡視にかんする電報の宛先は五つで、第一根拠地隊（ブイン）、第二十六航空戦隊（当時戦闘機はブイン、中攻隊はラバウル）、第十一航空戦隊（ショートランド島対岸のポポアラング島）、九五八空（ラバウル来）、バラレ守備隊長（バラレ島）といった海軍の出先部隊だった。

このうち、二十六航戦の司令官上阪香苗少将は、十三日の当日はラバウルにおり、十八日にブインに帰投した。参謀石黒進中佐は、山本長官巡視にかんする電報はいっさい打電されていないと証言している。

ブインの第一通信隊（第一根拠地隊所属）の電信当直員は、NTF第一三一七五五番電が、ラバウルの第八通信隊の放送通信系と南東方面艦隊一般短波系の二波を併用して二回送信されるのを聞いて、電信員の一般常識をいっしていると感じていた。

第一根拠地隊では、山本長官の行動にかんして各見張所に通知せず、通信文のなかにある駆潜艇の準備は、艇長を司令部に招致して口頭で伝えた。また、第十七軍司令部には根拠地隊内の陸軍の連絡将校が直通有線電話で通報したのだった。このように、まったく無線を使用していなかった。

九五八航空隊司令は、ラバウルにおいて山本長官が十六日に海軍部隊の指揮官以上を参集したとき、その一員として参加していた。

第二十六航空戦隊司令部は、有線電話でブインの佐世保第六特別陸戦隊本部に、長官がブイン巡視に出かけてくることを通知した。

第十一航空戦隊司令部は、詳細な山本長官の行動にかんする電報を受信し、司令官は幕僚をあつめ「最前線において司令長官の行動を詳細に無線電報で打電することは不適当」と述べ、いそぎラバウルに飛び暗号がもれている恐れがあると、山本長官自身に巡視の中止を宇垣参謀長同席のもとに申しいれている。

山本長官は「……一度行くと言ったからには、行かないわけにはいかない」と言って、翌日、バラレにむけ、日帰りのつもりで飛びたったのである。

巡視一行の第一の着陸地であるバラレ飛行場は、ブーゲンビル島の南端沖にあり、ショートランド島の東側に位置する小島の海軍飛行場だった。昭和十七年（一九四二年）秋ごろより造成に着手し、昭和十八年一月下旬に完成した。

ソロモン諸島にかんする写真偵察をもとにアメリカ軍の判読班が作成した地図は、バラレが一二月二十日、ガダルカナル島の飛行士の報告によって、飛行場に展開する使用準備が可能となったことを知ったことをしめしていた。

バラレ基地指揮官は、第十一航空艦隊司令部付の大佐で、長官の行動の詳細をバラレ基地所在の陸軍部隊指揮官に通報したが、基地いがいの陸軍部隊には打電することはなかった。

飛行場の整備は海軍側の責任下にあり、海軍側の警備を援助するために、第十七軍の岩佐部隊が派遣されていた。

また、バラレーブイン間の陸軍側通信処理のため、第十七軍通信隊から下士官を長とする通信暗号員二〇名が派遣されていた。

海軍側から通報をうけた陸軍守備隊長が、上司である第十七軍司令官の百武晴吉中将に、山本長官の行動予定を機密第一三一七五五番電と同一の通信文で報告した。

使用無線機は陸軍側装備である五号（到達距離約一〇キロ）で、使用周波数三〇六〇キロサイクルをつかい昼間の一二時三五分ごろ打電された。使用暗号は部隊換字表で、乱数表は第十七軍内で作成されたものであった。

そこで、疑いはあるものの、アメリカ軍傍受の対象となる可能性がすくないとされ、原因からはずされた。しかし、うわさは残った。

第十七軍司令部は、このバラレ守備隊長からの電文と、第一根拠地隊および第二十六航空戦隊両司令部からの有線電話で、山本長官の巡視を知ったのである。しかし、山本長官の行動予定を隷下部隊長に打電する必要を感じなかったので、わずか数キロのエレベンタの第六師団に有線電話で知らせただけだった。

調査の結果、出先現地において、山本長官の行動に関係する強度の弱い暗号電報は、海軍側からは出ていないとの結論にたっした。もし暗号が解読されていたならば、敵は来襲するかも知れないとの判断のもとに、おなじ暗号書で南東艦隊長官他二名が、おなじ編隊でムンダの飛行基地を視察するという偽電を発したが、アメリカ軍側はなんら反応をしめさなかった。

調査団は、暗号長の「技術的に見て解読のおそれは絶無」という所見をつけ、「暗号電報による機密漏洩のいかなる徴候も認められない」という報告書を提出した。

東京でも事の重大さにかんがみ、暗号関係者は真剣な調査をおこなっていた。

そして、「い」号作戦第二期戦闘概報の末尾に「本職四月十八日ショートランド方面実視のうえ、四月十九日将旗を武蔵に復帰の予定」を発見した。

しかし、宛先が大臣、総長であり、使用暗号は「呂」三軍極秘で、周波数四九九〇キロサイクル、艦隊司令部以上だけが所有する使用規程により、もっとも高い機密度だったので、解読されることはあり得ないという結論にたっした。こうして山本長官機の撃墜は、偶然の遭遇によるものとされたのである。

しかし、現地の南東方面艦隊草鹿任一長官は、「い」号作戦前に、わが方の暗号がとられているふしがあると感じていた。そして、二度ほど海軍省軍令部第四部（東京）に暗号被解読の不安を進言したが、そのつど心配ないから安心して使用せよとの返答をうけていた。

おなじように聯合艦隊先任参謀黒島亀人大佐も、ソロモン方面航空作戦のとき、どうもアメリカ軍側がこちらの手の内を知っているような気がして、幕僚間の話し合いのさい、暗号が解読されている疑念があるので、十分に調査してほしいと申し入れたことがあった。

いずれにしろ証拠がなく(皮肉にも戦後、暗号解読の成功例として代表的な証拠は山本長官機撃墜だった)、「絶対に解読できないようになっている」という軍令部第四部の返事にもかかわらず、暗号にたいする不安が頭から去らなかった。

情報戦にかけるアメリカ海軍の執念

戦後の第一線将校の直感の正しいことが、この事件後三六年をすぎたころから、しだいに明らかになってきた。それは、アメリカの国家安全保障局が、第二次大戦におけるアメリカ海軍通信諜報班の活動を報告した機密文書の秘密を解除したからである。

公開された情報資料は、山本長官の巡視にかんする翻訳された電文が二通あり、ソロモン海域における日本海軍の艦艇(潜水艦をふくむ)、輸送隊の行動予定(その電報の形式は、山本機巡視予定電と類似したパターンをもっていた)および「イ」号作戦関係をふくんだものであった。

暗号解読は、外交手腕と国際陰謀の歴史のなかにあって、古くよりずっと重要だった。通信手段が未発達だった昔は、情報が相手先に到着するのに数週間かかるかもしれない特別の使者に委託していた。

現在、指揮官の重要な決断は、即座に部下に伝えられる。無電は、通信を必要な早さにおうじて伝える手段を提供したが、こうした空中電波の使用は、秘密保全の問題を生みだしていた。敵味方双方が、通信文のすべてを傍受することが可能となり、無電に聞きいる者が、その通信文の内容を知ることができるようになったからである。

とくに、外交と軍事の分野における無電使用の増加にともない、現実主義者は暗号破りの作業の強化を指示した。

指揮官は、自分が発した通信文の短時間内での配布を心配する必要がないと同様に、暗号の安全に注意をはらわねばならなくなった。暗号破りの重要性は、無電とその後の無線諜報の急速な発展により、突然に増加した。

そして無線通信文は、受信機を所持するすべての者に暴露されるという認識のもとに、歴史的に最高に難解な語句暗号と数字暗号を生みだす技巧をもたらした。

その結果として、各国は敵の通信文から情報をひきだし、その諜報をおこなうことのできる最高度に専門的な暗号解読家を活用するようになったのである。

アメリカ海軍の通信諜報組織は、暗号を解くという学究的な分野での成功は達成しなかったが、まったく付随的にすぎない、解読にかんする手段によって、戦術的情報をひきだす方法を生みだした。

一九二二年（大正十一年）にアメリカ海軍情報部は、ニューヨークの日本領事館に数度にわたって忍びこみ、日本海軍の暗号書を一ページ、一ページ写真にとり、四年ちかくかかって、これを翻訳していた。そして、その後におこなわれた日本海軍の演習時の通信を傍受して、日本艦隊の行動パターンを学習していたのである。

情報は、二つの重要な手段によって、無電から入手されていた。一つは暗号解読、そしてもう一つは、通信解析と呼ばれる方法だった。

暗号解読とは、意味をかくしている語句暗号、または数字暗号による通信文の内容をあきらかにする手順である。

一方の通信解析は、通信の流れと交信量、着信者と発信者、使用周波数、無線士の打電の特徴、優先順位、呼出し符号、そして通信文その他の形式（通信文の長さなど）をもとに、暗号解読でない方法によって敵の通信文から情報をひきだす方法である。

無線方位測定（傍受網の整備）および無線士の送信の特徴と送信機の送波の特質（注：オシログラフを活用したといわれている）の同一性の確認が、この分野においてきわめて有効となる。

暗号解読と通信解析との密接な協同作業は、戦略と戦術にかんして価値ある情報をもたらした。通信先の確認は、日本の陸海軍諸部隊の命令系列を浮かびあがらせ、艦隊の行動、兵力組織から、相手方の作戦行動が、いつどこではじまろうとしているかを予測することができた。

欺瞞通信や無線封止で相手をまどわせる手段は、それを長期的におこなうことは困難だった。

大戦中、アメリカ海軍通信諜報班は三つの局で構成され、たがいに密接な情報交換をおこなうCOPEK（コペック）システムでむすばれていた。

無線諜報の中枢となるワシントンDCのネガト局（時におうじてその呼称は、NAN、NSSと使いわけられていた）、日本軍のフィリピン占領後にオーストラリアにうつったメルボルン局（前身はキャスト局、同様にベルコネン、T2W、ベーカ、FRUMELと呼称していた）、そして真珠湾奇襲の一〇日後に日本海軍の五ケタ数字暗号解読の中心になったハイポ局（同様にNPM、FRUPAC、HOWがつかわれた）は、傍受局の特質によって入手した日本海軍の暗号電報の分析、解読、翻訳をおこなっていた。

彼らが、山本長官の巡視の詳細な日程を暗号化した、五ケタ数字のモールス通信の秘密をあばいたのである。

解読された日本軍の暗号

当時、この翻訳電文は、最高秘密のなかの極秘事項「ウルトラ」の指定をうけ、ほんのひとにぎりの人しか見ることができなかった。太平洋戦争中に解読した生電文（なまでんぶん）が作戦実行部隊にしめされたのは、山本長官機待ち伏せ作戦のみだったといわれている。

日本の敗戦のおよそ一ヵ月後、ワシントン発のエックスチェンジ電は、アメリカが日本の暗号を判読して、山本元帥の搭乗機を探知し、陸軍機が待ち伏せして撃墜したことを世界に公表した。

旧日本海軍の暗号関係者は、この事実を知っても、厳重に守られた日本海軍の暗号解読報から機密が漏れたと信じる者はいなかった。またアメリカも、この電文の現物を、長いあいだ公表することはなかった。

日本海軍の暗号専門家が、山本長官の日程を伝える第一三一七五五番電がアメリカ軍側に解読されていないと信ずるのには、理由があった。

暗号の正攻法による解読は、原則的に同一乱数の反覆頻度や、通信文における同一語句の反覆頻度が大きいとき、敵側に解読のきっかけをあたえる原因となる。しかし五回から六回くらいの同一乱数の反覆ていどでは、当時の日本海軍は解読不可能とかんがえていた。

かりに波暗号書の原本が敵に入手されていたとしても、四月一日に乱数表を更新したので、二週間以内での同一乱数の反覆頻度では、常識的にみて解読できないと判断したのである。

あるいは、更新した「波」の乱数表の作製中か、乱数輸送中、もしくは前線の部隊に配布したのち、暗号事故によって敵の手にわたることもかんがえられるが、この時期、そのような事故は起きていなかった。

しかし、秘密解除されて公開された資料は、第一三一七五五番電がアメリカ軍側に解読されたことをしめしていた。

その電文を分析してみよう。

電文のコピーの最上段に『I　KA　MI（ガダルカナル作戦諸部隊）、DE：SO　SU　FU（ラバウル通信隊）U　TU　785　W　176』と記録された部分がある。これは日本海軍の送信方法を、傍受のときに記入したものである。

アメリカ海軍通信部は、日本海軍の送信方法がつぎのような手順でおこなわれるのを知っていた。すべての通信は、はじめに送信局が受信局に連絡をとり、送信をはじめるか否かの感度と問いをもとめてから開始する〝R〟方法でとりあつかわれていた。

例をしめすならば、次のような形式となる。

『ATE　3　DE　SO　SI0　KAN?　YU　FU　KURE?』

ATEは呼びだされた局、DEは発信局（国際モールス）。SO　SI0はくり返し相手を呼ぶ場合で、KAN?は通信感度をたずねている。KURE?は送信をはじめてよいか、ということを意味する。

すなわち、解読され電報は、ラバウル通信隊（いわゆる八通放）がガダルカナル作戦の諸部隊にあてたことをしめしている。そして『4／13175』の数字は、この電文が機密第一三一七五五番電であることをあらわしているのである。

『（TO1　4／140009／1　on　4990　A　KCS）BT』は、電報の傍受が四月一四午前〇時九分で、使用周波数が聯合艦隊、艦隊通信系の短波帯である四九九〇キロサイクル、「BT」はカナ符字「メ」をしめしている。BTはカナと数字混在電報の本文を意味する。

この四九九〇キロサイクルが、ラバウルの第八通信隊の使用する電波の一つであることは、「い」号第二期作戦戦闘概報（其ノ二）と（其ノ三）を伝える機密第一六一一〇一番電および第一六一一〇七番電の使用周波数との照合であきらかだった。

そして、山本長官の詳細な日程が判読されたのは、アメリカ海軍通信諜報班が行動予定の類似電報を、かずおおく解読、翻訳する作業になれていたからだった。

電文のなかの中攻、巡視ス（アメリカ軍はこの翻訳にVISIT「訪問する」をあて「?」につけていた）と時刻の一五時四〇分、そしてRXZ（バラレ）の語句いがいは、いずれも四月一日から十三日のあいだに傍受された電文のなかに、二回から八回にわたる同一語句の一致がみられた。とくに「ラバウル着と発」はおおかった。

解読された電文のいくつかの例をしめそう。

『……掩護された八隻の船団は、十二日一六〇〇高雄を出港、十八日一〇〇〇到着の予定……』

『（新型潜水艦）……にむけ〇九〇〇ラバウルを出港』『外南洋部隊作戦命令第一四一号。輸送隊の予定、四月六日一六三〇パラオを出港、速力七ノット。四月十二日〇六〇〇、OIBに到着』

『零式戦闘機一〇機は、四月七日準備をおこなう。八日〇六四五トラックを出発し、ブラウンを経由して（空白部分）に進出する。そして（空白部分）の日付の一〇〇〇に到着する』

『……戦闘詳報……ラバウルを四月十日の一〇〇〇出発した。十一日〇〇三〇（空白部分）に到着。陸軍兵一〇三名と（空白部分）の四五トンを揚陸した。十一日一二〇〇ラバウルに到着。（空白部分）十日一〇三〇にラバウルを出発した。二二一三、〇（空白部分）に到着した。……〇八二五ラバウルに到着した……』

『外南洋部隊作戦命令第一四八号。……一日延期される』

また、聯合艦隊司令長官の五ケタの数字暗号は、二回使用されていた。ひとつは機密第〇八一八一一番電（「い」号作戦第一期戦闘概報）、二度目は機密第一〇一一〇五番電（電命作第五六号）にその語句があった。

そのほかにも、第六空襲部隊の戦闘詳報を伝える機密第〇三〇六五〇番電と第一三〇九四三番電も、ほぼ全文が翻訳されていた。

報告された山本機の日程

日付をヒラガナ三文字であらわす暦日換字暗号も、正確に復元されていた。山本長官の日程の「セツア」は十八日で、「セテイ」が十九日、そして「セキネ」は二十四日をしめしていた。

『聯合艦隊司令長官は、四月十八日次の予定にしたがってバラレ、R（空白部分）そしてブイン航空基地を訪問（?）する。
1、六機の戦闘機によって掩護された一機の中型攻撃機で〇六〇〇ラバウルを出発、〇八〇〇バラレ到着……〇八四〇R（空白部分）に到着する。……〇九四五R（空白部分）を出発、そしてバラレに一〇三〇（?）到着。一機の中型攻撃機で一一〇〇（?）にバラレを出発、一一一〇ブイン着。……一機の中型爆撃機で一四〇〇ブインを出発、一五四〇ラパウル着。……悪天候の場合は一日遅れる』
最初にこの電文を報告したのは、ハワイのハイポ局だった。時刻は十四日の午前一時八分と記録されている。そして八時間後、ハイポ局はこの情報を諜報局共通の呼出し符号COMBを使用して、他の解読陣に伝えた。

電文の参照欄には、星印二つが記入され、「ヤマモト自身」の情報であることをしめしていた。

星印一つは興味ある電報をしめし、星印二つは、最重要かつ緊急事項であることを意味していた。

復元できなかった不明の個所「R——」は、電文のなかの行動順序から、バラレから駆潜艇で四〇分のところと考えると都合がよかった。

写真偵察と判読班が作成したソロモン諸島のブインーファイシーの地図は、ショートランド島に日本海軍の水上機基地と艦戦の港がある印を表示していた。したがって「R——」の部分は、ほんらい「RXE」と復元されるべきもので、ショートランドを意味していた。

しかし、通信諜報班は、二ヵ月前には伊号第十九潜水艦が『……二月一日〇五〇〇RXEショートランド沖に到着する……』と正しく復元していたのである。

ハイポ局は、「ヤマモト自身」にかんする付加情報として、その六分後に「十八日ヤマモトのショートランド訪問」と題する情報を流した。その電文の末尾には、解読陣の気持ちをあらわすかのように「かかれ、野郎をやっつけろ」の言葉が書きくわえられていた。

十四日二一時五七分、ワシントンのネガト局は、その日の管区域諜報に、翻訳された日本海軍の電文が、さしせまった訪問と予定時刻に関連していることを記録した。

十五日六時四三分、オーストラリアのメルボルン局の管区域諜報は、第八根拠地隊が第十一航空戦隊、南東方面艦隊、第二〇四航空隊と第八十一守備隊に通報した（注：着信者は復元できず）電文を、解読記録としてのこした。

『山本司令長官の特別訪問のあいだ、警戒隊はこれまでの作業をおこなう。基地にたいする空襲にかんする状況から、次の準備をおこなうことを要請する（以下略）』。本暗号は「海軍暗号表Z

甲」で組み立てられていた。

総体的諜報の解説は、「空中でヤツをとっ捕まえろ」だった。

十五日六時五二分、メルボルン局はウルトラ連番八八号の情報として、二つの翻訳電文を要約し、星印二つをつけて南西太平洋部隊司令部の情報局に伝えた。マッカーサー将軍は、このウルトラ電報をみたと推測される。

二つの通信文の内容から、「ヤマモト」の行動予定はまちがいのない情報と判断された。

翻訳されていた「波」暗号

公開された機密文書は、傍受した電報の翻訳を通して、聯合艦隊司令長官山本五十六海軍大将の視察計画の内容をつかむことができたことを明記していた。

ここで「解読」という言葉がつかわれていないのは、興味のあるところだ。「翻訳」とは、正当な暗号の所有者が暗号化の逆操作によって原文にもどすことを意味している。

アメリカの解読陣は、日本海軍の暗号員が暗号電報を解くとおなじ方法で、山本長官巡視電の翻訳をおこなったのだろうか。それはまさに、日本海軍暗号「波」の新乱数表で組みたてた暗号を解読したことをあらわしている。

機密解除された文書は、アメリカ解読陣がはっきりと「波」暗号を解読した証拠を明記していない。記録にのこされている暗号群の種類をしめす部分は、戦術的な意味あいでなく、戦略的な考慮として、秘密保持のために削除されていた。

しかし、その可能性をしめす証拠が、機密文書にはふくまれていた。

一つは、五隻の呂号潜水艦がソロモン海域への出撃を命じられた電文の翻訳と、もう一つは、傍受された電文によって暴露された「い」号第一期作戦戦闘概報の情報だった。

前者は、南東潜水艦隊が三月末に発信した電文で、従来の乱数表によって組みたてられた戦略常務用の「波」暗号で交信していると思われた。しかし後者の電文は四月八日、聯合艦隊司令長官から発信されているので、更新された乱数表にもとづいての暗号文と思われる。

結果は、どちらも翻訳されていたのである。

『南東潜水艦隊作戦命令第六号、呂一〇〇、呂三十四、呂一〇一と他の二隻は未確認艦が（空白部分）作戦に関連してつぎの位置に占位し、QKUとQL（マライタ？）海域に侵入してくる敵艦艇を捜しもとめ攻撃せよ。潜水艦名呂一〇〇、哨戒区域到着日時Xマイナス一日、哨戒区域（空白部分）（A区）……略……呂三十四は気象と敵諜報を報告せよ』

この電文にたいするネガト局の解説は、次のようなものだった。

『南東潜水艦隊作戦命令第六号のなかで言及している作戦名の暗号群D－25の（次の部分削除）は、ヒラガナの「い」である。それゆえに、この作戦は「い」号作戦である。X日の日時Lは、この電文のなかにふくまれていないので、われわれは他の電文を徹底的に調査している』

こうして山本長官がみずから陣頭指揮をとる「い」号作戦の存在は、暴露されたのである。

日本軍の計画した空襲のすべては、ウルトラ情報源を通じて知られていた。また、潜水艦部隊の使用暗号は、戦略常務用の数字五文字の乱数方式である「波」暗号だった。

「い」号第二期作戦戦闘概報は、三つの電文にわかれて送信されていた。（其ノ一）は使用暗号書「呂三」軍極秘で八通放から、（其ノ二）は使用暗号書「波一」軍極秘で四通放、（其ノ三）は使用暗号書「呂三」軍極秘で八通放からそれぞれ打電されていた。「波一」で打電された（其ノ二）の部分は、『戦果ナラビニ被害、（イ）第二期作戦総合戦果』の内容をふくんでいた。

公開された機密文書には、この部分を解読したという記録はなかったが、「い」号作戦第一期作戦戦闘概報の解読記録がふくまれていた。

『機密第〇八一八一一番電＝発信者なし（おそらく共符を意味する）聯合艦隊司令長官より。

(1)略。

(2)戦果と被害。戦果：敵の沈没＝大型輸送船二、中型輸送船六、小型輸送船二、巡洋艦一、大型駆逐艦一（注：日本電文には計一二隻が記載されていた）。

大破＝中型輸送船一（ここでは小型輸送船一と計二隻が抜けている）。小破＝大型輸送船一。

敵機撃墜＝三六。損傷をあたえた機数＝一二。被害（撃墜〈原本は自爆〉と未帰還）＝戦闘機（艦戦）一二、爆撃機（艦爆）九』

(3)の部分にたいする作業は、復元語の不足のため判読できない部分がつづいているが、ガダルカナルと諸作戦に言及していた。

原文は『(3)所見：無線諜報などにより判断、敵がガダルカナル島周辺に多数の艦艇を集中、積極作戦の気配濃厚なりしも、本作戦により、とうぶん当方面における敵の反抗企図を撃砕し得たるものと認む』であった。

この電文の戦果と被害の部分は、正確に解読されている。そして、この電報の使用周波数、使用暗号を記録した原本がないため断言できないが、「い」号第二期作戦の（其ノ二）の電文と同程度の暗号が使用されていたと仮定してもよいだろう。

海底に沈んでいた暗号書

なぜアメリカ解読陣は、新旧二つの乱数表で組みたてられた波暗号の通信文を解読できたのだろうか。

その原因と考えられるでき事は、山本長官機が撃墜される二ヵ月前、ガダルカナル島でおこっている。それは、アメリカ軍による暗号書回収の物語だった。

昭和十八年（一九四三年）二月十三日、アメリカ海軍太平洋艦隊司令長官は南太平洋艦隊司令部にあて、緊急電を発した。

『……できるだけ早く、航空便で敵潜水艦から捕獲した暗号書、もしくは通信資料を司令部に転送することを要請する。日本軍は、潜水艦内の機密文書について懸念している。暗号機械があるかもしれない。浮上させる前にすべてを発見することを望む』

この電報は、アメリカ軍が日本の潜水艦「伊号第一潜水艦」から暗号書を入手した状況をしめしている。その沈没艦が「伊一型」であることを確認し、さらに日本海軍が艦内の暗号書を心配しているようすを知ったのも、かろうじて判読できた傍受電からだった。

『伊一号指揮官、交戦報告＝一九時二隻の魚雷艇（注：ニュージーランド海軍のコルベット）と航空機二機によって攻撃された。糧食の揚陸を放棄して潜水した。潜水航走中に爆雷もしくは水中弾二発によって損傷をうけ、水上航走せざるを得なかった。一九時二〇分、さらに攻撃をうけ（空白部分）（カミンボ？）の北一キロの地点に沈没した。艦長は戦死。現在生存者四七名がカミンボにいる』

これにともない、「伊号第二潜水艦」が「伊号第一潜水艦」の破壊を命じられ、二月十五日夜、実行にむかったものの、魚雷艇の出現によって妨害され、目的をはたすことができなかったのである。

この魚雷艇の出現の裏には、通信諜報班の情報が、戦場に伝えられていたのだ。

こうしてアメリカ軍は、沈没した「伊号第一潜水艦」の司令塔内から二冊の暗号書（四つのヒラガナ使用）と一冊の別の潜水艦の暗号書（この部分削除）、そして四日間海中にただようことができる別の潜水艦の二冊の手引書を回収した。

太平洋艦隊情報参謀エドウィン・T・レイトンは戦後、このときの暗号書は赤い表紙で、初期の版から乱数表をみつけ、暗号の乱数表の更新を追跡するのに大いに役だち、日本海軍の主要な作戦暗号の体系は、定期的な暗号の鍵の変更いがいは、実質的にかわらなかった——と回想している。

日本海軍は、戦略暗号書「波」と戦術暗号「乙」と「F」が敵手にわたった可能性きわめて大であると判断して、使用規程および乱数表を変更した。

それでも山本長官機は、味方制空権内で撃墜された。聯合艦隊司令長官山本五十六海軍大将は、前線将兵の士気の鼓舞と、陸軍第十七軍司令部をたずね、ガダルカナル島の激戦の労をねぎらう旅の途中、戦死したのである。最近秘密解除された記録は、山本巡視電には、波壱使用規定で組み立てられた乱数表第二号が関係していたことをしめしていた。

（「丸」一九九三年五月号　潮書房）

CLASSIFIED — COMMANDER IN CHIEF U. S. PACIFIC FLEET — INCOMING

SECRET 142157 O P

FROM UNKNOWN ORIGINATOR IN JN25E ON APRIL 13TH AT 1755 - 19912
ACTION ROHI ROHI 2 (SOLOMONS DEFENSE FORCE) UNIDENT HONO HONO 8,

KUTA KUTA 2 (AIR GROUP 204) YOYO YOYO 2 (AIR FLOTILLA 26) ENCIPHER-
ED BALLALE GARRISON COMDR INFO UNIDENT NOKA NOKA 1 XX "FROM CINC

SOUTHEASTERN AIR FLEET X ON APRIL 18TH CINC COMBINED FLEET WILL
VISIT RXZ, R BLANK AND RXP IN ACCORDANCE FOLLOWING SCHEDULE X

1 X DEPART RR AT 06 HOURS IN A MEDIUM ATTACK PLANE ESCORTED BY 6
FIGHTERS X ARRIVE RXZ AT 08 HOURS X PROCEED BY MINESWEEPER TO

BLANK ARRIVING AT 0840 X (BLANK HAVE MINESWEEPER READY AT NUMBER 1
BASE) X DEPART R BLANK AT 0945 IN ABOVE MINESWEEPER AND ARRIVE RXZ

DATE 15 APR 43 CRYPTO-GROUP CBO JSP

ORIGINATOR	ACTION	INFORMATION
OPNAV 142157	COMB	

Adm	CofS	ACS	FSec	Fl Lt	OPERATIONS	PLANS	Int	Comm	Gunnery	Aviation	Personnel
X	X						4	X			

米太平洋艦隊司令長官の電文綴り・入電記録 142157秘密――最初の暗号解読文。下線で示す「聯合艦隊司令長官の4月18日の巡視電」である。日本側の暗号組立は暗号書JN25E、日本海軍暗号「波」であること、それが13日の1755番電であることも示している。まさに山本巡視電が米側に即日解読されたことを示す証拠である。

U.S. NAVAL COMMUNICATION SERVICE — COMMANDER IN CHIEF U. S. PACIFIC FLEET — INCOMING

CLASSIFIED

SECRET PAGE 2 142157

AT 1030 (?) (BLANK) X DEPART RXZ AT 11 HOURS (?) IN MEDIUM ATTACK
PLANE AND ARRIVE RXP AT 1110 X BLANK X DEPART RXP AT 14 HOURS IN

MEDIUM ATTACK PLANE AND ARRIVE RR AT 1540 X 2 X AT EACH OF THE
ABOVE PLACES THE CINC COMBINED WILL MAKE SHORT TOUR OF INSPECTION

AND AT BLANK HE WILL VISIT THE SICK AND WOUNDED, BUT CURRENT OPERA-
TIONS SHOULD CONTINUE X EACH FORCE COMMANDER BLANK X IN CASE OF

BAD WEATHER THE TRIP WILL BE POSTPONED ONE DAY" XX OPNAV COMMENT X
FURTHER DETAILS OF TRIP FIRST REPORTED IN H140108 X TRANSLATION

OF PARAGRAPH 2 IS FREE ONE

DATE CRYPTO-GROUP CBO

ORIGINATOR	ACTION	INFORMATION

Adm	CofS	ACS	FSec	Fl Lt	OPERATIONS	PLANS	Int	Comm	Gunnery	Aviation	Personnel

山本巡視電にある目的地、訪問先も解読されたことが示されている。

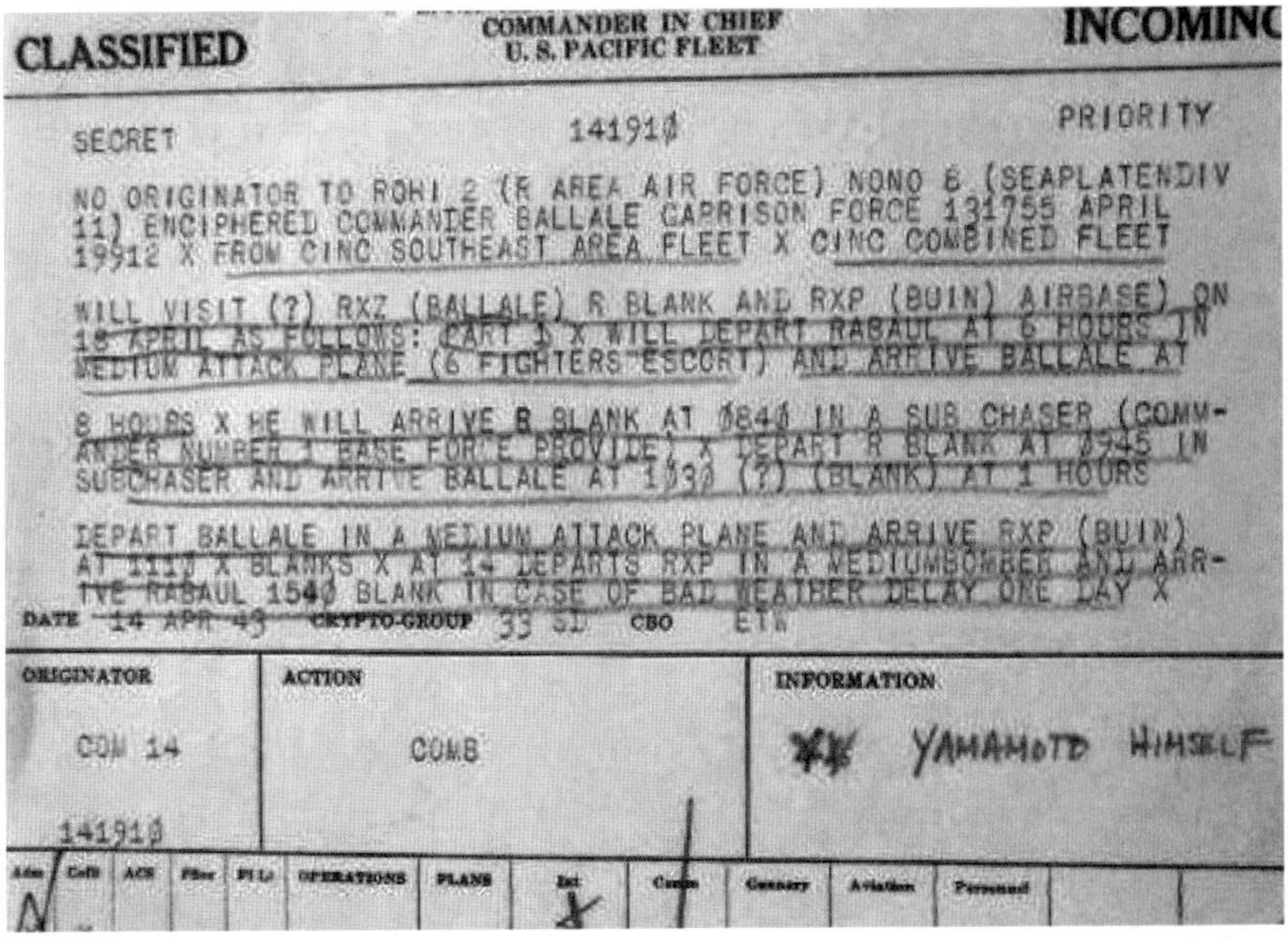

CLASSIFIED

COMMANDER IN CHIEF
U. S. PACIFIC FLEET

INCOMING

SECRET 141910 PRIORITY

NO ORIGINATOR TO ROHI 2 (R AREA AIR FORCE) NONO 6 (SEAPLATENDIV 11) ENCIPHERED COMMANDER BALLALE GARRISON FORCE 131755 APRIL 19912 X FROM CINC SOUTHEAST AREA FLEET X CINC COMBINED FLEET

WILL VISIT (?) RXZ (BALLALE) R BLANK AND RXP (BUIN) AIRBASE) ON 18 APRIL AS FOLLOWS: PART 1 X WILL DEPART RABAUL AT 6 HOURS IN MEDIUM ATTACK PLANE (6 FIGHTERS ESCORT) AND ARRIVE BALLALE AT

8 HOURS X HE WILL ARRIVE R BLANK AT 0840 IN A SUB CHASER (COMMANDER NUMBER 1 BASE FORCE PROVIDE) X DEPART R BLANK AT 0945 IN SUBCHASER AND ARRIVE BALLALE AT 1030 (?) (BLANK) AT 1 HOURS

DEPART BALLALE IN A MEDIUM ATTACK PLANE AND ARRIVE RXP (BUIN) AT 1110 X BLANKS X AT 14 DEPARTS RXP IN A MEDIUMBOMBER AND ARRIVE RABAUL 1540 BLANK IN CASE OF BAD WEATHER DELAY ONE DAY X

DATE 14 APR 43 CRYPTO-GROUP 33 SD CBO ETW

ORIGINATOR	ACTION	INFORMATION
COM 14 141910	COMB	** YAMAMOTO HIMSELF

Adm	CofS	ACS	FSec	Fl Lt	OPERATIONS	PLANS	Int	Comm	Gunnery	Aviation	Personnel

14191入電には山本巡視電の完成を示している。情報は「YAMAMOTO HIMSELF」を示し、山本長官の謀殺の根拠となる電文である。

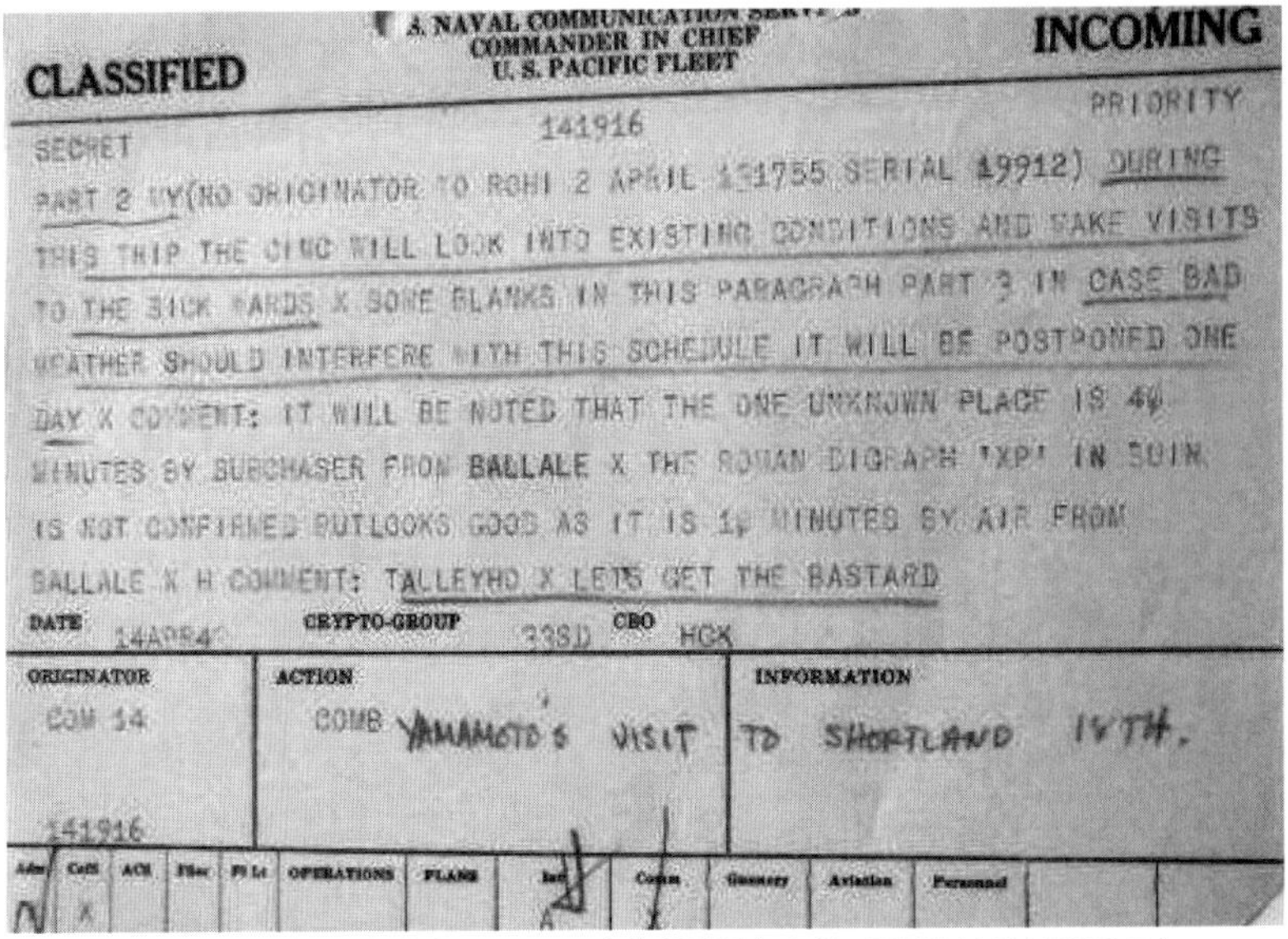

A. NAVAL COMMUNICATION SERVICE

COMMANDER IN CHIEF
U. S. PACIFIC FLEET

INCOMING

CLASSIFIED

SECRET 141916 PRIORITY

PART 2 OY(NO ORIGINATOR TO ROHI 2 APRIL 131755 SERIAL 19912) DURING THIS TRIP THE CINC WILL LOOK INTO EXISTING CONDITIONS AND MAKE VISITS TO THE SICK WARDS X SOME BLANKS IN THIS PARAGRAPH PART 3 IN CASE BAD WEATHER SHOULD INTERFERE WITH THIS SCHEDULE IT WILL BE POSTPONED ONE DAY X COMMENT: IT WILL BE NOTED THAT THE ONE UNKNOWN PLACE IS 40 MINUTES BY SUBCHASER FROM BALLALE X THE ROMAN DIGRAPH 'XP' IN BUIN IS NOT CONFIRMED OUTLOOKS GOOD AS IT IS 10 MINUTES BY AIR FROM BALLALE X H COMMENT: TALLEYHO X LETS GET THE BASTARD

DATE 14APR4 CRYPTO-GROUP 33SD CBO HGK

ORIGINATOR	ACTION	INFORMATION
COM 14 141916	COMB YAMAMOTO'S VISIT	TO SHORTLAND 18TH.

Adm	CofS	ACS	FSec	Fl Lt	OPERATIONS	PLANS	Int	Comm	Gunnery	Aviation	Personnel

山本巡視電は、最初に海兵隊ラスウェル少佐が翻訳するが、18日YAMAMOTOのショートランド巡視（VISIT）が判明すると、米海軍通信情報班全員で解読に当たり、巡視電は完成された。

of continuous current decryption. The final actions about Guadalcanal and Buna had taken place in February. In March was fought the Battle of the Bismarck Sea, costing the enemy 12 transports, 3 cruisers, 7 destroyers, 59 planes, and 15,000 troops. Also in March heavy reinforcements were driven back from the Aleutians. In April the Japanese suffered a different kind of blow. An E-14 message of 13 April at 1755 broke out as follows:

To: Solomons Defense Force
Air Group 204
AirFlot 26
Commander Ballale Garrison Force
From: CinC Southwest Area Fleet

On 18 April, CinC Combined Fleet will visit RXZ, R--, and RXP in accordance with the following schedule:

1. Depart RR at 0600 in a medium attack plane escorted by 6 fighters. Arrive RXZ at 0800. Proceed by minesweeper to R-- arriving at 0840....Depart R-- at 0945 in above minesweeper and arrive RXZ at 1030. Depart RXZ at 1100 in medium attack plane and arrive at RXP at 1110. Depart RXP at 1400 in medium attack plane and arrive RR at 1540.

140914電は日本側の使用暗号波一同乱数表3号を示している。当時日本海軍は「い号作戦」開始前の重大な時期だった。山本巡視電には定期使用の乱数表3号でなく、それ以前の古い波一同乱数表第2号が使用されたことが米軍資料から判明した。

ガダルカナル島カミンボ岬付近でニュージーランド駆潜艇「KIWI」と「MOA」により沈められた伊号第一潜水艦の海面に突き出た艦首部。1943年（昭和18年）2月11日、沈められた潜水艦をPTボートに乗った米陸軍情報部が調査中の状況。潜水艦の内部から極めて貴重な諜報関係資料「日本海軍の暗号書」を発見している。

From: NA TU TI (BASE FORCE #8) JN-20H 1221, 14 April.
To : HA HI A
E KU SE (Garbled)
Info: NA TI NI (SEAPLATENDIV 11)
KI NO KU (SOUTHEASTERN AREA FLEET)
HI WA N (AIR GROUP #204)
MA A ME (GUARD DIVISION #81)
WI TE SU

14 APR 1943

1) During the special visit of Commander Yamamoto, the Guard Detail(?) (KEIKAITAI) will act as heretofore.
2) In view of the situation regarding air attacks on the post (KICHI), request you make following arrangements:
a) Shift the post to the neighborhood of the rise(?) ___700 meters east of the present position by 15th.
b) Give consideration to construction of slit trenches and other defense devices.
c) Cause the 13 millimeter machine-guns to be brought up.
3) --- Blanks ---.
(BEL.-150643-DI)
GI COMMENT: The above despatch is a cipher, hence, there is no doubt about the word "Yamamoto". The word "Commander" probably should be "CinC". Schedule for the Commander-in-Chief's visit appears in items 64 and 65, pages 22 and 23, R.I. Summary 150500/Q April.

1943年（昭和18年）4月14日12時21分に傍受解読されたJN-20H（日本海軍暗号書Z甲-H）。14APR1943のスタンプが当日に処理された証拠である。疑いなくYamamotoと記されてありCinCは聯合艦隊司令長官であることを確認した証拠である。

18 APR 1943

Plane 5 NE SA 2 originated 2 encoded weather reports from Rabaul-Solomons area at 0505 and at 0535 which is unusual time for Nip plane weather mission.
(COM 14-181926-TI)
GI COMMENT: The late(?) Admiral Yamamoto was scheduled depart Rabaul at 0600 for Ballale.

山本巡視当日のラバウル－ソロモン地区の天候状況。GIの「山本提督はバラレに向け午前6時出発する」とのコメントが記載されている。

AI 23623 ~~TOP SECRET~~ DISPATCH

DRAFTER EXT.

FROM CINC FRUPAC

RELEASED BY

DATE 19 August 1945

TOR CODEROOM

DECODED BY NEAL

PARAPHRASED BY EXCAT CHECKED BY

ROUTED BY DITTOED BY

ADDRESSEES — ASTERISK (*) MAILGRAM ADDRESSEE

FOR ACTION: OP-20-G PPPPPPP

INFORMATION:

PRECEDENCE: PRIORITY / ROUTINE / DEFERRED / BASEGRAM

UNLESS OTHERWISE INDICATED THIS DISPATCH WILL BE ~~TOP SECRET~~ ADMINISTRATIVE. IF OPERATIONAL CHECK BELOW ☐

COPEK 190153

Originator fill in DATE AND TIME GROUP (Use G. C. T.)

ON OUTGOING DISPATCHES PLEASE LEAVE ABOUT ONE INCH CLEAR SPACE BEFORE BEGINNING TEXT

COPY

WENGER FROM HARPER. ~~TOP SECRET~~. URDIS 181452. FRUPAC FILES NOT SUFFICIENTLY COMPLETE IN MATTER OF DISTRIBUTION JN 25 ~~[redacted]~~, SYSTEM USED FOR ORIGINAL YAMAMOTO INTERCEPTED MESSAGE, TO RENDER PLAUSIBLE LOCATION OF PINCH. SUGGEST USE OF FACT THAT IN SEVERAL LOCALITIES JAPS BURIED CODES AND CIPHERS AS WELL AS OTHER CLASSIFIED MATTER AND ABOVE SYSTEM (NOT BY NAME) RECOVERED IN ONE OF THESE FINDS. ALSO SUGGEST STATEMENT THAT WIDE PUBLICITY ABOUT READING YAMAMOTO DISPATCH RESULTED IN ENEMY CHANGING SYSTEM SO THAT WE COULD NO LONGER READ THEIR MESSAGES. CONSIDER IT PARTICULARLY IMPORTANT THAT HIGH LEVEL CRYPTANALYSIS NOT BE DISCLOSED. PRESUME YOU HAVE CONSIDERED POSSIBILITY OF RECOVERY FROM SUNKEN OR DAMAGED VESSEL.

No. 1 ADMIRAL. No. 2 FILE. No. 3F-1 OR CHARTROOM. No. 4 SPECIAL.

ACTION: G

Info: GY-P G-1 G-5 G-11 GI-P

~~TOP SECRET~~

Handle only in accordance with "Top Secret" instructions contained in Article 76, Navy Regulations COPY NO.

1945年8月19日の「COPEK」190153の電報で山本長官謀殺に関係した日本海軍暗号がJN25であるとの後、黒く電文を消している。山本巡視電が如何に最高の機密であったかの証拠である。黒く消去した部分をオリジナルで透かして確認すると「12&15」の文字が見えた。それは日本海軍暗語書波一同乱数表第2号または3号を意味していた。別の解読班史にはJN25E-14（日本海軍暗号書波一同乱数表第2号）と明記されていた。

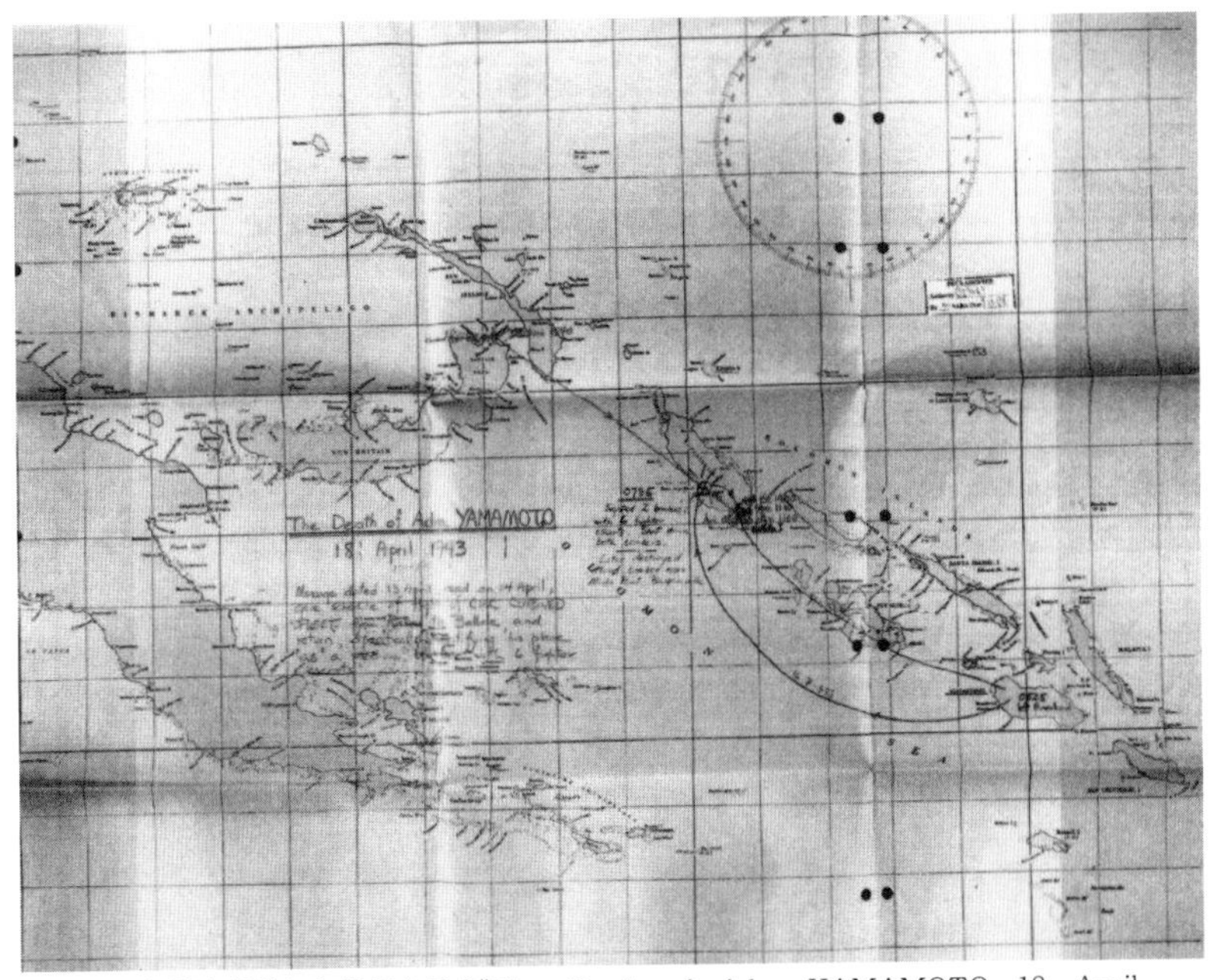

山本巡視機を撃墜した状況を示す"The Death of Adm YAMAMOTO 18 April 1943"の歴史的原図である。

山本長官機の墜落現場（白線で囲った部分）。事件翌日の1943年4月19日に、小柳海軍中尉が撮影。上方の矢印は海岸方向を示す。

ウルトラが掴んだ終戦へのカウントダウン

昭和日本のクライマックスとなった「終戦」は、今年（二〇一二年）の八月十五日で六七年目を迎える。終戦を決定したものは、二発の原子爆弾投下とソ連参戦との双方相関と一億総玉砕思想に対する終戦への強い意思と行動があったと言われている。

降伏の決定は、終戦主張者たちにとって命懸けのものであった。機密解除された米海軍通信諜報班文書（Summary of ULTRA Traffic）が捉えた終戦に向かう日本の動きを明らかにする。

米軍はどのような情報をつかんでいたのだろうか。本文書には、八月五～十五日の一一日間に一五九項目の情報が活用されていた。内容は特攻をふくむ軍事行動はもちろん、中国戦線、ジャワの独立準備委員会の情報から原子爆弾の効果、和平工作、バリックパパンの脚気用ビタミンB二〇〇グラムの要求など些細な情報もふくんでいた。

特攻兵器回天の性能が暴露

八月五日　ミステリー艦隊の発見：第二十九航空戦隊（注：高雄警備府所属）の銀河二機が敵機動部隊戦艦四隻、護衛空母三隻、巡洋艦二隻、駆逐艦五隻を視認したと報告した。銀河は七機のF6Fに追蹤され、一機が撃墜された。もう一機は台湾の新竹基地に帰投した。この発見報告は、聯合艦隊、第航空部隊、佐世保鎮守府等に指令が飛び交う程、敵に大騒ぎを引き起こした。五日以降下記（鎮海警備府・済州島所属第四十二突撃隊、特攻戦隊、舞鶴鎮守府に舞鶴突撃隊）の突撃隊が組織された。

日本の諜報：O諜報は九州に対する敵の攻撃の可能性を報告した。日本陸軍無線情報の解析は、七月三十日以降毎日、グアム基地は特定の宛先に送信するという非常に意味のある特徴を摑んだ。過去におけるこの現象は、進攻に先立つ（空白）週間の期間内に観測されていた。

八月六日　台湾基地の攻撃計画：七日午前五時以降、空襲部隊は、櫻花作戦実施を命令された。偵察隊の全可動機は通知三〇分前迄に準備する。三機編隊の零戦隊は攻撃二時間前に宜蘭、台中、台南各基地に準備する。別部隊は、損害を防止するために分散と隠蔽を実施する。台湾基地の航空戦隊の移動：第二十九戦隊は八月七日と八日に新竹から台南の航空基地に移動する。九五名の士官と下士官がこの移動にふくまれ、零式輸送機で実施される。

本土の作戦：部分的に読める電文による回天情報・八月中に回天一〇型合計四八〇艇が一一地

域に配備させる予定。回天一〇型は頭部炸薬量三〇〇キロ、速力八ノットで航続距離三万メートル、最大速力一四ノットであることが暴露された。特攻隊指揮官の電文から、回天八隻が七月中に移動する予定。八月十日の時点で回天約一一八艇が用意され、訓練目的に使用される。

特攻艇：本土沿岸に沿って水中特攻と特攻艇用の基地の隠蔽と擬装に最大の努力をしなければならぬ。最近の聯合艦隊作戦命令によれば、これらの基地の多くは、海岸べりの洞窟に隠されていると思われる。

潜水艦：伊号第三六六潜水艦（注：回天特別攻撃隊多聞隊。潜水艦六隻で編成された）は回天五艇を搭載して八月一日頃にパラオ北方五〇〇マイル浬付近で作戦するため本土基地（注：山口県光基地）出撃する予定である。伊号第十四潜水艦は彩雲をトラック島に輸送するため本土に戻らない。その代わりにシンガポールに進出する。

和平工作：GIX－478　六月、モスクワの日本公使佐藤尚武は、海軍武官として横山一郎少将（注：昭和二十年五月、軍令部出仕）を任命する東京にソ連政府は横山のビザの手続きがさらに遅れると述べていると反対した。佐藤は、もし、その目的が海軍の主張に基づく提案に服従させるなら、また同時に、大使館が現在重大な危機に直面している時に、大使館内の和平論を引っくり返す結果になるだろう（注：七月二十日、東郷茂徳外相は駐ソ大使に終戦の仲介をソ連政府に依頼するよう訓令）。

GIX－457　ベルンとローマ：七月二十日、ベルン（スイス）の海軍参事官は東京に朝日新聞特派員が合衆国はロシアの介入の気勢を制するため戦争終結を望んでいると感じたと伝えた。

この特派員は、日本はポツダム会談が終わる前に和平の提案をすることを持ちかけた。七月二十六日、ヴァチカンの日本公使は、もし、敵が大打撃を受け、最悪の流血衝突に陥るなら、現在の連合国の和平論の少数派は大多数になるかもしれないと東京に助言した。

決号作戦

八月七日　艦船の機雷に関する情報は報告されない。羅新（朝鮮）は八月五〜六日夜、機雷敷設を報告したが、六日午前八時から航行禁止を解除した。敦賀（若狭湾）は六日の機雷敷設のため港を封鎖した（注：米軍の機雷作戦：七月八日〜八月十四日までにB－29型一五回出撃、四四五機が一七ヵ所の機雷原に磁気機雷三五七八個を敷設した。一方、焼夷弾による都市の無差別爆撃も激化した）。

日本国内　Ｒａｇｉｏｒ０８０１５１　決号作戦：対敵防諜班（注：米陸軍のＧ－２）は、決号作戦の各種局面を指定するのに使用している敵の数字方式を次のように提言した。決一号と二号は北方方面（千島列島、北海道、本州北部）、決三号は関東平野、決四号と五号は東京の南から紀伊水道、決六号は四国、決七号は九州である（注：作戦区分：決一号・作戦方面：千島及び北部軍管区方面、決二号・東北軍管区方面、決三号・東部軍管区方面、決四号・東海軍管区方面、決五号・中部軍管区方面、決六号・西部軍管区方面、決七号・朝鮮軍管区方面、海軍の決号作戦準備状況：人員五八万人中、一〇万人は陸戦要員。横須賀一一、大湊一一、呉一一、大阪一、佐世保九、鎮海五、舞鶴

六。特攻は南九州、四国に重点を置き準備中、南九州二人乗り特殊潜航艇・蛟龍四八隊、人間魚雷・回天一二隊、特攻艇・震洋六〇〇隻〈目標〉、四国蛟龍六〇隊、回天三六隊〈目標九六隊〉、震洋三〇〇隻〈目標〉など）。

WNH072343　ダイナマイト：八月四日福岡（九州の陸軍司令部）は、対馬要塞守備隊の戦略準備用に奉天から釜山（朝鮮）へのダイナマイト一〇〇本の輸送手配を関東軍（満州国）に依頼した。

WNH020745　ポツダム最後通告：スイス公使加瀬俊一（原文はNip Boy）が天皇と日本国がポツダム宣言に対し沈黙（silent）を貫くことは特筆に値すると考えており、無条件降伏の用語は日本陸軍に言及するもので、日本国民と政府に言及しないとも感じている。

WNH030600　吉林省長春の日本人は、ソ連は満州国へのドイツ全財産の引き継ぎを拒絶した日本に決して満足していないと報告した。

WNH040905　中国北部：山西省太原（注：山西省の省都・抗日戦争時の激戦地）の日本領事は、中国共産党が日露戦争の場合にはソ連を支援する準備を整えていると報告。

南方方面　解放061425　敵はオランダ領東インドの国民に自由州を承諾させる念入りな準備を行なっている。

八月八日　一般　くだらない推測：ストックホルムの公使（Jap boy）は、

a）英国はロシアとの関係を損なわないため、日本の支配権を剥奪することを要求しない。

b）合衆国と英国は台風シーズンが終わるのを待って、日本に対し奇襲攻撃をかける、引き続き二度目の条件付き降伏を提示する。

c）ロシアは対日戦争に参加しないのは確実である。と東京に報告。

強大な原子力：本土一二ヵ所からの天気報告、浜田（島根県）から東京、台北（台湾）経由の福岡への通信はすべて平文で送信されている。これは地上の通信線が途絶している可能性を示す。このような情報は、間違いなく無線で福岡に到達する。

コメント：地上通信網は本州の南部沿岸に沿った鉄道路線に続く、それは広島の原子爆弾による途絶かもしれない。

081124 Aug 被害報告：呉は海軍大臣に広島への原子爆弾投下の状況を報告した。衝撃は想像以上、市内の家屋は事実上全壊、市の凡そ八〇％は破壊され燃えている。死傷者は一〇万人と推定されさている。

八月九日 091010 海上護衛艦隊司令部・敵諜報要約：ソ連の宣戦は事実である。ソ連軍は満州国と北部朝鮮を攻撃している。

092008 午前中、少数の小型ソ連機が内モンゴル・ハイラル区、黒竜江省ピンイン、そして台湾・新営を空襲した（注：四月五日、ソ連は日ソ中立条約の破棄を声明した。ヤコブ・マリク駐日ソ連大使は廣田弘毅元首相との会談で本国政府に取り次ぐことを了承したが、その後病気と称して会談に応じなかった。八月九日零時、ソ連参戦）。

ポツダム宣言受諾

八月十日　午前二時二〇分頃、ポツダム宣言受諾の聖断下る。閣議を開き閣僚は終戦書類に署名。ポツダム宣言を受理するという一連の関係電報がスイス（米・支那宛）、スウェーデン（英・ソ連宛）の駐在公使に発電された。第四、第五電「天皇の国家統治の大権を変更するの要求を包含し居らざることの了解の下にポツダム宣言を受諾する」が送られた。海外放送発信後二時間以内に米国に反響を与え、その後世界に波及した。

０８１６３１　広島の追加情報：呉海軍管区調査団は、〇八一五、広島は（空白）光と衝撃を認識した。爆弾はパラシュートにより降下（注：実際には自由落下。パラシュートで投下されたのは計測器）して、高度約七〇〇メートルで爆発した。（中略）ウラニウム２３５の調査が東京帝国大学（陸軍の監督）と京都帝国大学（海軍の監督）によって行なわれている。実際的な調査が至急完了することが絶対に必要である。

コメント：急ぐことではない。（注：日本は原子爆弾をどの程度知っていたのだろうか。昭和十八年五月二十四日〈月曜日〉一〇〇〇、海軍省第一会議室での記録がある。◇軍極秘　第五類〈緩急第三類に次ぐもの〉原子崩潰「エネルギー」を軍事上に利用するの可能性及びコレが研究方針〈説明〉原子崩潰の際発生すべき「エネルギー」はその量莫大なりと想像せらるるをもって将来何らかの形式をもってこれを利用すること可能なるべしと思考せらるる処これに対しただちに積極的に研究を開始するを可とするか、あるいは適当なる時期まで延期するを可とするや、若し又は研究すべきものとせばこれが研究万策承知したし。この時に、潜水艦の対爆雷対策として高爆圧を簡単に吸収することの能否、太陽光線の如く強烈なる輻射線を少なくとも数キロの距離に於いて集中せしむる方法、宇宙線兵器実現の可能性、電気砲の可能性、遠隔管制魚雷の可能性も議題に上がった）

八月十一日　降伏への裏切り？11／0915　Aug　海軍総司令部：戦争の展望に関して、我政策は（大本営命令）＃44（合衆国に対する諸作戦のための可能性に関して）と同（ソ連に対する諸作戦戦時編制に関する）に記載されている。（中略）現時点我々は戦争の進展の（空白）無数の報告によって影響されてはならない。しかし、個々のまたあらゆる作戦部隊は上記出典要領に従って帝國の政策を遂行しなければならない。

八月十二日　戦争か和平か？122206　一二時一四分、聯合艦隊は、戦局は危急存亡にあるこの時こそ栄光ある帝国海軍の伝統を遂行せよと全海軍に激励を打電した。

120858　Aug　八月十一日、一四時三〇分、海軍大臣は敵を殲滅する命令に署名した。

八月十四日　東京からベルン宛電文の全文が引用された。第二のチャンス：ヒロヒト（注：昭和天皇・裕仁）はポツダム宣言を受諾することを決定した。

八月十五日　土壇場の疑念：戦闘することなく数百万の軍隊が降伏する不名誉は、世界の軍隊史のなかで類似する例はない。

九月三日　ヨシフ・スターリンはソ連国民に対しプラウダ紙に布告を発表した。

「我々は日本に対して特別な感情を有するものである。（中略）今日、日本は自己の敗北者たることを認め無条件降伏書に署名した。このことは南樺太と千島とがソ連邦に返り、今後両者が大洋よりソ連を隔離することなく、また、我極東に対する日本の攻撃基地となることなく、ソ連邦の大洋に至る直接連絡路となり、日本の侵略に対するわが国の防衛基地となることを意味する」

（「丸」二〇一二年九月号　潮書房）

TOP SECRET-ULTRA

JAPAN'S SURRENDER MANOEUVERS

As a sequel to the recent series of Summaries on "Russo-Japanese Relations" (the last on 7 August, as PSIS 400-26), there will be included herein a summary of available traffic regarding termination of those relations, as well as events leading up to and immediately following the surrender of the Japanese Empire to the United States and her allies.

As previously noted, since 13 July Foreign Minister Togo had been pressing Ambassador Sato at Moscow to arrange an interview with Foreign Commissar Molotov regarding a reply to Japan's proposal for Prince Konoye's peace mission to Moscow. Molotov had left Moscow for Potsdam on 14 July, and Sato, dealing in the interim with Vice Commissar Lozovsky, had found the latter bafflingly non-committal regarding Russia's attitude.

The day after the first atomic bomb was dropped, Togo sent the following "Very Urgent" despatch to Sato:

> "The situation is becoming more and more pressing, and we would like to know at once the explicit attitude of the Russians. So will you put forth still greater efforts to get a reply from them in haste?"[1]

On the same day, 7 August, Sato informed Togo of a note just received from Molotov (who had recently returned to Moscow), saying that the latter would be able to see Sato at 1700 on the 8th.[2]

---

[1] Spec. 022, 7 August 1945, Tokyo-Moscow.

[2] Spec. 023, 7 August 1945, Moscow-Tokyo.

- 1 -

日本の降伏に関する太平洋戦略諜報の内容は外交暗号の解読から入手した。1945年（昭和20年）、大使佐藤尚武が、モロトフ（少し前にモスクワに帰っていた）と8月8日1700に会うことを東京の外相東郷茂徳に報告する内容が示されている。モスクワ時間の午後5時、佐藤駐ソ大使はモロトフより対日参戦宣言を手交されたのである。

matter, he felt that "the words include both interpretations". Unden stated in conclusion that Sweden considered it a great honor to have received such a request and would "try to extend her good offices at once".[8]

At 1955 Tokyo time (the same day - 10 August), Foreign Minister Togo sent a further message to the Legations at Berne and Stockholm, advising them that the English text of the surrender offer was the "legal text", and that "we are handling the Japanese version as the translation and are correcting it" to conform to the English version.[9]

Fifteen minutes later (2010 Tokyo time), Togo finally transmitted the following English text: (An identical text was broadcast by Domei at 2035 Tokyo time.)

"In obedience to the gracious command of His Majesty the Emperor who, ever anxious to enhance the cause of world peace, desires earnestly to bring about an absolute termination of hostilities with a view of saving mankind from the calamities to be imposed upon them by further continuation of the war, the Japanese Government asked several weeks ago the Soviet Government, with which neutral relations then prevailed, to render good offices in restoring peace vis-a-vis the enemy powers. Unfortunately, these efforts in the interest of peace having failed, the Japanese Government, in conformity with the august wish of His Majesty to restore the general peace and desiring to put an end to the untold sufferings entailed by war as quickly as possible, have decided upon the following:

The Japanese Government are ready to accept the terms enumerated in the Joint Declaration which was issued at Potsdam on 26th July 1945 by the heads of the Governments of the United States,

---

8 Special 29 and 33, 10 August 1945; Dip. Sum. #1233 and #1234, 10 and 11 August 1945.

9 Special 35, 10 August 1945.

1945年（昭和20年）、東郷茂徳外相が、スイスの首都ベルンとスウェーデンの首都ストックホルムの公使館にポツダム宣言受け入れの準備を指示している、と記された米国の機密文書。このように外交暗号が解読され、日本は外交に関しても丸裸の状態であった。

"The Domei report is erroneous in two respects.

1. The message was not forwarded via the Swiss Legation in Tokyo but through the Japanese Minister here.

2. The time as stated cannot be correct. Your cable was received here 11 August at 210_ and was delivered to the Japanese Minister at 2130, and his telegram to Tokyo was filed the same night at 2324. The station at Osaka, on 12 August at 0800 requested a repetition, and confirmed on 12 August at 0935 (1735 Tokyo time) that it had received the telegram correctly...."[21]

In a 12 August despatch to Tokyo quoting press reaction to the surrender proposal, Minister Okamoto at Stockholm stated: "Since yesterday the BBC and other enemy broadcasts have stated that the United Nations accepted conditionally the Japanese proposal". He concluded with a triumphant "It must be noted that they used the word 'accept'."[22]

After the entire civilized world had waited anxiously through Sunday and Monday (12 and 13 August) for the reply that would mean so much, a break in the vigil came on Tuesday when hawk-eyed newsmen at Berne reported that the Japanese Legation there had received a long despatch from Tokyo. This hope proved illusory, however, as the Legation later announced that the despatch did not contain the news awaited by the world. Perhaps one of the finest pieces of irony of the war, it contained a lengthy presentation of the case of the Awa Maru, together with an itemized statement of the indemnities totalling exactly 227,286,600 Yen, and a demand that the

---

[21] Special #52, 13 August 1945.

[22] Special #98, 12 August 1945.

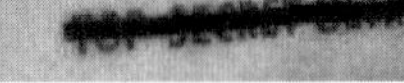

8月12日の解読情報示す。ポツダム宣言受諾の日程も明らかにされていた。2億2728万6600円の金額が印象的である。

ポツダム宣言の受諾の聖断が下り、閣僚は終戦書類に署名をした。一連の関係電報がスイス、スウェーデン各駐在公使に送られた。これらすべてを「マジック」暗号解読情報は明らかにしている。

Estimate
TOP-SECRET-ULTRA

SUMMARY OF ULTRA TRAFFIC
[illegible] - [illegible] August '45

The following Tokyo to Berne despatch is quoted in its entirety:

"Japanese Government of August 14th, 1945 addressed to the governments of the United States, Great Britain, Soviet Union, and China.
With reference to the Japanese Governments note of August 10th regarding their acceptance of the provisions of the Potsdam declaration and the reply of the governments of the United States, Great Britain, Soviet Union, and China sent by American Secretary of State Byrnes under day of August 11th, the Japanese Government have the honor to communicate to the governments of the four powers as follows:
1. His Majesty the Emperor has issued an Imperial Rescript regarding Japans acceptance of the provisions of the Potsdam Declarations.
2. His Majesty the Emperor is prepared to authorize and insure the signature by his government and the Imperial General Headquarters of the necessary terms for carrying out the provisions of the Potsdam Declaration. His Majesty is also prepared to issue his commands to all the Military, Naval, and Air authorities of Japan and all the forces under their control wherever located to cease active operations, to surrender arms, and to issue such other orders as may be required by the Supreme Commander of the Allied Forces for the execution of the above mentioned terms.

/s/ TOGO"

A SECOND CHANCE.
Circular to all Big Boys in Greater(?) East Asia explains that Hirohito has decided to accept terms, but directs each to "See that the Japanese citizens behave with discipline and are so guided that without falling into hopeless despair they are able to face all hardships and witness the renewal of fighting spirit over the long period of the future."

OUT OF BUSINESS.
Tokyo announces its intentions to prepare for disposition and burning of secret documents and codes and directs that all diplomatic agencies abroad should do likewise unless it appears that situation in neutral countries would permit retaining them. In the latter case, they should be retained if possible.

天皇臨席で行なわれた御前会議の様子。1945（昭和20）年8月10日の御前会議で、「戦局甚だ不利となった今日、戦争を速やかに終結する必要があること、それには『ポツダム』宣言を絶対必要の条件即ち第一案により受諾するを可とすること。……従って速やかに第一案によって戦争を終結する必要である」と東郷茂徳が詳細を述べた。「……甚だ恐懼に堪えぬが御聖断を仰ぎ度いこと申し上げます」と総理大臣鈴木貫太郎はいった。

ЛЕНИНГРАДСКАЯ
ПРАВДА

Да здравствует великий советский народ!

XXVII ГОДОВЩИНА … ЛИКОЙ ОКТЯБРЬСКОЙ
СОЦИАЛИСТИЧЕ… ОЙ РЕВОЛЮЦИИ

Доклад Председателя Госуд… твенного Комитета Обороны
товарища … В. СТАЛИНА

I. ГЕРМАНИЯ В ТИСКАХ МЕЖДУ ДВУМЯ ФРОНТАМИ

ПРАВДА

Наш советский народ не жалел сил и труда во имя победы. Мы пережили тяжёлые годы. Но теперь каждый из нас может сказать: мы победили. Отныне мы можем считать нашу отчизну избавленной от угрозы немецкого нашествия на западе и японского нашествия на востоке. Наступил долгожданный мир для народов всего мира.

И. СТАЛИН.

Обращение тов. И. В. Сталина к народу

УКАЗ
Президиума Верховного Совета СССР
Об объявлении 3 сентября ПРАЗДНИКОМ ПОБЕДЫ над Японией

В ознаменование победы над Японией установить, что 3 сентября является днём всенародного торжества — ПРАЗДНИКОМ ПОБЕДЫ над Японией.

3 сентября считать нерабочим днём.

Председатель Президиума Верховного Совета СССР М. КАЛИНИН.
Секретарь Президиума Верховного Совета СССР А. ГОРКИН.

Москва, Кремль. 2 сентября 1945 г.

В СОВНАРКОМЕ СССР

〔上〕1944年（昭和19年）11月6日、スターリンは国民への演説の中で日本を侵略国と宣言、規定した。その内容はプラウダ紙一面に掲載された。その前の10月19日にモスクワ会談時の夕食会で、スターリンは米側にドイツ降伏後の対日参戦を伝達していた。

〔左〕プラウダ紙に掲載されたスターリンのソ連国民に対する布告。「われわれは日本に対し特別な感情を持っている。（中略）今日、日本は自己の敗北者であることを認め無条件降伏書に署名した。このことは南樺太と千島とがソ連邦に返り……日本の侵略に対するわが国の防衛基地となることを意味する」。

あとがき

ちょっとした会話の中での何気ない疑問が、我が人生を支配することになるとは、その時全く想像もできなかった。

四六年前、防衛庁防衛研修所（現・防衛省防衛研究所）編纂官だった野村實氏（故人）から、「太平洋戦争にはまだまだ解決されていない問題がある。本当に日本海軍の難解と言われた暗号がアメリカに解読されたと言われているが、本当のことはわかっていない。聯合艦隊司令長官山本五十六大将がショートランド巡視時に米軍機に空中で待ち伏せされ、撃墜され、その原因が日本海軍の暗号被解読と言われているが、それが真相か確認されていないんだよ。偶然の出来事かもしれないんだ」

と言われた。その時から、私は真実を求め、動きはじめた。

当時は現在と違って米国への問い合わせは航空便による手紙だった。返事が戻ってくるまでにおよそ二ヵ月かかった。

しかし、信頼できる人物との出会いは運命を変える。

当時、首都ワシントンのネイビー・ヤード内にある戦闘記録保存所所長デーン・アラード博士（故人）から届いた情報源「追加情報はウルトラ」を知った。しかし、「ウルトラ」は国益に属する最高機密であることも判明した。

その時から「ウルトラ」で頭の中がいっぱいになった。三年半の時間を費やし山本機撃墜の真相が判明した。山本長官機撃墜は暗号解読情報に基づく謀殺であった。米国立公文書館から送られてきた解読史料から暗号被解読が証明された。

感激は一瞬だった。次つぎに新たな疑問がわいてきた。しかし、その間の努力を見守ってくれた人物、現在は沖縄在住の仲本和彦氏が業績を認めてくれたことは心強かった。


国家の〈歴史装置〉アメリカ国立公文書館——その海軍軍令部長室記録群の中に、原勝洋氏に関する記録が残されている。"Yamamoto Shootdown"と題された山本五十六長官撃墜に関するファイルのひとつは、丸ごとすべて、原氏の調査活動に関する記録である。

原氏が一九七〇年代後半、海軍省に宛てた数々の手紙、陸・海・空軍省の内部でのやりとり、原氏への返事などがファイルされている。『文藝春秋』一九八〇年五月号の記事（注：本書掲載「暗号名ウルトラ　山本長官機を撃墜す」）は全文翻訳され、タイプ打ちで四四頁にのぼる。

当時、暗号記録「ウルトラ」はまだ国家機密情報。それを開示するよう請求してくる日本人、原勝洋とは一体何者なのか、米連邦政府が一目置いていた証拠であろう。原氏が残した調査の足跡は、アメリカ国家の歴史に永遠に刻まれている。

沖縄県公文書館指定管理者・（公財）沖縄県文化振興会 公文書管理課 資料公開班長
仲本和彦

メリーランド州カレッジパークの国立公文書館で秘密解除された文書から、ミッドウェーの戦い、戦艦大和出撃にも暗号解読が深く関係していたことがわかった。そして、日本敗戦の奥深い底にも、情報の漏洩が潜んでいることもわかってきたのである。暗号を学ぶことから理解したのは、暗号文の鍵にアラビア数字を生のまま使用すると、解読されるということだった。

今回の上梓に当たり潮書房光人新社の坂梨誠司氏に深く感謝します。

本書をまとめるにあたって、これまで各誌に書いてきた記事を読み直してみて、歴史の裏側の真実をもとめて、右往左往しながら必死で取り組んできた時間が、長く伸びる船の航跡のようにくっきりと蘇ってきた。

協力

Dean. C. Allard John. E. Taylor U. S. National Archives II Naval History and Heritage Command

仲本和彦　柴田武彦　鈴木久　立川真一　室岡泰男　泉山裕子

防衛省・戦史研究センター史料閲覧室　外務省・外交史料館　国立国会図書館

二〇一一年十月吉日

原　勝洋

インテリジェンスから見た太平洋戦争

2021年11月18日　第1刷発行

著　者　原　勝洋

発行者　皆川豪志

発行所　株式会社　潮書房光人新社

〒100-8077
東京都千代田区大手町1-7-2
電話番号／03-6281-9891（代）
http://www.kojinsha.co.jp

装　幀　天野昌樹

印刷製本　サンケイ総合印刷株式会社

定価はカバーに表示してあります。
乱丁、落丁のものはお取り替え致します。本文は中性紙を使用

ISBN978-4-7698-1685-0 C0095